高等学校新能源系列本科规划教材

光伏电池原理

Principles of Photovoltaic Cells

周继承 编著

化学工业出版社

·北 京·

内 容 简 介

《光伏电池原理》较全面地论述了光伏电池的工作原理与晶硅光伏电池设计的基础知识。全书共分 8 章，主要内容有：太阳辐射与光伏电池简况；半导体硅的电子态；杂质与缺陷；载流子浓度与导电性；载流子的产生和复合；pn 结；光伏电池特性与效率；硅光伏电池的设计。

《光伏电池原理》既可作为新能源科学与工程、新能源材料与器件专业的教材使用，也可供从事光伏发电及相关领域的科技工作者参考。

图书在版编目（CIP）数据

光伏电池原理/周继承编著 . —北京：化学工业出版社，2021.7（2023.1 重印）
高等学校新能源系列本科规划教材
ISBN 978-7-122-39177-3

Ⅰ.①光…　Ⅱ.①周…　Ⅲ.①光电池-高等学校-教材
Ⅳ.①TM914

中国版本图书馆 CIP 数据核字（2021）第 096953 号

责任编辑：陶艳玲　　　　　　　　　文字编辑：陈立璞
责任校对：宋　夏　　　　　　　　　装帧设计：史利平

出版发行：化学工业出版社（北京市东城区青年湖南街 13 号　邮政编码 100011）
印　　装：天津盛通数码科技有限公司
787mm×1092mm　1/16　印张 12　字数 291 千字　2023 年 1 月北京第 1 版第 4 次印刷

购书咨询：010-64518888　　　　　　售后服务：010-64518899
网　　址：http://www.cip.com.cn
凡购买本书，如有缺损质量问题，本社销售中心负责调换。

定　　价：49.00 元

序言

　　大力发展新能源已成为解决能源问题、减少环境污染的基本国策，相关战略性新型产业专业人才的培育变得十分迫切。2010 年始中南大学获批设立新能源科学与工程四年制本科专业，并于当年招生。

　　编者自 2012 年开始讲授该专业大三学生的专业课"太阳能电池原理与制造技术"。 前 6 届，采用太阳能电池之父马丁·格林原著、狄大卫等人翻译的《太阳能电池工作原理、技术与系统应用》作为这门专业课程的教学参考书。 由于新能源专业大类属于"能源与动力工程"，依据马丁先生的大作讲授，这些跨学科的学生学得相当困难。 编者认为主要原因是学生在大一与大二学年缺少对半导体物理基础课程的学习，因此很有必要编写一本有针对性的专业课程教材。

　　本书是在这个背景下的一种尝试。 资料收集已十余年，2017 年完成初稿，作为我校新能源科学与工程专业光伏电池原理方向的内部教学资料已试用三届。

　　本书为系统地讲授光伏电池内光变电过程的基本物理问题与光电转换效率的影响因素提供了一种教学方案，适合作为已修读"固体物理学基础"课程的工科学生用来掌握太阳能光伏电池原理知识的专业教材。 全书以晶硅光伏电池为对象，以对半导体物理基本内容的掌握为基准，围绕光变电这个微妙的能量转换过程展开，适用于约 48 课时的课堂教学。

　　本书现在版本的形成，得益于许多我的学生的真心付出。 在此特别感谢周家正、尚曼霞、赵保星、陈勇民、肖佐玉、汪文婷、王梦笑、李方钢、李金磊、张一飞、刘文峰、游亮、叶支斌、张哲、陈星、徐伟、陈晓琳、牛亚丰、王勇猛、戴锦铖、张乘龙、席志远、李佳俊、叶开、易强、黄金惠等人，是他（她）们在繁忙的学习工作之余，牺牲休息时间认真地参与修正、勘误才使本书能顺利出版。

周继承

2021 年 01 月 27 日于中南大学

目录

第 5 章　载流子的产生和复合 ·· **89**

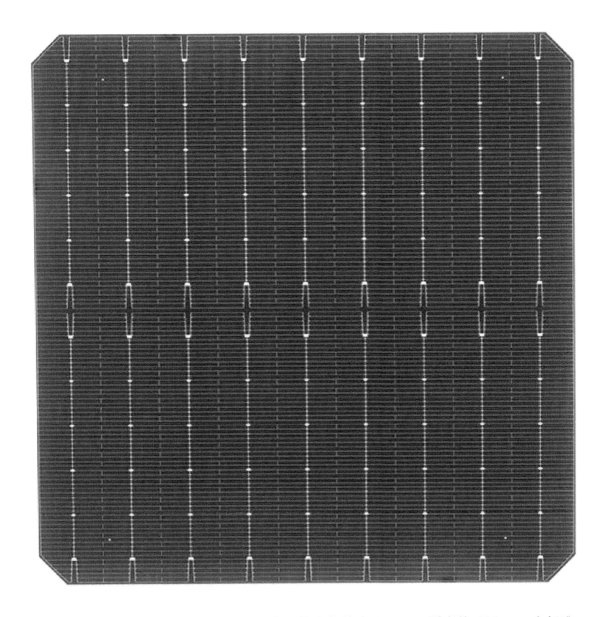

一种量产的双面 PERC 电池的正面照片。其边长约为 156mm,厚度约 180μm。在标准测试条件下,其开路电压达到 695mV,短路电流密度达到 41.5mA/cm^2,正面光电转换效率达到 24.1%。

第**1**章

太阳辐射与光伏电池简况

光伏电池，又称太阳能电池，它通过半导体 pn 结把部分太阳辐射能量直接转换为电能。本书以晶体硅光伏电池为主线展开，将探讨光变电这个微妙的能量转换过程所涉及的基本物理现象与规律，推导相关物理问题的数学表达式。

本章将介绍太阳及其辐射的特性，简要地回顾光伏电池的发展历史。

1.1 太阳辐射的物理来源

来自太阳的辐射能对地球上的生命来说是必不可少的。它决定了地球表面的温度，而且提供了地球表面和大气层中自然过程的全部能量。

太阳实质上是一个由其中心发生的核聚变反应加热的气体球。热物体发出电磁辐射，其波长或光谱分布由该物体的温度决定。完全的吸收体，即"黑体"所发出的辐射，其光谱分布由普朗克辐射定律决定（图 1.1）。普朗克辐射定律指出，当物体被加热时，不仅所发出的电磁辐射总能量增加，而且发射的峰值波长也变短。对此，我们可以从日常经验中获得验证。当金属被加热时，随着温度升高，其颜色由红变黄，这就是一个例证。

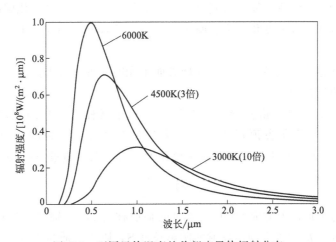

图 1.1 不同黑体温度的普朗克黑体辐射分布

据估计，太阳中心附近的温度高达 $20 \times 10^6 \, \text{K}$。然而，这并不是决定太阳电磁辐射的温度。来自太阳深处的强烈辐射大部分被太阳表面附近的负电层吸收，负电层中的负电离子对很大波长范围的辐射起着连续吸收体的作用。这个负电层积累的热量引起了对流，通过对流,将能量传过光阻挡层。能量一旦传过光阻挡层,就重新被辐射到较易投射的外层气体中。由对流传热转为辐射传热的界面层就称为光球层(图 1.2)。光球层的温度比太阳内部的温度低得多,但仍高达 6000K。光球层的辐射光谱基本上是连续的电磁辐射光谱,它和在此温度下预期的黑体辐射光谱(图 1.1)很接近。

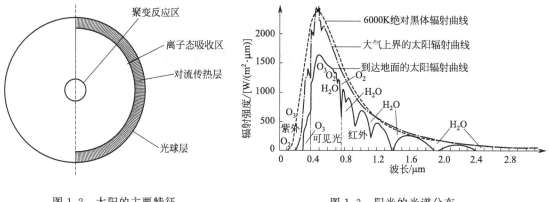

图 1.2 太阳的主要特征   图 1.3 阳光的光谱分布

1.2 太阳常数与大气质量

太阳常数是在地球大气层之外,地球与太阳的平均距离处,垂直于太阳光方向的单位面积上的辐射功率密度。这个辐射,其强度基本上是一个不变的常数,通常用 AM0 来表示。

目前,在光伏领域采用的太阳常数值是 $1.3661kW/m^2$。这个数值是由装在气球、高空飞机和宇宙飞船上的仪器测量值加权平均而确定的。

阳光穿过地球大气层时至少衰减了 30%。造成衰减的主要原因有:大气中的分子引起的散射,这种散射对所有波长的太阳光都有衰减作用,但对短波长的衰减最大;悬浮微粒和灰尘引起的散射;大气组成气体,特别是氧气、臭氧、水蒸气和二氧化碳的吸收。阳光衰减的程度随温度、地理位置的变化很大。晴天时,决定总入射功率的最重要参数是光线通过大气层的路程。

图 1.3 中最下方的曲线显示了到达地球表面阳光的一种典型光谱分布,同时显示出与大气分子吸收有关的吸收带。

太阳在头顶正上方时,路程最短。太阳辐射实际路程和最短路程之比称为大气质量(air mass,AM)。太阳在头顶正上方时,大气质量为 1,这时的辐射称为大气质量 1(AM1)的辐射。当太阳和头顶正上方成一个角度 θ 时,大气质量 AM 由下式得出:

$$AM = \frac{1}{\cos\theta} \tag{1.1}$$

例如当太阳与头顶正上方成 60° 时,此时的辐射称为 AM2 辐射。估算大气质量最简单的方法是测量高度为 h 的竖直物体投射的阴影长度 S,则大气质量的计算公式为:

$$AM = \sqrt{1 + (S/h)^2} \tag{1.2}$$

在其他大气变量不变的情况下,随着大气质量的增加,到达地球的能量在所有波段都会发生衰减,在图 1.3 中的吸收带附近衰减更为严重。

与地球大气层外的情况相反,地面阳光的强度和光谱成分变化都很大。为了对不同地点测得的不同光伏电池的性能进行有意义的比较，就必须确定一个地面标准，然后参照这个标准进行测量。虽然标准在不断变动，但使用最广泛的地面标准是表 1.1 中的 AM1.5 分布，这些数据也已绘制成图 1.3 中的地面光谱分布曲线。目前，光伏领域使用规一化的光谱总功率密度，为 $1000 W/m^2$，即接近地球表面接收到的最大功率密度。

从图 1.3 最上面的两条曲线可以看出，AM0 的辐射光谱分布与理想黑体的光谱分布有些差异，这主要是由于太阳近层（大气外层）对不同波长的辐射有不同的透射率等一些影响造成的。了解太阳光能量的精确频谱分布对于光伏电池有关的工作相当重要，因为不同的电池对于不同波长的光具有不同的响应。

表 1.1　太阳光谱——大气光学质量 AM1.5[*]

波长/μm	光谱辐照度 /[W/(m²·μm)]	波长/μm	光谱辐照度 /[W/(m²·μm)]	波长/μm	光谱辐照度 /[W/(m²·μm)]	波长/μm	光谱辐照度 /[W/(m²·μm)]
0.305	9.5	0.610	1485.3	0.9935	746.8	1.800	30.7
0.310	42.3	0.630	1434.1	1.040	690.5	1.860	2.0
0.315	107.8	0.650	1419.9	1.070	637.5	1.920	1.2
0.325	246.8	0.670	1392.3	1.100	412.6	1.960	21.2
0.335	390.1	0.690	1130.0	1.120	108.9	1.985	91.1
0.345	438.9	0.710	1316.7	1.130	189.1	2.005	26.8
0.350	483.7	0.718	1010.3	1.137	132.2	2.035	99.5
0.360	520.3	0.724	1043.2	1.161	339.0	2.065	60.4
0.370	666.2	0.740	1211.2	1.180	460.0	2.100	89.1
0.380	712.5	0.7525	1193.9	1.200	423.6	2.148	82.2
0.390	720.7	0.7575	1175.5	1.235	480.5	2.198	71.5
0.400	1013.1	0.7625	643.1	1.290	413.1	2.270	70.2
0.410	1158.2	0.7675	1030.7	1.320	250.2	2.360	62.0
0.420	1184.0	0.780	1131.1	1.350	32.5	2.450	21.2
0.430	1071.9	0.800	1081.6	1.395	1.6	2.494	18.5
0.440	1302.0	0.816	849.2	1.4425	55.7	2.537	3.2
0.450	1526.0	0.8237	785.0	1.4625	105.1	2.941	4.4
0.460	1599.6	0.8315	916.4	1.477	105.5	2.973	7.6
0.470	1581.0	0.840	959.9	1.497	182.1	3.005	6.5
0.480	1628.3	0.860	978.9	1.5209	262.6	3.056	3.2
0.490	1539.2	0.880	933.2	1.539	274.2	3.132	5.4
0.500	1548.7	0.905	748.5	1.558	275.0	3.156	19.4
0.510	1586.5	0.915	667.5	1.578	244.6	3.204	1.3
0.520	1484.9	0.925	690.3	1.592	247.4	3.245	3.2
0.530	1572.4	0.930	403.6	1.610	228.7	3.317	13.1
0.540	1150.7	0.937	258.3	1.630	244.5	3.344	3.2
0.550	1561.5	0.948	313.6	1.646	234.8	3.450	13.3
0.570	1501.5	0.965	526.8	1.678	220.5	3.573	11.9
0.590	1395.5	0.980	646.4	1.740	171.5	3.765	9.8
						4.045	7.5

注：总能量密度=1000W/m²。

1.3　大气层对太阳辐射的影响

地球接收到的太阳辐射能量仅为太阳向宇宙空间放射的总辐射能量的二十二亿分之一，但却是地球主要的能量源泉。到达地球大气上界的太阳辐射能量称为天文太阳辐射量。在单位时间内发射的辐射能称为辐射功率，单位为 W；在单位时间内投射到或通过某单位面积的太阳辐射能，称为太阳辐照度，单位为 W/m^2。在光的热效应或辐射能利用中，常以辐照度作为计量单位。

虽然地球大气层外的太阳辐射相对来说是恒定的，但地球表面的情况就复杂些，地面太阳辐射的可利用率、强度和光谱成分变化显著且无法预测。晴天，阳光通过大气层的路程，即大气光学质量是一个重要的参数。对于不太理想的天气，阳光的间接辐射，即漫射辐射部分尤为重要。虽然对世界上大部分地区而言，在水平面上接收到的年度全局辐射量都可以取得合理估算值，然而，当将这些估算数据用于具体地点时，由于各地地理条件有很大差异，可能会引入误差，因此在换算成倾斜面上的辐射时，得到的是近似值。

太阳辐射中的辐射能按波长的分布，称为太阳辐射光谱，如图1.3所示。从图1.3可看出，大气上界的太阳光谱能量分布曲线，与用普朗克黑体辐射公式得到的6000K的黑体光谱能量分布曲线非常相似，因此可以把太阳辐射看作黑体辐射。据维恩位移定律可以计算出太阳辐射峰值的波长 λ_{max} 为 $0.475\mu m$，这个波长在可见光的青光部分。太阳辐射主要集中在 $0.4\sim0.76\mu m$ 的可见光部分（390～455nm，紫色；455～492nm，蓝靛色；492～577nm，绿色；577～599nm，黄色；597～622nm，橙色；622～770nm，红色），波长大于可见光的红外线（$>0.76\mu m$）和小于可见光的紫外线（$<0.4\mu m$）部分少。在地球大气上界的全部辐射能中，波长在 $0.15\sim4\mu m$ 之间的占99%以上，且主要分布在可见光区和红外区，前者约占太阳辐射总能量的50%，后者约占43%，紫外区的太阳辐射能很少，只占总量的约7%。由于太阳辐射波长较地面和大气辐射波长（约 $3\sim120\mu m$）小得多，因此通常又称太阳辐射为短波辐射，称地面和大气辐射为长波辐射。

太阳辐射通过大气层后到达地球表面。由于大气对太阳辐射有一定的吸收、散射和反射作用，因此投射到大气上界的辐射不能完全到达地表面。图1.3最下方的实曲线表示通过大气层被吸收、散射、反射后到达地表的太阳辐射光谱。

与大气上界的太阳辐射光谱相比较，可以看出：通过大气层后，太阳总辐射能有明显的减弱；波长短的辐射能减弱得最为显著；辐射能随波长的分布变得极不规则。产生这些变化的原因有以下几方面：大气对太阳辐射的吸收使太阳辐射穿过大气层到达地面时，要受到一定程度的减弱，这是因为大气中某些成分具有选择吸收一定波长辐射能的特性。大气中吸收太阳辐射的成分主要有水汽、液态水、二氧化碳、氧、臭氧及尘埃等固体杂质等，如图1.4所示。

太阳辐射被吸收后变成了热能，因而使太阳辐射减弱。水汽吸收最强的波段是位于红外区的 $0.93\sim2.85\mu m$。据估计，太阳辐射因水汽的吸收可减弱约 $4\%\sim15\%$。氧只对波长小于 $0.2\mu m$ 的紫外线吸收很强，在可见光区虽然也有吸收，但较弱。臭氧在大气中的含量很少，但在紫外区和可见光区都有吸收带，在 $0.2\sim0.3\mu m$ 波段的吸收带很强。由于臭氧的吸收，使小于 $0.29\mu m$ 波段的太阳辐射不能到达地面，因此保护了地球上的一切生物免遭紫外线过度辐射的伤害。臭氧在 $0.44\sim0.75\mu m$ 波段还有吸收，虽不多，但因这一波段正好位于太阳辐射最强的区域内，所以吸收的太阳辐射量相当多。二氧化碳对太阳辐射的吸收比较弱，仅对红外区 $2.7\mu m$ 和 $4.3\mu m$ 附近的辐射吸收较强，但该区域的太阳辐射较弱，被吸收后对整个太阳辐射的影响可忽略。悬浮在大气中的水滴、尘埃、污染物等杂质，对太阳辐射也有吸收作用，大气中这些物质含量越高，对太阳辐射吸收越多，如在工业区、森林火灾、火山爆发、沙尘暴等时，太阳辐射都有明显减弱。总之，

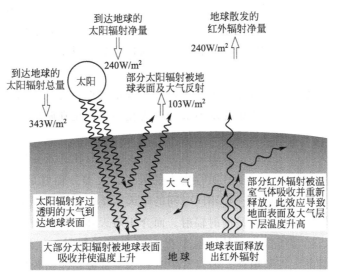

图 1.4　太阳辐射收支情况

大气对太阳辐射的吸收，在平流层以上主要是氧和臭氧对紫外辐射的吸收，在平流层至地面主要是水汽对红外辐射的吸收。被大气成分吸收的这部分太阳辐射，将转化为热能而不再到达地面。由于大气成分的吸收多位于太阳辐射光谱两端，而对可见光部分吸收较少，因此可以说大气对可见光几乎是透明的。

　　到达地面的太阳总辐射不能完全被地面吸收，有一部分将被地面反射。地面反射辐射的大小与地面对太阳辐射或称短波辐射的反射率 α 有关。短波辐射反射率主要与下垫面的颜色、湿度、粗糙度、植被、土壤性质及太阳高度角等因素有关。

　　颜色不同的各种下垫面，对太阳辐射可见光部分有选择反射的作用。各种颜色表面的最强反射光谱，就是它本身颜色的波长。白色表面具有最强的反射能力，黑色表面的反射能力较弱，绿色植物对黄绿光的反射率大。颜色不同，反射率有很大差别，例如新白雪的反射率可高达 $80\%\sim95\%$，而黑钙土的反射率只有 $5\%\sim12\%$。

　　反射率随土壤湿度的增大而减小。例如白沙土，随着湿度的增加其反射率从 40% 降到 18%，减少了 22%。这是因为水的反射率比陆面小。有试验指出，地面反射率与土壤湿度呈负指数关系。

　　随着下垫面粗糙度的增加，反射率明显减小。这是因为太阳辐射在起伏不平的粗糙地表面，有多次反射，另外太阳辐射向上反射的面积相对变小。

　　当太阳高度角比较小时，无论何种表面，反射率都较大。随着太阳高度角的增大，反射率减小。太阳高度有规律的日变化，使地面反射率也有明显的日变化，中午前后较小，早、晚较大。

　　反射率大小与植被种类、生长发育状况、颜色和郁闭程度有关。植物颜色越深，反射率越小，绿色植物在 20% 左右。植物苗期与裸地相差不多，反射率较大；生长盛期反射率变小。多在 20% 左右；成熟期，茎叶枯黄，反射率又增大。水面的反射率一般比陆面小，波浪和太阳高度角对水面的反射率有很大的影响。一般太阳高度角越大，水面越平静，反射率越小，例如当太阳高度角大于 $60°$ 时，平静水面的反射率小于 2%；高度角为 $30°$ 时，反射率增至 6%；高度角为 $2°$ 时，反射率可达 80%。新雪面的反射率可高达 90% 以上，脏湿雪面

的反射率只有 $20\%\sim30\%$，冰面的反射率大致为 $30\%\sim40\%$。由于反射率随各地自然条件而变化，因此它在季节上的变化也是很大的。由此可见，即使总辐射的强度一样，不同性质的地表真正获得的太阳辐射仍有很大差别，这也是导致地表温度分布不均匀的重要原因之一。

到达地面的太阳光，除了直接由太阳辐射来的分量之外，还包括由大气层散射引起的漫射辐射分量。这导致地面空间中阳光辐射成分更为复杂，甚至在晴朗无云的天气，白天漫射辐射分量也可能占水平面所接收总辐射量的 $10\%\sim20\%$。

在阳光不足的天气，水平面上漫射辐射分量所占的百分比通常要增加。根据观察到的数据，可以得出下述统计趋势。对于日照特别少的天气，大部分辐射是漫射辐射。一般来说，当一天中接收到的总辐射量低于一年相同时间的晴天所接收到的总辐射量的三分之一时，这种日子里接收到的辐射中大部分是漫射辐射。而介于晴天和阴天之间的天气，接收到的辐射量约为晴天的一半，通常所接收到的辐射中有 50% 是漫射辐射。气候因素使世界上的一些地区只能接收到少量的太阳辐射能，而且其中有相当一部分是漫射辐射。

漫射阳光的光谱成分通常不同于直射阳光的光谱成分。一般而言，漫射阳光中含有更丰富的较短波长的光或"蓝"波长的光，这使光伏电池系统接收到光的光谱成分产生了进一步的变化。当采用水平面上测得的辐射数据来计算倾斜面上的辐射时，来自天空不同方向的漫射辐射分布的不确定性给计算引入了一些误差。尽管围绕太阳的空际是产生漫射辐射的最主要来源，通常仍假设漫射光是各向同性的（在所有方向都是一样的）。

1.4 大气透明度*（选修）

太阳辐射从大气上界进入大气层后还要受大气透明度的影响。大气透明度的特征量用透明系数 a 表示。大量实践表明，大气质量和大气透明度与太阳辐照度的关系为

$$(R_s)_m = R_{sc}\left(\frac{r_0}{r}\right)^3 a^m \tag{1.3}$$

式中，$(R_s)_m$ 表示大气质量为 m 时的太阳辐照度；R_{sc} 表示日地平均距离时的太阳辐照度，为太阳常数；$\left(\frac{r_0}{r}\right)^2$ 表示当天日地订正系数，r_0 为平均日地距离；a 值表明太阳辐射通过大气后的削弱程度。这里，a 仅表征对各种波长的平均削弱情况。实际上，不同波长其削弱程度也不相同。设波长为 λ 的单色光大气透明度为 a_λ，初始太阳辐射强度为 $I_{0,\lambda}$，经过大气质量为 m 的大气层后，根据式(1.3)，辐射强度 I_λ 衰减至

$$I_\lambda = \left(\frac{r_0}{r}\right)^2 I_{0,\lambda} a_\lambda^m \tag{1.4}$$

则对整个光谱范围来说，有

$$R_n = \int_0^\infty \left(\frac{r_0}{r}\right)^2 I_{0,\lambda} a_\lambda^m \, \mathrm{d}\lambda \tag{1.5}$$

假设在整个太阳能光谱范围内各种单色光的透明度平均值为 a_m，上式可以写成

$$R_n = a_m^m \int_0^\infty \left(\frac{r_0}{r}\right)^2 I_{0,\lambda} \, \mathrm{d}\lambda = a_m^m \left(\frac{r_0}{r}\right)^2 R_{sc} \tag{1.6}$$

$$a_{m} = \left[\left(\frac{r}{r_0} \right)^2 \frac{R_n}{R_{sc}} \right]^{\frac{1}{m}} \tag{1.7}$$

a_m 的取值与大气质量息息相关。大气透明度还与大气中的水汽、水汽凝结物、尘埃杂质等有关。这些物质越多，大气透明程度越差，透明系数越小。因而太阳辐射受到的减弱越强，地面获得的太阳辐射也越少。当天空特别晴朗，污染较少时，$a = 0.9$；当污染特别严重，天空特别混浊时，$a = 0.6$；一般情况下，a 在 0.84 左右。

对于大部分地区，根据观测资料来确定 a_m 是可能的。因此可以利用式(1.6)来粗略地计算垂直于太阳光线地表上的直接辐射强度。

1.5 到达水平地面的太阳辐照度计算*（选修）

到达地面的太阳辐射由太阳直接辐射 R_{sb} 和太阳散射辐射 R_{sd} 两部分组成，两者之和就是到达水平地面的太阳总辐照度，用 R_s 表示。它的表达式如下：

$$R_s = R_{sb} + R_{sd} = 0.5 R_{sc} \left(\frac{r_0}{r} \right)^2 R_{sc} (1 + a^m) \sin h \tag{1.8}$$

总辐射的日变化与直接辐射的日变化基本一致。日出以前，地面上获得的总辐射不多，只有散射辐射；日出以后，太阳高度角不断增大，在太阳高度角增到 $20°$ 以前，散射辐射大于直接辐射，以后由于直接辐射增加得较快，散射辐射在总辐射中所占的比例逐渐减小；当太阳高度角达到 $50°$ 左右时，散射辐射只占总辐射的 $10\% \sim 20\%$；到中午时，直接辐射和散射辐射均达最大值；中午以后，二者又按相反的次序变化。有云时总辐射一般会减少，因为这时直接辐射的减弱比散射辐射的增强要多。只有当云量不太多，太阳视面无云，直接辐射没受到影响，而散射辐射因云的增加而增大时，总辐射才比晴空时稍大。总辐射的年变化与直接辐射的年变化基本一致，中高纬度地区，总辐射强度（指月平均值）夏季最大，冬季最小；赤道附近（纬度 $0 \sim 20°$ 左右），一年中有两个最大值，分别出现在春分和秋分。总辐射随纬度的分布一般是，纬度越低总辐射越大，反之就越小。但因为赤道附近云很多，对太阳辐射削弱得也很多，所以，总辐射年总量最大值不是出现在赤道，而是出现在纬度 $20°$ 附近。

1.6 天球坐标系*（选修）

在设计和安装光伏系统时，我们必须要考虑到太阳高度角、日照时间、方位角等问题。因此，我们必定要熟悉太阳与地球的位置关系及其相关的背景。

一般而言，为准确确定地球上各地的位置，国际上通常使用经度和纬度，即地理坐标系。但为了确定在宇宙空间中所有天体的位置，会引入天球坐标系。

天球，即以观测者为球心，以任意长为半径，其上分布所有天体的假想球面，如图 1.5 所示。通过观测者 O（天球中心）的铅垂线，延伸后与天球交于两点，朝上的一点称为天顶，朝下的一点称为天底。通过天球中心垂直铅垂线的平面叫地平面。地平面与天球相交的大圆，叫地平圈。地球赤道平面延伸后与天球相交的大圆，称为天赤道。垂直天赤道平面并且通过天球中心的直线，叫天轴。天轴与天球相交的两点分别叫南天极和北天极。通过天顶和天极的大圆叫作子午圈。子午圈与地平圈相交的两点，分别叫南点和北点。

图 1.5　天球坐标系

天球坐标系随着投影到天球上坐标格网的不同而不同，沿着大圆将天空分成两个相等半球的平面称为基础平面，而这种坐标系仅仅会因为基本平面的不同而不同（地理坐标系中的基础平面是地球的赤道）。每个坐标系的名字都是根据基本平面的选择而定的，最常用的是地平坐标系统和赤道坐标系统，后者又细分为时角坐标系和赤道坐标系。而与设计和安装太阳能系统相关且常用的坐标系为地平坐标系和时角坐标系，以及中天这个概念，下面分别进行详细介绍。

1.6.1　地平坐标系

地平坐标系以地平圈为基本圈，子午圈为主圈，天顶为基本点，南点为原点，如图 1.6 所示。过天顶 Z 和任意天体 X 作一个垂直圈，它与地平圈交于垂足 D 点。

方位角 A 即为从南点 S 沿地平圈顺时针方向度量的弧长 SD，叫地平经度。用平面角来度量时，也叫方位角，范围在 $0\sim360°$。地平高度 h 即弧长 DX，也叫地平纬度，范围在 $0\sim90°$；向北为正，向南为负。天顶距 z 则为弧 ZX，即天体 X 到天顶 Z 的距离。天顶距也可以用平面角来度量，从 Z 算，范围在 $0\sim90°$，$z=90°-h$。天球上与地平圈相平行的小圆称为地平纬圈，也称平行圈。同一地平纬圈上任意点的地平高度都是相同的，因此可以称为等高圈。

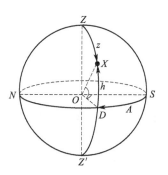

图 1.6　地平坐标系

由于周日运动，天体的地平坐标不断发生变化。另外，对于不同的观测者，由于铅垂线方向不同，就有不同的地平坐标系，因此同一天体也就有不同的地平坐标。

1.6.2　时角坐标系

赤道坐标系以天赤道为基本圈，北天极为基本点。由于所取的主圈、主点以及随之而来的第二坐标不同，赤道坐标系又有第一赤道坐标系和第二赤道坐标系之分。第一赤道坐标系也称时角坐标系。

时角坐标系的主圈是子午圈，原点为天赤道与子午圈在地平圈之上在南点附近的交点 Q，如图 1.7 所示。过北天极和任意天体 X 作一个大圆，叫赤经圈，也称时圈。赤经圈交天赤道于点 T。

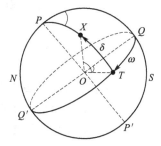

图 1.7　时角坐标系

时角 ω：从原点 Q 开始顺时针度量的弧长 QT，即过子午圈与过天体的赤经圈所夹的角，范围在 $0\sim359°$。有时也用时间时（h）、分（min）、秒（s）表示，符号为 t，范围在 $0\sim24\mathrm{h}$。对太阳来说，其时角我们定义为：在正午时 $t=0$，每隔 $1\mathrm{h}$ 增加 $15°$，上午为正，下午为负。赤纬 δ：从 T 沿赤经圈度量的弧长 TX。从天赤道算起，向北为正，向南为负，范围在 $0\sim\pm90°$。观测者不同原点 Q 不同，T 随天体周日视运动而变化，所以时角 ω 随时间和观测地点不同而不同。赤纬 δ 只由天体和天赤道决定，不变化。

太阳的赤纬角是地球赤道平面与太阳和地球中心的连线之间的夹角。赤纬角以年为周期，在 +23°26′ ～ −23°26′ 的范围内移动，成为季节的标志。每年 6 月 21 日或 22 日赤纬角达到最大值 +23°26′，称为夏至。该日中午太阳位于地球北回归线正上空，是北半球日照时间最长、南半球日照时间最短的一天。随后赤纬角逐渐减小，至 9 月 23 日或 24 日零时全球的昼夜时间均相等，为秋分。至 12 月 21 日或 22 日赤纬角减至最小值 −23°26′，为冬至。此时阳光斜射北半球，昼短夜长，而南半球则相反。当赤纬角又回到 0 时为春分即 3 月 21 日或 22 日，如此周而复始形成四季。因赤纬值日变化很小，一年内任何一天的赤纬角 δ 都可用 Cooper 方程计算：

$$\sin\delta = 0.39795\cos[0.98563(N-173)] \tag{1.9}$$

$$\delta = 23.45\sin\left(360\,\frac{284+N}{365}\right) \tag{1.10}$$

式中，N 为日数，自 1 月 1 日开始计算。

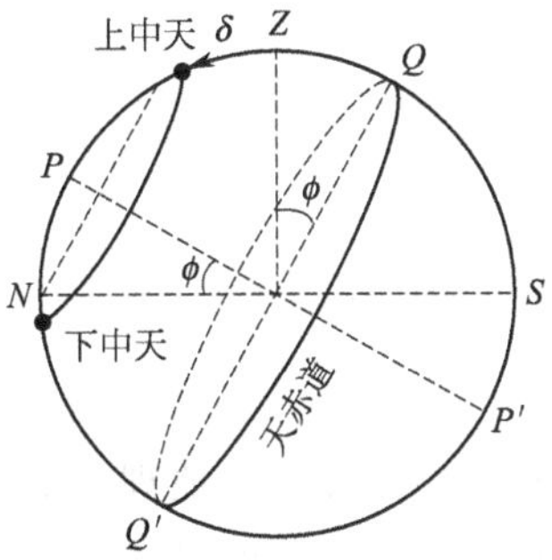

1.6.3　中天

天体过子午圈叫"中天"。天体周日视运动中，每天两次过中天，位置最高（地平高度）叫上中天，位置最低叫下中天。中天时天顶、天极和天体都在子午圈上，如图 1.8 所示。

图 1.8　中天示意图

所以，天体在上中天时，天顶距 $z=\phi-\delta$（ϕ 为观测地理纬度，δ 为天体赤纬）；下中天时，$z=\delta-\phi$。

1.7　太阳的视运动

地球每天绕虚设的地轴自转一周。地球的自转平面相对于地球绕太阳公转的轨道平面间有一个固定的夹角，这个夹角称作黄赤交角，又名黄道交角，是地球公转轨道面（黄道面）与赤道面（天赤道面）的交角，也称黄赤大距。黄赤交角为 23°26′，它并非一直不变，而是一直有微小的变化，但因为变化较小，所以短时期内可以忽略不计。由于上述关系，太阳相对于地球上某一固定点的观察者做视运动的详细情况也许还不被大部分读者熟悉。

图 1.9 显示了太阳相对于一个处于北纬 35° 观察者的视运动。在任意给定的一天，太阳视运动的轨道平面和观察者站立的垂直方向所成的角度，均等于其所在地点的纬度值。在春、秋分的时候（3 月 21 日和 9 月 23 日），太阳从正东升起，由正西落下。因此，在春分和秋分这两天，太阳在正午的高度等于 90° 减去纬度。夏至和冬至（对北半球分别是 6 月 21 日和 12 月 22 日，而南半球则相反），正午的太阳高度正好比二分点增加或减去黄赤交角（23°26′）。

1.8　日照数据

在预期光伏系统性能时，最理想的情况是掌握有该系统安装地日照情况的详细记录。不仅需要直射和漫射辐射的数据，而且相应的环境温度和风速及风向的数据也是值得利用的。尽管世界各地已有许多监测站正对这些参数进行监测，但目前尚缺少系统的公开资料来供

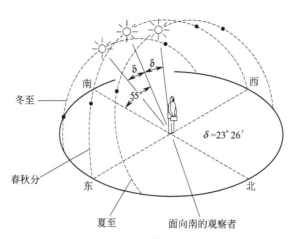

图 1.9　太阳相对于一个处于北纬 35°固定点观察者的视运动（黑点表示正午前后 3h 的太阳位置）

使用。

　　在给定地点，有效日照不仅取决于如纬度、高度、气候类别和主要植被等地理信息特征，而且也取决于安装方式的具体特征。太阳日照分布图尽管未能考虑各地的具体地理特征，但仍然具有参考价值。这些图通常是将实测而得的日照数据与遍布世界各地的日照时间监测网估算的数据相综合而绘制成的。

　　最常使用的数据是水平面上全局辐射（global radiation，或称"总辐射"）的日平均值。一般都采用参考文献［9］提供的数据。这篇资料列出了世界各地数百个日照监测站测得的一年之中每个月水平面上全局辐射量的日平均值，并且列出了通过日照时间记录推算得到的数据，这里考虑了其他几百个地点的气候与植被数据。这些资料已编入了一系列的世界地图中，这些地图标示了一年中每个月的等日照线。

1.9　中国太阳能分布

　　我国疆界，南从北纬 4°附近西沙群岛的曾母暗沙以南起，北到北纬 53°33′黑龙江省漠河以北的黑龙江江心，西自东经 73°40′附近的帕米尔高原起，东到东经 135°2′黑龙江和乌苏里江的汇流处，土地辽阔，幅员广大。另外，我国地处北半球欧亚大陆的东部，主要处于温带和亚热带。在这广阔富饶的土地上，具有十分丰富的太阳能资源。根据全国 700 多个气象站长期观测积累的资料表明，中国各地的太阳年辐射总量大致在 $3.35 \times 10^3 \sim 8.40 \times 10^3 \, \mathrm{MJ/(m^2 \cdot a)}$ 之间，其平均值约为 $5.86 \times 10^3 \, \mathrm{MJ/(m^2 \cdot a)}$。该等值线从大兴安岭西麓的内蒙古东北部开始，向南经过北京西北侧，朝西偏南至兰州，然后径直朝南至昆明，最后沿横断山脉转向西藏南部。在该等值线以西和以北的广大地区，除天山北面的新疆小部分地区年辐射总量约为 $4.46 \times 10^3 \, \mathrm{MJ/(m^2 \cdot a)}$ 外，其余绝大部分地区的年辐射总量都超过 $5.86 \times 10^3 \, \mathrm{MJ/(m^2 \cdot a)}$。

　　从我国太阳年辐射总量的分布来看，西藏、青海、新疆、宁夏南部、甘肃、内蒙古南部、山西北部、陕西北部、辽宁、河北东南部、山东东南部、河南东南部、吉林西部、云南中部和西南部、广东东南部、福建东南部、海南岛东部和西部以及中国台湾西南部等广大地区的太阳年辐射总量很大。尤其是青藏高原地区最大，这里平均海拔高度在 4000m 以上，大气层薄而清洁，透明度好，纬度低，日照时间长。但是在四川盆地地区周围，由于雨多、雾多、晴天较少，因此四川和贵州两省及重庆市的太阳年辐射总量最小。其他地区的太阳年辐射总量居中。

总的来说，我国太阳能资源分布的主要特点为：①青藏高原以及低值中心——四川盆地都处在北纬22°～35°；②太阳年辐射总量总体上是西部地区高于东部地区，南部基本上低于北部，但是西藏和新疆两个自治区除外；③在北纬30°～40°南方地区，由于多数地区多云多雨，太阳年辐射总量的分布情况与一般的太阳能随纬度而变化的规律相反，不是随着纬度的增大而减少，而是随着纬度的升高而增长。

根据各地接收太阳总辐射量的多少，进行了初步分类（表1.2），基本反映了各地不同的太阳能资料情况。

表 1.2　中国部分地区太阳年辐射总量指标

类型	地区	全年日照时数/h	年辐射总量/10^3[cal/(cm^2·a)]
1	西藏西部、新疆东南部、青海西部、甘肃西部	3200～3300	160～200
2	西藏东南部、新疆南部、青海东部、宁夏南部、甘肃中部、内蒙古、山西北部、河北西北部	3000～3200	140～160
3	新疆北部、甘肃东南部、山西南部、陕西北部、河北东南部、山东、河南、吉林、辽宁、云南、广东南部、福建南部、江苏北部、安徽北部	2200～3000	120～140
4	湖南、广西、江西、浙江、湖北、福建北部、广东北部、陕西南部、江苏南部、安徽南部、黑龙江	1400～2200	100～120
5	四川、贵州	1000～1400	80～100

20 世纪 80 年代我国科研人员又依据太阳总辐射量将全国划分为如下五类地区。

（1）一类地区

全年日照时数为 3200～3300h，太阳年辐射总量为 6680～8400MJ/(m^2·a)，相当于225～285kg 标准煤燃烧所发出的热量。这是中国太阳能资源最丰富的地区，主要包括宁夏北部、甘肃西部、新疆东南部、青海西部和西藏西部等地。尤以西藏西部的太阳能资源最为丰富，全年日照时数达 2900～3400h，年辐射总量高达 7000～8000MJ/(m^2·a)，仅次于撒哈拉大沙漠。

（2）二类地区

全年日照时数为 3000～3200h，太阳年辐射总量为 5852～6680MJ/(m^2·a)，相当于200～225kg 标准煤燃烧所发出的热量。这为中国太阳能资源较丰富区，主要包括河北西北部、山西北部、内蒙古南部、宁夏南部、甘肃中部、青海东部、西藏东南部和新疆南部等地。

（3）三类地区

全年日照时数为 2200～3000h，太阳年辐射总量为 5016～5852MJ/(m^2·a)，相当于170～200kg 标准煤燃烧所发出的热量。这为中国太阳能资源的中等类型区，主要包括山东东南部、河南东南部、河北东南部、山西南部、新疆北部、吉林、辽宁、云南、陕西北部、甘肃东南部、广东南部、福建南部、江苏北部、安徽北部、天津、北京和台湾西南部等地。

（4）四类地区

全年日照时数为 1400～2200h，太阳年辐射总量为 4190～5016MJ/(m² · a)，相当于 140～170kg 标准煤燃烧所发出的热量。这是中国太阳能资源较差地区，主要包括湖南、湖北、广西、江西、浙江、福建北部、广东北部、陕西南部、江苏南部、安徽南部以及黑龙江、台湾东北部等地。

（5）五类地区

全年日照时数为 1000～1400h，太阳年辐射总量为 3350～4190MJ/(m² · a)，相当于 115～140kg 标准煤燃烧所发出的热量。此区是我国太阳能资源最少的地区，主要包括四川、贵州两省。

太阳能资源的分布具有明显的地域性，这种分布特点反映了太阳能资源受气候和地理等条件的制约。一、二、三类地区，全年日照时数大于 2200h，太阳年辐射总量高于 5016MJ/(m² · a)，是中国太阳能资源丰富或较丰富的地区，面积较大，约占全国总面积的 2/3 以上，具有利用太阳能的良好条件。四、五类地区，虽然太阳能资源条件较差，但是也有一定的利用价值，其中有的地方是有可能开发利用的。总之，从全国来看，中国是太阳能资源相当丰富的国家，具有发展太阳能利用事业得天独厚的优越条件，太阳能利用事业在我国是有着广阔的发展前景的。

1.10 光伏电池发展概况

光伏电池的工作原理基于光伏效应。1839 年贝克勒尔（Becquerel）首先提出了这一效应的存在，他观察到浸在电解液中的电极之间有光致电压。1876 年，在硒的全固态系统中也观察到了类似现象。随后，研发了以硒和氧化亚铜为材料的光电池。虽然 1941 年就有了关于硅电池的报道，但直到 1954 年才出现了现代硅电池的先驱产品。因为它是第一个能以适当效率将光能转化为电能的光伏器件，所以它的出现标志着光伏电池研发工作的重大进展。到 20 世纪 60 年代初，供空间应用的电池设计已经成熟。此后十多年，光伏电池主要用于空间技术。这一阶段称为起步阶段。

20 世纪 70 年代，光伏电池技术开始飞速发展。这一时期一系列新技术被引入光伏电池制造工艺中，如背面场（BSF）技术、丝网印刷与金属浆料技术等，对光伏电池商业化起了极大的推动作用。这一阶段是光伏电池发展的第二阶段。

1985 年后是光伏电池发展的第三阶段，各种各样的电池新技术相继出现，如表面钝化技术、选择性发射区技术、双层减反射膜技术等，并逐渐突破实验室的限制而应用到产业化生产当中来。

光伏电池按时间发展的先后顺序可划分为三类：①第一类为晶硅光伏电池，是最早发明并大规模应用的一类，又分为单晶硅、多晶硅，其最高效率现阶段已经大于 23％并可进行商业化生产，同时单晶 GaAs 等化合物半导体电池也得到研发应用；②第二类为薄膜光伏电池，也称第二代光伏电池，有硅基、CdTe（碲化镉）、CIGS（铜铟镓硒）和 CZTS（Se）（铜锌锡硫基）薄膜光伏电池等，其中部分类型已经可以商业化生产，但效率和市场都不如晶硅光伏电池；③第三类为新型光伏电池，主要有量子点、染料敏化和钙钛矿型薄膜光伏电池等，目前仍在实验室研究阶段，有待进一步开发研究。光伏电池具体分类如图 1.10 所示。

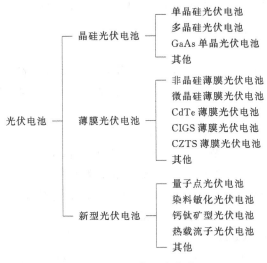

图 1.10　光伏电池分类

1.10.1　晶硅光伏电池

世界上最早的光伏电池是美国科学家 Charles Fritts 于 1883 年制备的，只不过仅有不到 1% 的效率；1894 年，他率先制造出大面积的光伏电池，但光电转换效率仍然不到 1%。现代化的硅光伏电池在 20 世纪中期研制成功，美国 Bell 实验室的科学家 Dary Chapin、Calvin Fuller 和 Gerald Pearson 于 1953 年成功制备了效率为 4.5% 的单晶硅光伏电池。此后，受高昂成本的制约，晶硅光伏电池仅考虑应用于航天领域。20 世纪 50 年代中期，科学家发现砷化镓光伏电池理论转换效率更高。但随着半导体产业的发展，硅材料依旧是光伏电池的最佳原料。20 世纪 70 年代能源危机爆发后，高度依赖化石能源的欧美开始投入大量资金研发光伏电池，1976 年前后成功研制了多晶硅光伏电池，1977 年前后成功研制了非晶硅光伏电池。在之后的十几年中，晶硅光伏电池迅速崛起，并逐渐形成了以晶硅光伏电池为主的光伏产业链结构。如图 1.11 所示为单晶硅光伏电池的结构。

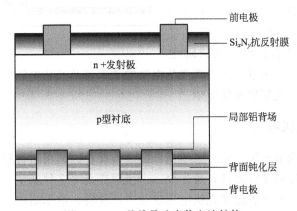

图 1.11　一种单晶硅光伏电池结构

现阶段，晶硅光伏电池仍然独占鳌头，占光伏电池市场的 90% 左右。实验室单晶硅光伏电池的光电效率已经达到了 26.7%，接近其理论极限效率。随着工艺技术的突破，晶硅光伏电池正逐步形成与常规能源竞争的格局，其发展到了突破平价上网的瓶颈阶段。

1.10.2 薄膜光伏电池

到 21 世纪初，晶硅光伏电池已大规模产业化，消耗了大量高纯硅材料，晶硅电池制造成本较高。在玻璃、塑料和不锈钢等基底上沉积薄膜光伏材料，将厚度仅为几微米的薄膜光伏材料作为吸收层，并制造出稳定且高效的薄膜光伏电池可以在很大程度上减少原料用量，降低生产成本，为产业化光伏电池组件的廉价生产开辟了新的途径。

硅基薄膜电池是目前薄膜光伏电池市场上发展的主流，包括多晶硅、非晶硅和微晶硅薄膜光伏电池三类。其中，非晶硅薄膜光伏电池效率已达到 10.2%，微晶硅薄膜光伏电池的实验室效率也达到了 11.9%。CdTe 和 CIGS 薄膜光伏电池在第二代光伏电池发展历程中有着重要作用，现阶段被广泛研究的 CZTS(Se) 半导体吸收层材料就是 CdTe 和 CIGS 结构上的一种演变。CdTe 薄膜光伏电池的研究最早开始于 1959 年，在 1990 年左右便已实现了产业化制造。21 世纪初，NREL（National Renewable Energy Laboratory，美国可再生能源实验室）通过改进透明导电薄膜窗口材料的光吸收特性，使其效率达到了 16.5% 以上。现阶段 CdTe 薄膜光伏电池的最高效率是 21.0%。然而，由于原材料的毒性以及资源的稀缺特征，CdTe 薄膜光伏电池的发展始终受限。NREL 等实验室在 20 世纪末开始对 CIGS 吸收层进行大量广泛的研究，截至目前，CIGS 薄膜光伏电池已经实现了 21.7% 的效率。CIGS 与 CdTe 存在相似的问题，由于其所用铟元素和镓元素属于稀有元素，地壳中含量并不丰富，因此不利于大规模商业化生产制造。CZTS(Se) 薄膜光伏电池是现阶段研究的重心之一。对 CZTS(Se) 吸收层材料的研究最早可追溯到 1996 年，通过真空沉积设备制备出了效率为 0.66% 的薄膜光伏电池；现阶段 CZTS(Se) 薄膜光伏电池已经达到约 12.7% 的效率。中科院曾稚课题组通过模拟计算，从理论上筛选出了 CZTS 中阻碍电池效率的本征缺陷类型并提出了调控方法。如图 1.12 所示为 CZTS 薄膜光伏电池的结构。

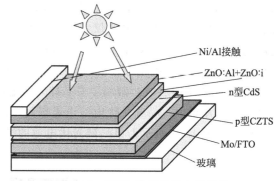

图 1.12 CZTS 薄膜光伏电池结构

Ni/Al接触
ZnO:Al+ZnO:i
n型CdS
p型CZTS
Mo/FTO
玻璃

虽然有大量针对薄膜光伏电池的研究，但其效率提升仍然有限。为进一步提高光伏电池的效率以及光伏电池的应用领域，近年来科学家逐渐开始研究第三代新型光伏电池。

1.10.3 新型光伏电池

人们一直追求高效率光伏电池，采用新思路进行设计、利用新材料进行构建、运用新工艺进行制备的高效便宜的光伏器件，是当今一个科研热点。这种新型光伏电池主要有染料敏化、量子点、钙钛矿型和热载流子光伏电池以及多结叠层、纳米结构、表面等离子增强、光子晶体等新兴光伏电池。

20 世纪末逐渐兴起了对染料敏化光伏电池的研究。1991 年瑞士科学家 Gratzel 使用具

有多孔结构的 TiO_2 材料，在其表面涂抹起敏化作用的有机染料，制备出了转换效率为 7.1% 的光伏电池。染料敏化光伏电池的特点是环境友好、制备过程条件要求低、材料价格低，尤其是在低成本、低价格方面具有突出优势，因此应用价值高。此外，由于可通过改变染料的颜色来调控染料敏化光伏电池的外观颜色，且其具有半透明的特性，染料敏化光伏电池应用于建筑物作为玻璃帷幕具有广泛前景。近期，Michael Gratzel 课题组在染料敏化电池的效率上实现了突破，提高到了 15%。

量子点光伏电池可以分为量子点敏化、量子点中间带和量子点激子光伏电池。量子点敏化光伏电池是染料敏化光伏电池的一种衍生，两者的主要区别在于染料敏化使用钌作为敏化剂而量子点敏化使用一种无机的窄带隙量子点作为敏化剂。量子点中间带光伏电池使用禁带宽度较大的材料作为基底，并在其中间部分掺入禁带宽度较小的量子点阵列，使得能量较低的光子也可以经由这种中间结构二次跃迁进入导带，从而被吸收，提升电池的光电效率。量子点激子光伏电池是利用量子点中的多激子效应而设计的光伏电池，其可以合理利用可见光波长与蓝紫光波长光子的能量，进而扩大光伏电池波长的吸收范围，提升电池效率。

钙钛矿型光伏电池是一种使用具有钙钛矿型结构的铅碘化合物作为吸光材料的薄膜光伏电池，与染料敏化和量子点敏化一样，是基于纳米 TiO_2 结构的新型光伏电池。2012 年首次制备的固态钙钛矿型光伏电池效率仅为 9.7%，但经过 6 年的发展，英国一家钙钛矿研发公司——牛津光伏太阳能公司通过将硅和基于钙钛矿的电池组合在一起，形成"串联"形式的装置，取得了 28% 的效率，同时也打破了几个月前由他们自己创造的钙钛矿硅光伏电池效率为 27.3% 的世界纪录。另外，钙钛矿光伏电池在大面积电池制备中效率已接近 20%。如图 1.13 所示为钙钛矿光伏电池的结构。

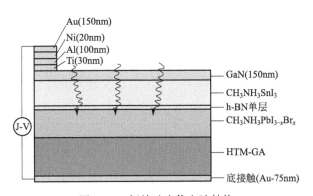

图 1.13　钙钛矿光伏电池结构

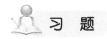 习　题

1.1　已知太阳到地球、水星和火星的平均距离分别为 1.5×10^{11} m、5.8×10^{10} m 和 2.28×10^{11} m，请估算水星和火星的太阳常数。

1.2　太阳在相对水平面成 30°角的高度，其相应的大气光学质量是多少？

1.3　请计算 6 月 21 日中午在南非开普敦（南纬 34°）、中国曾母礁（北纬 3°58′20″）、中国哈尔滨（北纬45°）的太阳高度。

1.4 夏至中午在宁夏的银川（北纬38°），全局辐射是100mW/cm²。假定30%是漫射辐射，并且取如下近似：组件周围地面无反射，漫射辐射在天空是均匀分布的。试估算与水平面成45°面向南的平面上的辐射强度。

参 考 文 献

[1] M A Green. 太阳能电池工作原理、技术和系统应用 [B]. 上海：上海交通大学出版社，2010.

[2] M Wolf. Historical Development of Solar Cells [M] //C E Backus. Solar Cells. New York：IEEE Press，1976.

[3] Burschka Julian，Pellet Norman，Moon Soo-Jin，et al. Sequential Deposition as a Route to High-performance Perovskite-sensitized Solar Cells [J]. Nature，2013，499（7458）.

[4] 秦校军，赵志国，王一丹，等. 新型高效率钙钛矿型光伏电池研究进展 [J]. 电源技术，2018，42（05）：740-743.

[5] R Siegel，J R Howell. Thermal Radiation Heat Transfer [M]. New York：McGraw-Hill，1972.

[6] M P Thekackara. The Solar Constant and the Solar Spectrum Measured from a Research Aircraft [R]. NASA Technical Report No. R-351，1970.

[7] P R Gast. Rolar Radiation [M] //C F Campen，et al. Handbook of Geophysics. New York：Macrnillan，1960：14-16，16-30.

[8] Terrestrial Photovoltaic Measurement Procedures [R]. Report ERDA/NASA/1022-77/16，1977.

[9] B Y Liu，R C Jordan. The Interrelationship and Characteristic Distribution of Direct，Diffuse and Total Solar Radiation [J] Solar Energy，1960（4）：1-19.

[10] G O G Lof，J A Duffie，C O Smith. World Distribution of Solar Energy [R]. Report No. 21，Solar Energy Laboratory，University of Wisconsin，1966.

第2章

半导体硅的电子态

固体可分为无定形、多晶和单晶三种微结构。每种类型的特征都是用材料中有序化区域的大小加以判定的。有序化区域是指原子或者分子基团有规则或周期性几何排列的空间范畴。无定形材料只在几个原子或分子的尺度内有序。多晶材料则在许多个原子或分子的尺度上有序，这些有序化区域称为单晶区域，彼此有不同的大小和方向。单晶区域称为晶粒，它们由晶界将彼此分离。单晶材料则在整块内都有很高的几何周期性。单晶材料的优点在于其光电特性通常比非单晶材料好，这是因为晶界会导致电学特性的衰退。图 2.1 是无定形、多晶和单晶材料的二维示意图。

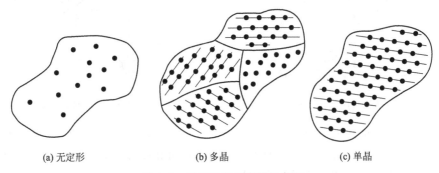

(a) 无定形   (b) 多晶   (c) 单晶

图 2.1 固体的三种类型示意图

硅是一种重要的光伏电池材料。如果能够求解出所有相互作用的原子核与电子系统的薛定谔方程，便可以了解硅的许多物理性质。但这是一个复杂的多体问题，不可能求出其严格解，所以只能用近似处理方法（单电子近似）来研究晶体硅中电子的能量状态。用单电子近似法研究晶体中电子状态的理论称为能带论。有关能带论的内容已在固体物理课程中介绍过，本章将作简要回顾，并讲述半导体硅的基本能带结构。

2.1 单晶硅的晶体结构与晶体结合

单晶体中原子存在无限周期性的分布，特定的晶体结构称为晶格。根据原子的价电子数，晶体的形成会选择总体能量最低的稳定晶格。

制造光伏电池所用的硅材料在化学元素周期表中属于第 IV 主族元素，原子的最外层都具有 4 个价电子。硅原子组合成晶体靠的是共价键结合，所组成的晶体属于金刚石型结构，如图 2.2 所示。

金刚石型结构的特点是：每个硅原子周围都有 4 个最邻近的硅原子，组成一个正四面体结构，配位数是 4。这 4 个硅原子分别处在正四面体的顶角上，任一顶角上的硅原子和中心硅原子各贡献一个价电子为该两个硅原子所共有，共有的电子在两个硅原子之间形成较大的电子云密度，通过它们对硅原子实的引力把两个硅原子结合在一起，这就是共价键结合。

在硅的金刚石型结构中，四个共价键并不是以孤立原子的电子波函数为基础形成的，而是以硅原子的 s 态和 p 态波函数的线性组合为基础，构成了杂化轨道，即以硅原子最外层的 3s 和 3p 组成的 sp^3 杂化轨道为基础形成的，它们之间具有相同的夹角 109°28'。

硅的金刚石型结构的晶胞如图 2.3 所示。这种晶胞可以看作是两个面心立方晶胞沿立方体的空间对角线互相位移了 1/4 的空间对角线长度套构而成，属于面心立方布拉维点阵，立方晶系，Fd-3m（227 号）空间群。

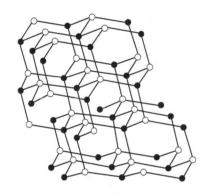

图 2.2　硅的金刚石型结构

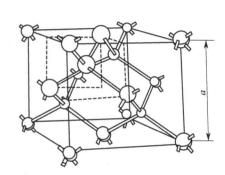

图 2.3　单晶硅的晶胞

硅原子在晶胞中的排列情况是：8 个硅原子占据立方体的 8 个顶角，6 个硅原子占据 6 个面的中心，晶胞内部还含有 4 个硅原子。立方体顶角和面心上的硅原子与内部的硅原子周围情况不同，所以它是由相同原子构成的复式晶格。

如图 2.4 所示为不同方向观察到的硅原子的排列。可以看出，硅原子在不同方向的排列有较大差别，这种方向性的差异对光伏电池的研发工作而言是极为重要的。

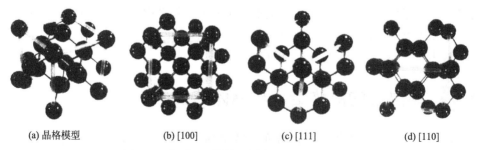

(a) 晶格模型　　　　(b) [100]　　　　(c) [111]　　　　(d) [110]

图 2.4　金刚石型结构不同方向硅原子的排列

实验测得的硅的晶格常数 a 约为 0.543nm，从而求得硅每立方厘米体积内含有 5.00×10^{22} 个硅原子，两原子间最短距离为 0.235nm，因而它们的共价半径为 0.117nm。

2.2 晶体的电子状态与能带结构

2.2.1 原子的能级和晶体的能带

光伏电池材料中发展最为成熟的就是单晶硅材料。单晶硅是单晶体，由靠得很紧密的硅原子周期性重复排列而成，相邻原子间距仅有 Å（埃）（$1\text{Å}=0.1\text{nm}$）的数量级。因此，单晶硅中的电子状态与原子中不同，特别是外层电子会有显著变化。但是，晶体又是由分立的原子凝聚而成，两者的电子状态存在某种联系。下面将以原子结合成晶体的过程定性地说明单晶硅中的电子状态。

原子中的电子在原子核的势场和外围电子的作用下，分列在不同能级上，形成电子壳层；不同支壳层的电子分别用 1s、2s、2p、3s、3p、3d、4s 等符号表示，每一支壳层均对应于确定的能量。当原子相互接近形成晶体时，不同原子的内外各电子壳层之间就有了一定程度的交叠，相邻原子最外壳层交叠最多，内壳层交叠较少。原子组成晶体后，由于电子壳层的交叠，电子不再完全局限在一个原子上，可以由一个原子转移到另一个原子，因此，电子将在整个晶体中运动。这种运动称为电子的共有化运动。值得注意的是，因为各原子中相似壳层上的电子才有相同的能量，电子只能在相似壳层间转移。因此，共有化运动的产生是由于不同原子相似壳层间的交叠，例如 2p 支壳层的交叠、3s 支壳层的交叠，如图 2.5 所示。可以说，结合成晶体后，每一个原子都能引起"与之相对应"的共有化运动，例如 3s 能级引起"3s"的共有化运动，2p 能级引起"2p"的共有化运动。由于内外壳层交叠程度很不相同，因此仅有最外层电子的共有化运动才显著。

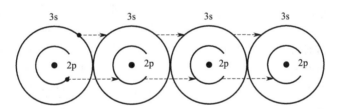

图 2.5 电子共有化运动示意图

对于有规律的、周期性排列的原子，每个原子都包含不止一个电子。当两个原子相距很远时，如同两个孤立的原子，原子的能级如图 2.6(a) 所示。每个能级都有两个态与之对应，是二度简并的（暂不计入原子本身的简并）。当两个原子互相靠近时，每个原子中的电子除受到本身原子的势场作用外，还要受到另一个原子势场的作用，其结果是每一个二度简并的能级都分裂为两个彼此相距很近的能级，且越靠近分裂得越厉害。图 2.6(b) 画出了 8 个原子互相靠近时能级分裂的情况。可以看出，在不考虑自旋简并的情况下，每个能级都分裂为 8 个相距很近的能级。

两个原子相互靠近时，原来某能级上的电子会分别处于分裂出的两个能级上，这时电子不再属于这一原子，而是被两个原子共用。分裂的能级数需计入原子本身的简并度，例如 2s 能级分裂为两个能级；2p 能级本身三度简并，分裂为 6 个能级。

考虑由 N 个硅原子组成的晶体，晶体每立方厘米体积内含有 5.00×10^{22} 个硅原子，所以 N 是个很大的数值。假设 N 个硅原子相距很远，尚未结合成晶体，相互作用很小，其能级分布情况与孤立硅原子相近。当 N 个硅原子相互靠近结合成晶体后，每个电子都

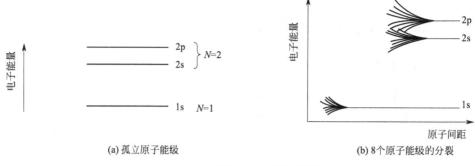

(a) 孤立原子能级　　　　　　　　(b) 8个原子能级的分裂

图 2.6　硅原子能级分裂示意图

受到周围硅原子势场的作用，其结果是分裂成 N 个彼此相距很近的能级，这 N 个能级组成一个能带。这时电子不再属于某个硅原子，而是在晶体中做共有化运动。分裂的每个能级都成为允带，允带间因没有能级而被称为禁带。图 2.7 示出了硅原子能级分裂成能带的情况。

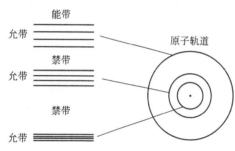

图 2.7　硅原子能级分裂为能带的示意图

从图 2.7 中我们也可以看出内外层电子能带间的差别。内壳层的电子原来处于低能级，共有化运动很弱，其能级分裂得很小，能带很窄；外壳层电子原来处于高能级，尤其是最外层的电子，共有化运动显著，如同自由运动的电子，常称为"准自由电子"，其能级分裂得很厉害，能带很宽。

每个能带包含的能级数（或者说共有化状态数），与孤立原子能级的简并度有关。例如 s 能级没有简并，N 个硅原子结合成晶体后，s 能级便分裂为 N 个十分靠近的能级，形成一个能带，这个能带中共有 N 个共有化状态，可容纳 $2N$ 个电子。p 能级是三度简并的，便分裂成 $3N$ 个十分靠近的能级，形成的能带中共有 $3N$ 个共有化状态，可容纳 $6N$ 个电子。实际的晶体，由于 N 是十分巨大的数值，能级又靠得很近，因此每个能带中的能级基本上都可视为连续的，有时称为"准连续的"。

值得注意的是，实际的晶体能带与孤立原子能级间的对应关系并不都像上述那样简单，这是因为一个能带不一定同孤立原子的某个能级相当，即不一定能区分 s 能级和 p 能级所对应的能带。例如硅，它的原子有 4 个价电子，其中 2 个 3s 电子，2 个 3p 电子，组成晶体后，由于轨道杂化的结果，其价电子形成的能带如图 2.8 所示，形成上下两个能带，中间隔以禁带。两个能带并不分别与 3s 和 3p 能级相对应，上下两个能带中分别包含 $2N$ 个状态，各自可容纳 $4N$ 个电子。N 个硅原子结合成的晶体，共有 $4N$ 个外层电子。根据电子先填充低能级这

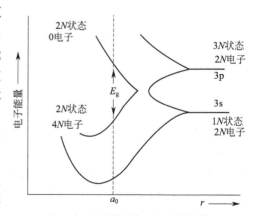

图 2.8　原子间距 r 与电子能量（能带）示意图

一原理，下面一个能带填满了电子，它们相应于共价键中的电子，这个带通常称为满带或价带；上面一个能带是空的，没有电子，这个带通常称为导带；价带与导带之间的部分，称为禁带。

2.2.2 半导体中电子的状态和能带

晶体中的电子与孤立原子中的电子不同，也和自由运动的电子不同。孤立原子中的电子是在该原子的核和其他电子的势场中运动，自由电子是在一恒定为零的势场中运动，而晶体中的电子是在严格周期性重复排列的原子间运动。单电子近似认为，晶体中的某一电子是在周期性排列且固定不动的原子核的势场以及其他大量电子的平均势场中运动，这个势场也是周期性变化的，而且其周期与晶格周期相同。研究发现，电子在周期性势场中运动的基本特点和自由电子的运动十分相似。下面我们先介绍自由电子的运动，然后再来看晶体中电子的运动。

（1）自由电子的运动

微观粒子具有波粒二象性，表征波动性的量与表征粒子性的量之间有一定联系。一个质量为 m_0，以速度 v 自由运动的电子，其动量 p 与能量 E 分别为

$$p = m_0 v \tag{2.1}$$

$$E = \frac{1}{2} \times \frac{p^2}{m_0} \tag{2.2}$$

式中，$p^2 = |\boldsymbol{p}|^2$。德布罗意（de Broglie）指出，这一自由粒子可用频率为 v、角频率 ω 为 $\omega = 2\pi v$、波长为 λ 的平面波表示：

$$\Phi(r, t) = A e^{i(kr - \omega t)} \tag{2.3}$$

式中，A 是常数；r 是空间某点的矢径；t 是时刻；k 是平面波的波数，等于波长 λ 倒数的 2π 倍。为了能同时描述平面波的传播方向，通常规定 $\boldsymbol{k}$ 为矢量，称为波数矢量，简称波矢。其大小为

$$k = |\boldsymbol{k}| = \frac{2\pi}{\lambda} \tag{2.4}$$

方向与波面法线平行，为波的传播方向。

自由电子能量和动量与平面波角频率和波矢之间的关系分别为

$$E = hv = \hbar\omega \tag{2.5}$$

$$p = \hbar k \tag{2.6}$$

式中，$\hbar = h/2\pi$，h 为普朗克（Planck）常数。

为简单计，考虑一维情况，即选择 Ox 轴方向与波的传播方向一致，则式（2.3）为

$$\Phi(x, t) = A e^{ikx} e^{-i\omega t} = \psi(x) e^{-i\omega t} \tag{2.7}$$

式中

$$\psi(x) = A e^{ikx} \tag{2.8}$$

也称其为自由电子的波函数，它代表一个沿 x 方向传播的平面波，且遵守定态薛定谔（Schrödinger）方程

$$-\frac{\hbar^2}{2m_0} \times \frac{d^2\psi(x)}{dx^2} = E\psi(x) \tag{2.9}$$

式中，E 为电子能量。

将式（2.6）分别代入式（2.1）和式（2.2），得

$$v = \frac{\hbar k}{m_0} \qquad (2.10)$$

$$E = \frac{\hbar^2 k^2}{2m_0} \qquad (2.11)$$

可以看出，对于波矢为 k 的运动状态，自由电子的能量 E、动量 p、速度 v 均有确定的数值。因此，波矢 k 可用于描述自由电子的运动状态，不同的 k 值标志自由电子的不同状态。图 2.9 为一维情况下自由电子的 E 与 k 的关系曲线，呈抛物线形状。由于波矢 k 的连续变化，自由电子的能量是连续能谱，从零到无限大的所有能量值都是允许的。

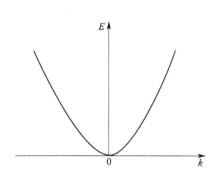

图 2.9　自由电子的 E 与 k 的关系

（2）晶体中薛定谔方程及其解的形式

单电子近似认为晶体中某个电子是在与晶格同周期的周期性势场中运动。例如，对于一维晶格，表示晶格中位置为 x 处的电势 $V(x)$ 为

$$V(x) = V(x + ma) \qquad (2.12)$$

式中，m 为整数；a 为晶格常数。晶体中电子所遵守的薛定谔方程为

$$-\frac{\hbar^2}{2m_0} \times \frac{\mathrm{d}^2 \psi(x)}{\mathrm{d}x^2} + V(x)\psi(x) = E\psi(x) \qquad (2.13)$$

式中，$V(x)$ 满足式（2.12）。式（2.13）是晶体中电子运动的基本方程式。如能解出方程，则可得到电子的波函数及能量。但找出实际晶体的 $V(x)$ 很困难，因而只能采用一些近似方法求解。

布洛赫曾经证明，满足式（2.13）的波函数一定具有如下形式：

$$\psi_k(x) = u_k(x)\mathrm{e}^{ikx} \qquad (2.14)$$

式中，k 为波数，$u_k(x)$ 是一个与晶格同周期的周期性函数，即

$$u_k(x) = u_k(x + na) \qquad (2.15)$$

式中，n 为整数。式（2.13）具有式（2.14）形式的解，这一结论称为布洛赫定理。具有式（2.14）形式的波函数称为布洛赫波函数。

首先，从式（2.14）与式（2.8）的比较可知，晶体中的电子在周期性势场中运动的波函数与自由电子的波函数形式相似，代表一个波长为 $2\pi/k$ 而在 k 方向上传播的平面波，不过这个波的振幅 $u_k(x)$ 随 x 作周期性变化，其变化周期与晶格周期相同。所以，常说晶体中的电子是以一个被调幅的平面波在晶体中传播。显然，若令式（2.14）中的 $u_k(x)$ 为常数，则在周期性势场中运动电子的波函数就完全变成自由电子的波函数了。

其次，根据波函数的意义，在空间某一点找到电子的概率与波函数在该点的强度（即 $|\psi|^2 = \psi\psi^*$）成比例。对于自由电子，$\psi\psi^* = A^2$，即在空间各点波函数的强度相等，故在空间各点找到电子的概率也相同，这反映了电子在空间中的自由运动。而对于晶体中的电子，$|\psi_k \psi_k^*| = |u_k(x) u_k^*(x)|$，但 $u_k(x)$ 是与晶格同周期的函数，在晶体中波函数的强度也随晶格周期性变化，所以在晶体中各点找到该电子的概率也具有周期性变化的性质。这反映了电子不再完全局限在某一个原子上，而是可以从晶胞中某一点自由地运动到其他晶胞内的对应点，因而电子可以在整个晶体中运动，这种运动称为电子在晶体内的共有化运动。

组成晶体的原子外层电子共有化运动较强，其行为与自由电子相似，常称为准自由电子。而内层电子的共有化运动较弱，其行为与孤立原子中的电子相似。

最后，布洛赫波函数中的波矢 k 与自由电子波函数中的一样，它描述晶体中电子的共有化运动状态，不同的 k 标志着不同的共有化运动状态。

（3）布里渊区与能带

晶体中电子处于不同的 k 状态，具有不同的能量 $E(k)$，求解式(2.13)可得出如图 2.10（a）所示的 $E(k)$ 和 k 的关系曲线。图中横坐标表示波数 k，虚线表示自由电子的 $E(k)$ 和 k 的抛物线关系，实线表示周期性势场中电子的 $E(k)$ 和 k 的关系曲线。可以看到，当

$$k = \frac{n\pi}{a}(n=0,\pm 1,\pm 2,\cdots) \tag{2.16}$$

时，能量出现不连续，形成一系列允带和禁带。

允带出现在以下几个区（称为布里渊区）中：

第一布里渊区　　　　　　　$-\frac{\pi}{a} < k < \frac{\pi}{a}$

第二布里渊区　　　　　　　$-\frac{2\pi}{a} < k < -\frac{\pi}{a},\frac{\pi}{a} < k < \frac{2\pi}{a}$

第三布里渊区　　　　　　　$-\frac{3\pi}{a} < k < -\frac{2\pi}{a},\frac{2\pi}{a} < k < \frac{3\pi}{a}$

禁带出现在 $k = n\pi/a$ 处，即出现在布里渊区边界上。

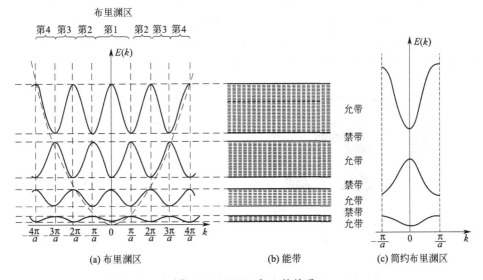

图 2.10　$E(k)$ 和 k 的关系

每一个布里渊区都对应一个能带，得到如图 2.10（b）所示的能带图。

从图 2.10(a) 中还可以看到 $E(k)$ 也是 k 的周期性函数，周期为 $2\pi/a$，即

$$E(k) = E\left(k + n\frac{2\pi}{a}\right) \tag{2.17}$$

k 和 $k + n\dfrac{2\pi}{a}$ 表示相同的状态，所以可以只取 $-\dfrac{\pi}{a} < k < \dfrac{\pi}{a}$ 中的 k 值来描述电子的能量

状态，而将其他区域移动 $n\dfrac{2\pi}{a}$ 合并到第一区。在考虑能带结构时，只考虑 $-\dfrac{\pi}{a}<k<\dfrac{\pi}{a}$ 的区域（第一布里渊区）即可，得到如图 2.10(c) 所示的曲线。在这个区域内，E 为 k 的多值函数。因此，在说明 $E(k)$ 和 k 的关系时，必须用 $E_n(k)$ 标明是第 n 个能带。常称这一区域为简约布里渊区，这一区域内的波矢为简约波矢。

对于有限的晶体，尚需考虑一定的边界条件。根据周期性边界条件，可以得出波矢 k 只能取分立的数值。对边长为 L 的立方晶体，波矢 k 的三个分量 k_x、k_y、k_z 分别为

$$
\begin{cases}
k_x = \dfrac{2\pi n_x}{L} & (n_x = 0, \pm 1, \pm 2, \cdots) \\[2mm]
k_y = \dfrac{2\pi n_y}{L} & (n_y = 0, \pm 1, \pm 2, \cdots) \\[2mm]
k_z = \dfrac{2\pi n_z}{L} & (n_z = 0, \pm 1, \pm 2, \cdots)
\end{cases}
\tag{2.18}
$$

因此，波矢 k 具有量子数的作用，它描述晶体中电子共有化运动的量子状态。

由式(2.18)可以证明每一个布里渊区中都有 N 个 k 状态，与每一个 k 值相应有一个能量状态（能级）。由于 k 值是分立的，因此布里渊区中的能级是准连续的，每一个能带中都有 N 个能级，N 为晶体的原胞数。因为每个能级都可以容纳自旋相反的两个电子，所以每个能带可以容纳 $2N$ 个电子。

可以用下述方法做出三维晶格的布里渊区。首先做出晶体的倒格子，任选一倒格点为原点，由原点到最近及次近的倒格点引倒格矢，然后做倒格矢的垂直平分面，这些面就是布里渊区的边界。在这些边界上能量发生不连续，这些面所围成的最小多面体就是第一布里渊区。半导体硅属于金刚石型结构，它的原胞和面心立方晶体相同，两者有相同的基矢，所以有相同的倒格子和布里渊区。硅的布里渊区如图 2.11 所示，其倒格子是体心立方的。

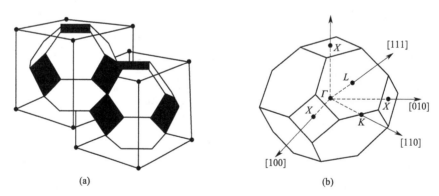

图 2.11　面心立方晶格和金刚石型结构的第一布里渊区

2.2.3　导体、半导体和绝缘体的能带

固体按其导电性可分为导体、半导体和绝缘体。根据电子填充能带的情况可以说明其机理。固体能够导电，是固体中的电子在外电场作用下做定向运动的结果。由于电场力对电子的加速作用，使电子的运动速度和能量变化，电子从一个能级跃迁到另一个能级上去。对于满带，其中的能级已被电子占满，在外电场作用下，满带中的电子并不形

成电流，对导电没有贡献。通常原子中的内层电子都是占据满带中的能级，因而内层电子对导电没有贡献。对于未被电子占满的能带，在外电场作用下，电子可从外电场中吸收能量跃迁到未被电子占据的能级，形成电流并起导电作用，常称这种能带为导带。金属中，由于组成金属的原子中的价电子占据的能带是未被占满的，如图 2.12(c) 所示，因此金属是良好的导体。

绝缘体和半导体的能带类似，如图 2.12(a)、(b) 所示。即下面是已被价电子占满的满带（其下面还有被内层电子占满的若干满带未画出），也称价带，中间为禁带，上面是空带。因此，在外电场作用下并不导电。但是，这只是热力学温度为零时的情况。当外界条件发生变化时，例如温度升高或有光照时，满带（价带）中有少量电子可能被激发到上面的空带中去，使导带底部附近有了少量电子，因而在外电场作用下，这些电子将参与导电；同时，价带中由于少了一些电子，在价带顶部附近出现了一些空的量子状态，满带变成了部分占满的能带，在外电场的作用下，仍留在满带中的电子也能够起导电作用，价带电子的这种导电作用等效于把这些空的量子状态看作具有导电作用的带正电荷的准粒子，常称这些空的量子状态为空穴。所以在半导体中，导带的电子和价带的空穴均参与导电，这是与金属导电的最大差别。绝缘体的禁带宽度很大，激发电子需要很大的能量，在通常温度下，能激发到导带去的电子很少，所以导电性很差。半导体禁带宽度比较小，数量在 1eV 左右，在通常温度下已有不少电子被激发到导带中去，所以具有一定的导电能力，这是绝缘体和半导体的主要区别。金刚石的禁带宽度为 6～7eV，室温下是绝缘体；硅的禁带宽度为 1.12eV，是半导体。

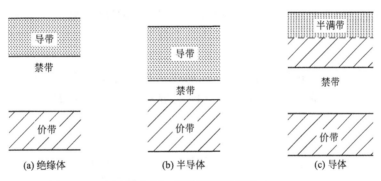

图 2.12　固体能带示意图

如图 2.13 所示为 $T=0$K 时单晶硅晶格共价键的二维示意图。$T=0$K 时，每个硅原子周围的 8 个价电子都处于最低能态并以共价键相结合，处于最低能带的 $4N$ 态（价带）完全被价电子填满。如图 2.13 所示，所有价电子都组成了共价键，而此时较高的能带（导带）则完全为空。随着温度从 0K 上升，一些价带上的电子可能得到足够的热能，依靠热激发打破共价键，在晶体中自由运动，成为准自由电子。获得能量而脱离共价键的电子，就是导带上的电子。图 2.14(a) 用二维示意图表示出了这种裂键效应，而图 2.14(b) 用能带模型示意图表示了相同的效应。

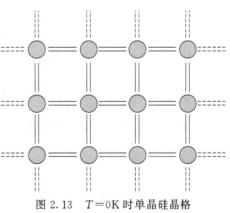

图 2.13　$T=0$K 时单晶硅晶格
共价键二维示意图

图 2.14(b) 中 E_v 称为价带顶，它是价带电子的最高能量；E_c 称为导带底，它是导带电子的最低能量；E_g 是禁带宽度，也是脱离共价键所需的最低能量。价带上的电子激发成为准自由电子，即价带电子激发成为导带电子的过程，称为本征激发。

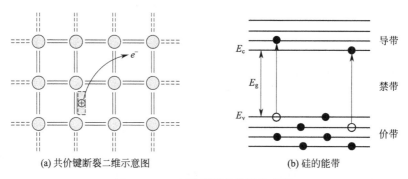

(a) 共价键断裂二维示意图　　　　(b) 硅的能带

图 2.14　一定温度下硅的键和能带

2.3　电子有效质量

2.3.1　半导体中 E（k）与 k 的关系

微观粒子能量的非连续性，使晶体中电子的能量形成能带，一维情形 $E(k)$ 与 k 的关系如图 2.10 所示。但它只给出定性的关系，必须找出 $\Delta E(k)$ 函数，才能得出定量关系。尽管采用了单电子近似，但在求 $E(k)$ 时还是十分复杂的，但它是固体物理学中能带理论所要专门解决的问题。

但是，对于半导体导电性而言，起作用的往往是接近于能带底部或能带顶部的电子。因此，只要掌握其能带底部或顶部附近（即能带极值附近）的 $E(k)$ 与 k 的关系就足够了。

（1）能带底部

用泰勒级数展开可以近似求出极值附近的 $E(k)$ 与 k 的关系。仍以一维情况为例，设能带底位于波数 $k=0$ 附近，则能带底部附近的 k 值必然很小。将 $E(k)$ 在 $k=0$ 附近按泰勒级数展开，取至 k^2 项，得到

$$E(k)=E(0)+\left(\frac{\mathrm{d}E}{\mathrm{d}k}\right)_{k=0} k+\frac{1}{2}\left(\frac{\mathrm{d}^2 E}{\mathrm{d}k^2}\right)_{k=0} k^2+\cdots \tag{2.19}$$

因为 $k=0$ 时能量极小，所以 $(\mathrm{d}E/\mathrm{d}k)_{k=0}=0$，因而

$$E(k)-E(0)=\frac{1}{2}\left(\frac{\mathrm{d}^2 E}{\mathrm{d}k^2}\right)_{k=0} k^2 \tag{2.20}$$

式中，$E(0)$ 为导带底能量。对于给定半导体，$(\mathrm{d}^2 E/\mathrm{d}k^2)_{k=0}$ 应该是一个定值，令

$$\frac{1}{\hbar^2}\left(\frac{\mathrm{d}^2 E}{\mathrm{d}k^2}\right)_{k=0}=\frac{1}{m_n^*} \tag{2.21}$$

将式(2.21) 代入式(2.20) 得到能带底部附近的 $E(k)$ 为

$$E(k)-E(0)=\frac{\hbar^2 k^2}{2m_n^*} \tag{2.22}$$

式（2.22）与式（2.11）有类似之处，不同的是式（2.11）中的 m_0 是电子的惯性质量，而式（2.22）中出现的是 m_n^*，常为能带底电子的有效质量。因为 $E(k) > E(0)$，所以能带底电子的有效质量是正值。

（2）能带顶部

同样，设能带顶也位于 $k = 0$ 处，则在能带顶部附近也可以得到

$$E(k) - E(0) = \frac{1}{2}\left(\frac{\mathrm{d}^2 E}{\mathrm{d}k^2}\right)_{k=0} k^2 \tag{2.23}$$

因为能带顶部附近 $E(k) < E(0)$，所以 $(\mathrm{d}E/\mathrm{d}k)_{k=0} < 0$。若也令

$$\frac{1}{\hbar^2}\left(\frac{\mathrm{d}^2 E}{\mathrm{d}k^2}\right)_{k=0} = \frac{1}{m_n^*}$$

则能带顶部附近的 $E(k)$ 为

$$E(k) - E(0) = \frac{\hbar^2 k^2}{2m_n^*} \tag{2.24}$$

式中，m_n^* 称为能带顶电子的有效质量，它是负值。

由式（2.22）和式（2.24）可以看到，引进有效质量后，如果能定出其大小，则能带极值附近 $E(k)$ 与 k 的关系便确定了。

2.3.2　半导体中电子的平均速度

自由电子速度由式（2.10）决定。根据式（2.11），可以求得 $\mathrm{d}E/\mathrm{d}k = \hbar^2 k/m_0$，代入式（2.10），得到自由电子速度 $v = (1/\hbar)\mathrm{d}E/\mathrm{d}k$。

半导体中的电子在周期性势场中运动，通过量子力学的严格计算，得知电子的平均速度与能量之间的关系和自由电子类似。由于运算复杂，仅进行简单说明。

根据量子力学概念，电子的运动可以看作波包的运动，波包的群速就是电子运动的平均速度。设波包由许多角频率 ω 相近的波组成，则波包中心的运动速度（即群速）为

$$v = \frac{\mathrm{d}\omega}{\mathrm{d}k} \tag{2.25}$$

式中，k 为对应的波矢。由波粒二象性可知角频率为 ω 的波，其粒子的能量为 $\hbar\omega$，代入上式，得到半导体中电子的速度与能量的关系为

$$v = \frac{1}{\hbar} \times \frac{\mathrm{d}E}{\mathrm{d}k} \tag{2.26}$$

将式（2.22）代入式（2.26），得到能带极值附近电子的速度为

$$v = \frac{\hbar k}{m_n^*} \tag{2.27}$$

式（2.27）与式（2.10）类似，也是以电子的有效质量 m_n^* 代换电子的惯性质量 m_0。值得注意的是，能带底 $m_n^* > 0$，能带底附近，k 为正值时，v 也为正值；能带顶 $m_n^* < 0$，能带顶附近，k 为正值时，v 是负值。

2.3.3　半导体中电子的加速度

实际的硅光伏电池在一定的外加电压下工作，半导体硅内部就产生外加电场，这时

电子除受到周期性势场的作用外，还要受到外加电场的作用。当有强度为 $\mathscr{E}$ 的外电场时，电子受到 $f=-q\mathscr{E}$ 的力。$\mathrm{d}t$ 时间内，电子有一段位移 $\mathrm{d}s$，外力对电子做的功等于能量的变化，即

$$\mathrm{d}E = f\mathrm{d}s = fv\mathrm{d}t \tag{2.28}$$

将式（2.26）代入式（2.28），得

$$\mathrm{d}E = \frac{f}{\hbar} \times \frac{\mathrm{d}E}{\mathrm{d}k}\mathrm{d}t \tag{2.29}$$

而

$$\mathrm{d}E = \frac{\mathrm{d}E}{\mathrm{d}k}\mathrm{d}k \tag{2.30}$$

代入式（2.29），得

$$f = \hbar\,\frac{\mathrm{d}k}{\mathrm{d}t} \tag{2.31}$$

式（2.31）说明，在外力 f 作用下，电子的波矢 k 不断改变，其变化率与外力成正比。

因为电子的速度与 k 有关，既然 k 状态不断变化，则电子的速度必然不断变化。其加速度为

$$a = \frac{\mathrm{d}v}{\mathrm{d}t} = \frac{1}{\hbar} \times \frac{\mathrm{d}}{\mathrm{d}t}\left(\frac{\mathrm{d}E}{\mathrm{d}k}\right) = \frac{1}{\hbar} \times \frac{\mathrm{d}^2 E}{\mathrm{d}k^2} \times \frac{\mathrm{d}k}{\mathrm{d}t} = \frac{f}{\hbar^2} \times \frac{\mathrm{d}^2 E}{\mathrm{d}k^2} \tag{2.32}$$

其中利用了式（2.26）和式（2.31）。若令

$$\frac{1}{m_\mathrm{n}^*} = \frac{1}{\hbar^2} \times \frac{\mathrm{d}^2 E}{\mathrm{d}k^2} \ 即\ m_\mathrm{n}^* = \frac{\hbar^2}{\dfrac{\mathrm{d}^2 E}{\mathrm{d}k^2}} \tag{2.33}$$

则式（2.32）为

$$a = \frac{f}{m_\mathrm{n}^*} \tag{2.34}$$

式中，m_n^* 就是电子的有效质量。由式（2.34）可以看到，引进电子有效质量 m_n^* 后，半导体中电子所受的外力与加速度的关系和牛顿第二运动定律类似，即以有效质量 m_n^* 代换电子惯性质量 m_0。

2.3.4 有效质量的意义

由式（2.34）可以看到，半导体中的电子在外力作用下，描述电子运动规律的方程中出现的是有效质量 m_n^*，而不是电子的惯性质量 m_0。这是因为式（2.34）中的外力 f 并不是电子受力的总和，半导体中的电子即使在没有外加电场作用时，也会受到半导体内部原子及其他电子的势场作用。当电子在外力作用下运动时，它一方面受到外电场力 f 的作用，另一方面还和半导体内部的原子、电子相互作用着，电子的加速度应该是半导体内部势场和外电场作用的综合效果。

但是，要找出内部势场的具体形式并求得加速度较为困难。引进有效质量后可使问题变得简单，直接把外力 f 和电子的加速度联系起来，而内部势场的作用则由有效质量加以概括。因此，引进有效质量的意义在于它概括了晶体内部势场的作用，使得在求解晶体中电子

在外力作用下的运动规律时，可以不涉及内部势场的作用。特别是 m_n^* 可以直接由实验测定，因而可以很方便地求得电子的运动规律。

图 2.15 分别画出了能量、速度和有效质量随 k 变化的曲线。可以看出，在能带底部附近，$\mathrm{d}^2E/\mathrm{d}k^2>0$，电子的有效质量是正值；在能带顶部附近，$\mathrm{d}^2E/\mathrm{d}k^2<0$，电子的有效质量是负值。这是因为 m_n^* 概括了内部的势场作用。

由式（2.33）还可以看出，有效质量与能量函数对于 k 的二次微商成反比，对宽窄不同的各个能带，$E(k)$ 随 k 的变化情况不同，能带越窄，二次微商越小，有效质量越大。内层电子的能带窄，有效质量大；外层电子的能带宽，有效质量小。因而，外层电子在外力作用下可以获得较大的加速度。

最后需要说明，$\hbar k$ 并不代表半导体中电子的动量。但是在外力作用下，由于它的变化规律［见式（2.31）］和自由电子的动量变化规律相似，因此此时称 $\hbar k$ 为半导体中电子的准动量。

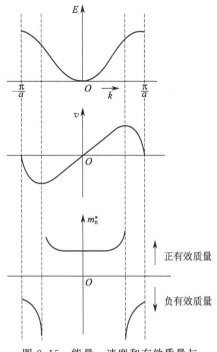

图 2.15　能量、速度和有效质量与波矢的关系

2.4　本征半导体及空穴的概念

外层电子可以在晶体中做共有化运动。但是，这些电子是否导电，还必须考虑电子填充能带的情况，不能只看单个电子的运动。研究发现，如果一个能带中所有的状态都被电子占满，那么，即使有外加电场，晶体中也没有电流，即满带电子不导电。只有虽然包含电子但是并未占满的能带才有一定的导电性，即不满能带中的电子才可以导电。

首先介绍本征半导体的概念。完全不含杂质且无晶格缺陷的纯净半导体称为本征半导体。实际半导体不能绝对地纯净，本征半导体一般是指电导率主要由材料的本征激发决定的纯净半导体。

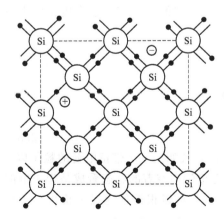

图 2.16　空穴和导电电子

在热力学温度为零时，本征半导体的价带被价电子填满，导带是空的。在一定温度下，价带顶部附近有少量的电子被激发到导带底部附近，在外电场的作用下，导带中电子便参与导电。因为这些电子在导带底部附近，所以，它们的有效质量是正的。同时价带缺少了一些电子后也呈不满的状态，因而价带电子也表现出导电的特性，它们的导电作用常用空穴导电来描述。

当价带顶部附近一些电子被激发到导带后，价带中就留下了一些空状态。图 2.16 为硅共价键平面示意图。假定价带中激发一个电子到导带，同时价带顶出现了一个空状态，这就相当于共价键上缺少一个电子而出现一个空位置，在晶格间隙出现一个导电电子。首先，可以认为这个空状态带有正电荷。这是因为半导体是由大量带正电的原子核和带负电的电子组成的。这些正负电荷数量相等，整个半导体是电中性的，而且键价完整的原子附近也呈电中性。但是，空状态所在处由于失去了一个键价上的电子，因而破坏了局部电中性，出现了一个未被抵消的正电荷。这个正电荷为空状态所具有，它带的电荷是$+q$，如图 2.16 所示。

再从图 2.17 所示的布里渊区的 E 和 k 的关系来看，设空状态出现在能带顶部 A 点。由于 k 状态在布里渊区内均匀分布，这时除 A 点以外，所有 k 状态均被电子占据。图 2.17 画出了这一情况下布里渊区中的电子分布，图中以"●"代表电子，它们均匀分布在布里渊区（除 A 点外）。

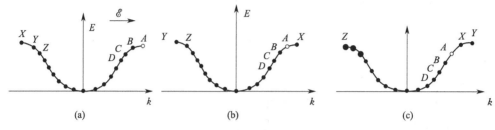

图 2.17　k 空间空穴运动示意图

当有如图 2.17(a) 所示的外电场$\mathscr{E}$作用时，所有电子均受到力 $f=-q\mathscr{E}$ 的作用，由式 (2.31) $f=-q\mathscr{E}=\hbar\,\mathrm{d}k/\mathrm{d}t$ 可以看到，电子的 k 状态不断随时间变化，变化率为$-q\mathscr{E}/\hbar$。这就是说，在电场$\mathscr{E}$的作用下，所有代表点都以相同的速率向左（反电场方向）运动，B 电子移动到 C 的位置，C 电子移动到 D 的位置，$Z\rightarrow Y$，$Y\rightarrow X$。X 电子位于布里渊区边界，X 点的状态和 A 点的状态完全相同，就是说，电子从左端离开布里渊区，同时在右端填补进来，所以 X 电子移动到 A 的位置，电子的分布情况如图 2.17(b) 所示。经过一段时间，形成如图 2.17(c) 所示的情况。和图 2.17(a) 相比，B 电子位于最初 D 的位置……相应地，Z 电子位于最初 X 的位置，Y 到了 A，X 到了 B。特别值得注意是，在这个过程中，空状态 A 也是从位置 A 移动到最初 B 的位置再到 C 位置，和电子 k 状态的变化相同。

因为价带有一个空状态，所以在这一过程中就有电流。设电流密度为 J，则

$$J=价带（k\,状态空出）电子总电流$$

可以用下述方法计算出 J 的值。设想以一个电子填充到空的 k 状态，这个电子的电流等于电子电荷$-q$乘以 k 状态电子的速度 $v(k)$，则

$$k\,状态电子的电流=(-q)v(k)$$

填入这个电子后，价带又被填满，总电流应为零，即

$$J+(-q)v(k)=0$$

因而得到

$$J=qv(k) \tag{2.35}$$

这就是说，当价带 k 状态空出时，价带电子的总电流，就如同一个带正电荷的粒子以 k 状态电子速度 $v(k)$ 运动时所产生的电流。因此，通常把价带中空着的状态看成是带正电的粒子，称为空穴。引进这样一个假想的粒子——空穴后，便可以很简便地描述价带（未填满）的电流。

空穴不仅带有正电荷$+q$，而且还具有正的有效质量。

如图 2.17 所示，在外电场 $\mathscr{E}$ 的作用下，所有电子的 k 状态都发生变化，就是说，在 k 空间，所有电子均以相同的速率 $-q\mathscr{E}/\hbar$ 向左运动。可以看到，随着所有电子向左运动，空穴也以相同的速率沿同一方向运动，即空穴 k 状态的变化规律和电子相同，也为 $dk/dt = -q\mathscr{E}/\hbar$。

空穴自 $A \rightarrow B \rightarrow C$，运动速度不断改变，因空穴位于价带顶部附近，当 k 状态自 $A \rightarrow B \rightarrow C$ 变化时，$E(k)$ 曲线斜率不断增大，因而空穴速率不断增加，空穴加速度是正值。

但是，式(2.34)表明，价带顶部附近电子的加速度为

$$a = \frac{dv(k)}{dt} = \frac{f}{m_n^*} = -\frac{q\mathscr{E}}{m_n^*} \tag{2.36}$$

式中，m_n^* 为价带顶部附近电子的有效质量。可以看出，如以 k 状态电子的速度来表示空穴运动速度的话，因为空穴带正电，在电场中受力应当是 $+q\mathscr{E}$，所以加速度 a 似乎是负值。这样的话，描述上述假想的以 $v(k)$ 运动的带正电的粒子的加速度就有困难。但是，这个困难很容易克服。因为价带中的空状态一般出现在价带顶部附近，而价带顶部粒子的有效质量是负值，如果引进 m_p^* 表示空穴的有效质量，且令

$$m_p^* = -m_n^* \tag{2.37}$$

代入式(2.36)，就得到空穴运动的加速度为

$$a = \frac{dv(k)}{dt} = \frac{q\mathscr{E}}{m_p^*} \tag{2.38}$$

这正是一个带正电荷且具有正有效质量的粒子在外电场作用下的加速度，它的确是正值，因而空穴具有正有效质量。

以上讨论表明，当价带中缺少一些电子而空出一些 k 状态后，可以认为这些 k 状态被空穴占据。空穴可以看作是一个具有正电荷 q 和正有效质量 m_p^* 的粒子，在 k 状态的空穴速度就等于该状态的电子速度 $v(k)$。引进空穴概念后，就可以把价带中大量电子对电流的贡献用少量的空穴表达出来。实践证明，这样做不仅仅是方便，而且更具有实际的意义。

所以，半导体中除了导带中电子的导电作用外，还有价带中空穴的导电作用。对于本征半导体，导带中出现多少电子，价带中就相应地出现多少空穴，导带上电子参与导电，价带上空穴也参与导电，这就是本征半导体的导电机构。这一点是半导体同金属的最大差异，金属中只有电子一种荷载电流的粒子（称为载流子），而半导体中有电子和空穴两种载流子。正是由于这两种载流子的作用，使半导体表现出许多奇异的特性，可利用这些特性来制造形形色色的器件。

2.5 回旋共振实验*（选修）

以上讨论了半导体能带结构一些共同的基本特点。不同的半导体材料，其能带结构不同，而且往往是各向异性的，即沿不同的波矢 k 方向，$E(k)$ 与 k 的关系不同。由于问题复杂，虽然理论上发展了许多计算的方法，但还不能完全确定出电子的全部能态，尚需借助于实验的帮助，采用理论和实验相结合的方法来确定半导体中电子的能态。由于内容较复杂难懂，这节课只要求了解，仅仅简单介绍最初测出载流子的有效质量并据此推出半导体能带结构的回旋共振实验及硅的能带结构。

2.5.1 *k* 空间等能面

要了解能带结构就要求出 $E(k)$ 与 k 的函数关系。2.3 节指出，假设一维情况下能带极值在波数 $k_0 = 0$ 处，则在导带底附近波数为 k 时有

$$E(k) - E(0) = \frac{\hbar^2 k^2}{2m_n^*} \tag{2.39}$$

价带顶附近

$$E(k) - E(0) = -\frac{\hbar^2 k^2}{2m_p^*} \tag{2.40}$$

式中，$E(0)$ 分别为导带底能量和价带顶能量。图 2.18 画出了极值附近 $E(k)$ 与 k 的关系曲线。如果知道 m_n^* 和 m_p^*，则极值附近的能带结构便掌握了。

对于实际的三维晶体，以 k_x、k_y、k_z 为坐标轴构成 k 空间，任一矢量代表波矢 k，如图 2.19 所示，其中

$$k^2 = k_x^2 + k_y^2 + k_z^2 \tag{2.41}$$

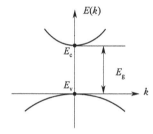

图 2.18　极值附近 $E(k)$ 与 k 的关系

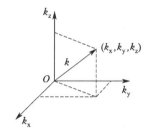

图 2.19　k 空间

设导带底位于波矢 $k = 0$ 处，其能值为 $E(0)$，则导带底附近

$$E(k) - E(0) = \frac{\hbar^2}{2m_n^*}(k_x^2 + k_y^2 + k_z^2) \tag{2.42}$$

当 $E(k)$ 为某一定值时，对应于许多组不同的 $(k_x$、k_y、$k_z)$。将这些组不同的 $(k_x$、k_y、$k_z)$ 连接起来构成一个封闭面，则在这个面上的能值均等值，这个面称为等能量面，简称等能面。可以容易地看出，式（2.42）表示的等能面是一系列半径为 $\sqrt{(2m_n^*/\hbar^2)[E(k)-E(0)]}$ 的球面。图 2.20 表示的是等能面在 $k_y k_z$ 平面上的截面图，它是一系列环绕坐标原点的圆。

但是晶体具有各向异性的性质，$E(k)$ 与 $E(0)$ 的关系沿不同的波矢 k 方向不一定相同，反映出沿不同的 k 方向，电子的有效质量不一定相同，而且能带极值不一定位于波矢 $k = 0$ 处。设导带底位于 k_0 处，能量为 $E(k_0)$，在晶体中选择适当的坐标轴 k_x、k_y、k_z，并令 m_x^*、m_y^*、m_z^* 分别表示沿 k_x、k_y、k_z 三个轴方向的导带底电子的有效质量，用泰勒级数在极值 k_0 附近展开，略去高次项，得

$$E(k) = E(k_0) + \frac{\hbar^2}{2}\left[\frac{(k_x - k_{0x})^2}{m_x^*} + \frac{(k_y - k_{0y})^2}{m_y^*} + \frac{(k_z - k_{0z})^2}{m_z^*}\right] \tag{2.43}$$

$$式中\quad\begin{cases}\dfrac{1}{m_{x}^{*}}=\dfrac{1}{\hbar^{2}}\left(\dfrac{\partial^{2}E}{\partial k_{x}^{2}}\right)_{k_{0}}\\[2mm]\dfrac{1}{m_{y}^{*}}=\dfrac{1}{\hbar^{2}}\left(\dfrac{\partial^{2}E}{\partial k_{y}^{2}}\right)_{k_{0}}\\[2mm]\dfrac{1}{m_{z}^{*}}=\dfrac{1}{\hbar^{2}}\left(\dfrac{\partial^{2}E}{\partial k_{z}^{2}}\right)_{k_{0}}\end{cases}\tag{2.44}$$

也可将式（2.43）写成如下形式：

$$\frac{(k_{x}-k_{0x})^{2}}{\dfrac{2m_{x}^{*}(E-E_{c})}{\hbar^{2}}}+\frac{(k_{y}-k_{0y})^{2}}{\dfrac{2m_{y}^{*}(E-E_{c})}{\hbar^{2}}}+\frac{(k_{z}-k_{0z})^{2}}{\dfrac{2m_{z}^{*}(E-E_{c})}{\hbar^{2}}}=1\tag{2.45}$$

式中，E_{c} 表示 $E(k_{0})$。式（2.45）是一个椭球方程，各相关的分母等于椭球各半轴长的平方，在这种情况下的等能面是环绕 k_{0} 的一系列椭球面。图 2.21 为等能面在 $k_{y}k_{z}$ 平面上的截面图，它是一系列椭圆。

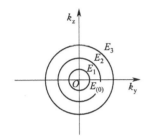

图 2.20　k 空间球形等能面平面示意图　　　　图 2.21　k 空间椭球等能面示意图

但是要具体了解这些球面或椭球面的方程，最终得出能带结构，还必须知道有效质量的值。测量有效质量的方法很多，但是第一次直接测量出有效质量的方法是回旋共振实验。

2.5.2　回旋共振

将一块半导体样品置于均匀恒定的磁场中，设磁感应强度为 B，如半导体中电子初速度为 v，v 与 B 间夹角为 θ，则电子受到的磁场力 f 为

$$f=-qv\times B\tag{2.46}$$

力的大小为

$$f=qvB\sin\theta=qv_{\perp}B\tag{2.47}$$

式中，$v_{\perp}=v\sin\theta$，为 v 在垂直于 B 的平面内的投影（图 2.22），力的方向垂直于 v 与 B 所组成的平面。因此，电子沿磁场方向以速度 $v_{/\!/}=v\cos\theta$ 做匀速运动，在垂直于 B 的平面内做匀速圆周运动，运动轨迹是一螺旋线。设圆周半径为 r，回旋频率为 ω_{c}，则 $v_{\perp}=r\omega_{c}$，向心加速度 $a=v_{\perp}^{2}/r$。根据式（2.34），如果等能面为球面，则可以得到 ω_{c} 为

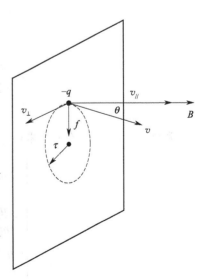

图 2.22　电子在恒定磁场中的运动

$$\omega_c = \frac{qB}{m_n^*} \tag{2.48}$$

再以电磁波通过半导体样品，当交变电磁场角频率 ω 等于回旋频率 ω_c 时，就可以发生共振吸收。测出共振吸收时电磁波的角频率 ω_c 和磁感应强度 B，便可以由式(2.48)算出有效质量 m_n^*。

如果等能面不是球面，而是如式(2.45)所表示的椭球面，则有效质量是各向异性的，沿 k_x、k_y、k_z 轴方向分别为 m_x^*、m_y^*、m_z^*。设 $\boldsymbol{B}$ 沿 k_x、k_y、k_z 轴方向的余弦分别为 α、β、γ，则电子所受的力为

$$\begin{cases} f_x = -qB(v_y\gamma - v_z\beta) \\ f_y = -qB(v_z\alpha - v_x\gamma) \\ f_z = -qB(v_x\beta - v_y\alpha) \end{cases} \tag{2.49}$$

电子的运动方程为

$$\begin{cases} m_x^* \dfrac{\mathrm{d}v_x}{\mathrm{d}t} + qB(v_y\gamma - v_z\beta) = 0 \\ m_y^* \dfrac{\mathrm{d}v_y}{\mathrm{d}t} + qB(v_z\alpha - v_x\gamma) = 0 \\ m_z^* \dfrac{\mathrm{d}v_z}{\mathrm{d}t} + qB(v_x\beta - v_y\alpha) = 0 \end{cases} \tag{2.50}$$

电子应做周期性运动，取试解

$$\begin{cases} v_x = v_x' \mathrm{e}^{\mathrm{i}\omega_c t} \\ v_y = v_y' \mathrm{e}^{\mathrm{i}\omega_c t} \\ v_z = v_z' \mathrm{e}^{\mathrm{i}\omega_c t} \end{cases} \tag{2.51}$$

代入式(2.50)，得

$$\begin{cases} \mathrm{i}\omega_c v_x' + \dfrac{qB}{m_x^*}\gamma v_y' - \dfrac{qB}{m_x^*}\beta v_z' = 0 \\ -\dfrac{qB}{m_y^*}\gamma v_x' + \mathrm{i}\omega_c v_y' + \dfrac{qB}{m_y^*}\alpha v_z' = 0 \\ \dfrac{qB}{m_z^*}\beta v_x' - \dfrac{qB}{m_z^*}\alpha v_y' + \mathrm{i}\omega_c v_z' = 0 \end{cases} \tag{2.52}$$

要使 v_x'、v_y'、v_z' 有异于零的解，系数行列式需为零，即

$$\begin{vmatrix} \mathrm{i}\omega_c & \dfrac{qB}{m_x^*}\gamma & -\dfrac{qB}{m_x^*}\beta \\ -\dfrac{qB}{m_y^*}\gamma & \mathrm{i}\omega_c & \dfrac{qB}{m_y^*}\alpha \\ \dfrac{qB}{m_z^*}\beta & -\dfrac{qB}{m_z^*}\alpha & \mathrm{i}\omega_c \end{vmatrix} = 0 \tag{2.53}$$

由此解得电子的回旋频率 ω_c 为

$$\omega_c = \frac{qB}{m_n^*} \tag{2.54}$$

式中，m_n^* 为

$$\frac{1}{m_n^*} = \sqrt{\frac{m_x^* \alpha^2 + m_y^* \beta^2 + m_z^* \gamma^2}{m_x^* m_y^* m_z^*}} \tag{2.55}$$

当交变电磁场频率 ω 与 ω_c 相同时，就得到共振吸收。

为能观测出明显的共振吸收峰，要求样品纯度较高，而且实验一般在低温下进行，交变电磁场的频率在微波甚至在红外光的范围。实验中常是固定交变电磁场的频率，改变磁感应强度以观测吸收现象。磁感应强度约为零点几特斯拉。

2.6　单晶硅的能带结构*（选修）

2.6.1　导带结构

如果等能面是球面，由式(2.48)可以看到，改变磁场方向时只能观察到一个吸收峰。但是 n 型硅的实验结果指出，当磁感应强度相对于晶轴有不同取向时，可以得到为数不等的吸收峰。例如对硅来说：

① 若 **B** 沿 [111] 晶轴方向，只能观察到一个吸收峰；

② 若 **B** 沿 [110] 晶轴方向，可以观察到两个吸收峰；

③ 若 **B** 沿 [100] 晶轴方向，也能观察到两个吸收峰；

④ 若 **B** 对晶轴任意取向时，可以观察到三个吸收峰。

显然，这些结果不能从等能面是各向同性的假设得到解释。如果认为硅导带底附近等能面是沿 [100] 方向的旋转椭球面，椭球长轴与

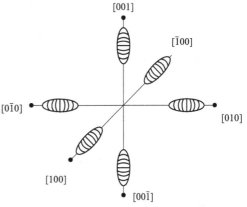

图 2.23　硅导带等能面示意图

该方向重合，就可以很好地解释上面的实验结果。这种模型的导带最小值不在 k 空间原点，而在 [100] 方向上。根据硅晶体立方对称性的要求，也必有同样的能量在 $[\bar{1}00]$、[010]、$[0\bar{1}0]$、[001]、$[00\bar{1}]$ 的方向上。如图 2.23 所示，共有 6 个旋转椭球面，电子主要分布在这些极值附近。

设 k_0^s 表示第 s 个极值所对应的波矢，$s = 1、2、3、4、5、6$，极值处能值为 E_c。k_0^s 沿 $\langle 100 \rangle$ 方向，共有 6 个。根据式(2.43)，可得极值附近的能量 $E^s(k)$ 为

$$E^s(k) = E_c + \frac{\hbar^2}{2} \left[\frac{(k_x - k_{0x}^s)^2}{m_x^*} + \frac{(k_y - k_{0y}^s)^2}{m_y^*} + \frac{(k_z - k_{0z}^s)^2}{m_z^*} \right] \tag{2.56}$$

上式表示 6 个椭球等能面的方程。

如选取 E_c 为能量零点，以 k_0^s 为坐标原点，取 k_1、k_2、k_3 为三个直角坐标轴，分别与椭球主轴重合，并使 k_3 轴沿椭球长轴方向（即 k_3 沿 $\langle 100 \rangle$ 方向），则等能面分别为绕 k_3

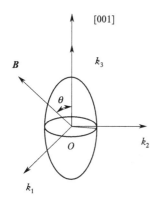

图 2.24　B 相对于 k 空间坐标轴的取向

轴旋转的旋转椭球面。

以沿 [001] 方向的旋转椭球面为例，设 k_3 沿轴 [001] 方向，即沿 k_z 方向，则 k_1、k_2、k_3 轴位于 (001) 面内并互相垂直（图 2.24）。这时，沿 k_1、k_2 轴的有效质量相同。现令 $m_x^* = m_y^* = m_t$，$m_z^* = m_1$，m_t 和 m_1 分别称为横向有效质量和纵向有效质量，则等能面方程为

$$E(k) = \frac{\hbar^2}{2}\left(\frac{k_1^2 + k_2^2}{m_t} + \frac{k_3^2}{m_1}\right) \tag{2.57}$$

对其他 5 个椭球面可以写出类似的方程。

如果 k_1、k_2 轴选取恰当，可使计算简单。选取 k_1 使磁感应强度 B 位于 k_1 轴和 k_3 轴所组成的平面内，且同 k_3 轴交 θ 角（图 2.24），则在这个坐标系里，B 的方向余弦 α、β、γ 分别为

$$\alpha = \sin\theta, \beta = 0, \gamma = \cos\theta$$

代入式(2.55)，得

$$m_n^* = m_t\sqrt{\frac{m_1}{m_t\sin^2\theta + m_1\cos^2\theta}} \tag{2.58}$$

根据前面的讨论，可得如下结果：

① 磁感应强度沿 [111] 方向，则与上述 6 个 ⟨100⟩ 方向的夹角均给出 $\cos^2\theta = 1/3$，因而 $\sin^2\theta = 2/3$，于是

$$m_n^* = m_t\sqrt{\frac{3m_1}{2m_t + m_1}} \tag{2.59}$$

由 $\omega = \omega_c = qB/m_n^*$ 可知，因为 m_n^* 只有一个值，当改变 B 时，只能观察到一个吸收峰。

② 磁感应强度沿 [110] 方向，这时磁感应强度与 [100]、[$\bar{1}$00]、[010]、[0$\bar{1}$0] 的夹角给出 $\cos^2\theta = 1/2$；与 [001]、[00$\bar{1}$] 的夹角给出 $\cos^2\theta = 0$。对应的 m_n^* 值分别为

$$m_n^* = m_t\sqrt{\frac{2m_1}{m_t + m_1}} \tag{2.60}$$

$$m_n^* = \sqrt{m_1 m_t} \tag{2.61}$$

即能测得两个不同的 m_n^* 值，因而可以观察到两个吸收峰。

③ 磁感应强度沿 [100] 方向，这时磁感应强度与 [100]、[$\bar{1}$00] 的夹角给出 $\cos^2\theta = 1$；与 [010]、[0$\bar{1}$0]、[001]、[00$\bar{1}$] 的夹角给出 $\cos^2\theta = 0$。对应的 m_n^* 值分别为

$$m_n^* = m_t \tag{2.62}$$

$$m_n^* = \sqrt{m_1 m_t} \tag{2.63}$$

因而也可以观察到两个吸收峰。

④ 磁感应强度沿任意方向，与 $\langle 100 \rangle$ 夹角可以给出三种不同的 $\cos^2 \theta$ 值，因而可以有三种不同的 m_n^*，可以观察到三个吸收峰。

根据实验数据得出硅的 $m_1 = (0.98 \pm 0.04) m_0$，$m_t = (0.19 \pm 0.01) m_0$，$m_0$ 为电子惯性质量。降低环境温度，低温回旋共振实验得出硅的 $m_1 = (0.9163 \pm 0.0004) m_0$，$m_t = (0.1905 \pm 0.0001) m_0$。

仅从回旋共振的实验还不能决定导带极值（椭球中心）的确定位置。通过施主电子自旋共振实验得出，硅的导带极值位于 $\langle 100 \rangle$ 方向的布里渊区中心到布里渊区边界的 0.85 倍处。图 2.25 为硅的布里渊区中 k 空间导带的等能面示意图。

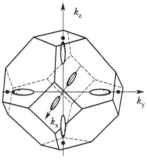

图 2.25　硅导带等能面示意图

2.6.2　硅的价带结构

硅的价带结构也是一方面通过理论计算，求出 $E(k)$ 与 k 的关系，另一方面由回旋共振实验定出其系数，从而算出空穴有效质量。由于计算复杂，这里不做详细讨论，仅对价带结构做一简要介绍。

通过理论计算及 p 型样品实验结果指出，硅的价带结构也是复杂的。价带顶位于波矢 $k = 0$ 处，即在布里渊区的中心，能带是简并的。如不考虑自旋，硅的价带是三度简并的。计入自旋，成为六度简并的。计算指出，如果考虑自旋-轨道耦合，可以取消部分简并，得到一组四度简并的状态和另一组二度简并的状态，分为两支。四度简并的能量表达式为

$$E(k) = -\frac{\hbar^2}{2m_0} \{ Ak^2 \pm [B^2 k^4 + C^2 (k_x^2 k_y^2 + k_y^2 k_z^2 + k_z^2 k_x^2)]^{1/2} \} \qquad (2.64)$$

二度简并的能量表达式为

$$E(k) = -\Delta - \frac{\hbar^2}{2m_0} Ak^2 \qquad (2.65)$$

式中，Δ 是自旋-轨道耦合的分裂能量；常数 A、B、C 由计算不能准确求出，需借助回旋共振实验定出。

由式 (2.64) 可以看到，对于同一个波矢 k，$E(k)$ 可以有两个值，在 $k = 0$ 处，能量相重合。这对应于极大值相重合的两个能带，表明硅有两种有效质量不同的空穴。根式前取负号，得到有效质量较大的空穴，称为重空穴，有效质量用 $(m_p)_h$ 表示；反之，如取正号，则得到有效质量较小的空穴，称为轻空穴，有效质量用 $(m_p)_l$ 表示。式 (2.64) 所代表的等能面具有扭曲的形状，称为扭曲面。图 2.26 分别画出了重空穴和轻空穴等能面的形状。

式 (2.65) 表示的第三个能带，由于自旋-轨道耦合作用，使能量降低了 Δ，与以上两个能带分开，等能面接近于球面。对于硅，Δ 约为 0.04eV，它给出第三种空穴的有效质量 $(m_p)_3$。因为这个能带离开价带顶，所以，一般只对前面两个能带感兴趣。理论上还对硅的能带结构进行了各种计算，求出了布里渊区中某些具有较高对称性点的解，但由于数学上过于繁杂，其他的点需借助实验，才能对硅的能带有较详细的了解。

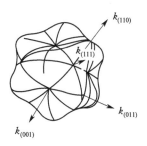

(a) 重空穴能值较高的情况   (b) 重空穴能值较低的情况

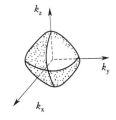

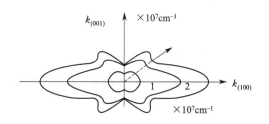

(c) (110)平面等能面截面图   (d) 轻空穴等能面截面图

图 2.26 重空穴和轻空穴 k 空间等能面示意图

图 2.27 为理论和实验结合而得出的硅沿 [111] 和 [100] 方向上的能带结构图（图中没画出价带的第三个能带）。

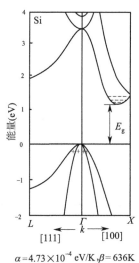

$\alpha=4.73\times10^{-4}\,\text{eV/K}, \beta=636\text{K}$

图 2.27 硅的能带结构

最后指出，硅的禁带宽度是随温度变化的。在 $T=0\text{K}$ 时，硅的禁带宽度 E_g 趋近于 1.170eV。随着温度升高，E_g 按如下规律减小：

$$E_g(T)=E_g(0)-\frac{\alpha T^2}{T+\beta} \tag{2.66}$$

式中，$E_g(T)$ 和 $E_g(0)$ 分别表示温度为 T 和 0K 时的禁带宽度；温度系数 α 和 β 分别

如下：

$$\alpha = 4.73 \times 10^{-4} \, \text{eV/K}, \beta = 636\text{K}$$

习　题

2.1　在具有立方晶体结构的单晶胞图上，标出下列晶面：① （100）；② （010）；③ （110）；④ （111）。

2.2　①对（100）面硅晶体表面进行化学腐蚀，由于在晶体不同方向腐蚀速度不同，结果露出许多方形底面的金字塔。已知金字塔的侧面都属于 {111} 等效面集合，求金字塔相对面之间的夹角。②垂直入射至硅表面的光，其中的一部分被反射（反射率为 R，是一个小于 1 的数）。忽略对入射角和波长的依赖关系，证明经选择性腐蚀后被反射部分减小到略小于 R^2。

2.3　设晶格常数为 a 的一维晶格，导带极小值附近能量 $E_c(k)$ 和价带极大值附近能量 $E_v(k)$ 分别为

$$E_c(k) = \frac{\hbar^2 k^2}{3m_0} + \frac{\hbar^2(k-k_1)^2}{m_0}$$

$$E_v(k) = \frac{\hbar^2 k_1^2}{6m_0} - \frac{3\hbar^2 k^2}{m_0}$$

式中，m_0 为电子惯性质量；$k_1 = \pi/a$，$a = 0.314\text{nm}$。

试求：①禁带宽度；②导带底电子有效质量；③价带顶电子有效质量；④价带顶电子跃迁到导带底时准动量的变化。

2.4　晶格常数为 0.25nm 的一维晶格，当外加 10^2V/m、10^7V/m 的电场时，试分别计算电子自能带底运动到能带顶所需的时间。

参 考 文 献

[1]　刘恩科，朱秉升，罗晋生.半导体物理学 [M].北京：电子工业出版社，2011.

[2]　周世勋.量子力学 [M].上海：上海科学技术出版社，1961.

[3]　谢希德，方俊鑫.固体物理学：上册 [M].上海：上海科学技术出版社，1961.

[4]　黄昆，谢希德.半导体物理学 [M].北京：科学出版社，1958.

[5]　谢希德.能带理论的进展 [J].物理学，1958，14：164.

[6]　J C Hensel，H Hasegawa，M Nakayama.Cyclotron Resonance in University Stressed Silicon Ⅱ.Nature of the Covalent Bond，Phys Rev，1965，138：A225.

[7]　J Fecher.Electron Spin Resonance Experiments on Donor in Si Ⅰ.Electronic Structure of Donors by Electron Spin Nuclear Double Resonance，Phys Rev，1959，114：1219.

第**3**章

杂质与缺陷

实践表明，极其微量的杂质和缺陷能够对硅光伏电池的特性产生决定性的影响。当然，它们也会严重影响硅光伏电池的质量。存在于半导体中的杂质和缺陷为什么会起着这么重要的作用呢？理论分析认为，杂质和缺陷的存在会使严格周期性排列的原子产生的周期性势场遭到破坏，在半导体禁带当中引入能级，甚至是能带。正是由于这些能级或能带的引入，才使得它对硅光伏电池的性质产生决定性的影响。关于晶体缺陷的详细理论在固体物理课程中有专题讲述，本章将不涉及杂质和缺陷的有关理论，而主要介绍缺陷与杂质对单晶硅光伏电池的影响。

3.1 单晶硅的杂质能级

单晶硅中的杂质，主要来源于冶金硅料、单晶硅制备过程的工艺玷污以及人为掺杂。杂质进入单晶硅以后，它们分布在什么位置呢？

硅是化学元素周期表中的第Ⅳ族元素，每一个硅原子都具有 4 个价电子，硅原子间以共价键的方式结合成晶体。其晶体结构属于金刚石型，其晶胞为一立方体，如图 2.3 所示。在一个晶胞中包含有 8 个硅原子，若近似地把原子看成是半径为 r 的圆球，则可以计算出这 8 个原子占据晶胞空间的百分数。

位于立方体某顶角的圆球中心与距离此顶角为 1/4 体对角线长度处的圆球中心间的距离为两球的半径之和 $2r$。它应等于边长为 a 的立方体的体对角线长度 $\sqrt{3}a$ 的 1/4，因此，圆球的半径 $r = \sqrt{3}a/8$。8 个圆球的体积除以晶胞的体积为

$$\frac{8 \times \frac{4}{3}\pi r^3}{a^3} = \frac{\sqrt{3}\pi}{16} = 0.34$$

这一结果说明，在金刚石型晶体中，一个晶胞内的 8 个原子只占有晶胞体积的 34%，还有 66% 是空隙。金刚石型晶体结构中的两种空隙如图 3.1 所示，这些空隙通常称为间隙位置。图 3.1(a) 为四面体间隙位置，它是由图中虚线连接的 4 个原子构成的正四面体中的空隙 T；图 3.1(b) 为六角形间隙位置，它是由图中虚线连接的 6 个原子所包围的空间 H。

由上所述，杂质原子进入单晶硅以后，只可能以两种方式存在。一种方式是杂质原子位于晶格原子间的间隙位置，常称为间隙式杂质；另一种方式是杂质原子取代晶格原子而位于晶格点处，常称为替位式杂质。事实上，杂质进入其他半导体材料中，也是以这两种方式存在的。

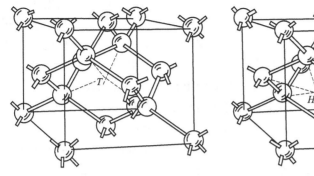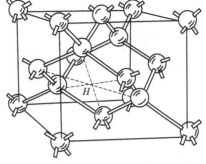

(a) 四面体间隙位置　　　　　　(b) 六角形间隙位置

图 3.1　金刚石型晶体结构中的两种间隙位置

图 3.2 为硅晶体平面晶格中间隙式杂质和替位式杂质的示意图。图中 A 为间隙式杂质，B 为替位式杂质。间隙式杂质原子一般比较小。如锂离子（Li^+）的半径为 0.068nm，是很小的，所以锂离子在硅中是间隙式杂质。

一般形成替位式杂质时，要求替位式杂质原子的大小与被取代的晶格原子的大小比较相近，还要求它们的价电子壳层结构比较相近。如硅是Ⅳ族元素，与Ⅲ、Ⅴ族元素的情况比较相近，所以Ⅲ、Ⅴ族元素在硅晶体中都是替位式杂质。单位体积中的杂质原子数称为杂质浓度，通常用它表示半导体晶体中杂质含量的多少。

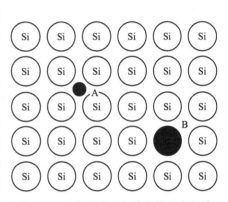

图 3.2　硅的间隙式杂质和替位式杂质

3.2　单晶硅的掺杂剂

3.2.1　施主杂质和施主能级

Ⅲ、Ⅴ族元素在硅晶体中都是替位式杂质。下面先以硅中掺磷为例，讨论Ⅴ族杂质的作用。如图 3.3 所示，一个磷原子占据了硅原子的位置。磷原子有五个价电子，其中四个价电子与周围的四个硅原子形成共价键，还剩余一个价电子。同时磷原子所在处也多余一个正电荷 $+q$（硅原子去掉价电子有正电荷 $4q$，磷原子去掉价电子有正电荷 $5q$），称这个正电荷为正电中心磷离子（P^+）。所以磷原子替代硅原子后，其效果是形成一个正电中心 P^+ 和一个多余的价电子。这个多余的价电子就束缚在正电中心 P^+ 的周围。但是，这种束缚作用比共价键的束缚作用弱很多，只要很少的能量就可以使它挣脱束缚，成为导电电子在晶格中自由运动。而磷原子电离成带正电的磷离子（P^+），相对可以自由移动的价电子，它是一个不能移动的正电中心。上述电子脱离杂质原子的束缚成为导电电子的过程称为杂质的电离。使这个多余价电子挣脱束缚成为导电电子所需要的能量称为杂质电离能，用 ΔE_D 表示。实验测量表明，Ⅴ族杂质元素在硅中的电离能很小，约为 0.04～0.05eV，比硅的禁带宽度 E_g 小得多。

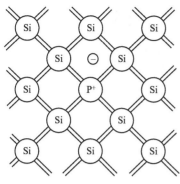

图 3.3　硅中的施主杂质

Ⅴ族杂质在硅中电离时，能够释放电子而产生导电电子，称它们为施主杂质或 n 型杂质。其释放电子的过程叫作施主电离。施主杂质未电离时是中性的，称为束缚态或中性态；电离后成为正电中心，称为离化态。

施主杂质的电离过程，可以用能带图表示，如图 3.4 所示。当电子得到能量 ΔE_D 后，就从施主的束缚态跃迁到导带成为导电电子，所以电子被施主杂质束缚时的能量比导带底 E_c 低 ΔE_D。将被施主杂质束缚的电子的能量状态称为施主能级，记为 E_D。因为 $\Delta E_D \ll E_g$，所以施主能级位于离导带底很近的禁带中。一般情况下，施主杂质是比较少的，杂质原子间的相互作用可以忽略。因此，某一种杂质的施主能级是一些具有相同能量的孤立能级。在能带图中，施主能级用离导带底 E_c 为 ΔE_D 处的短线段表示。在施主能级 E_D 上画一个小黑点，表示被施主杂质束缚的电子，这时施主杂质处于束缚态。图 3.4 中的箭头表示被束缚的电子得到能量 ΔE_D 后，从施主能级跃迁到导带成为导电电子的电离过程。在导带中画的小黑点表示进入导带中的电子，施主能级处画的 $\oplus$ 表示施主杂质电离以后带正电荷。

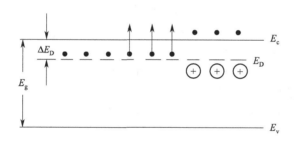

图 3.4　施主能级和施主电离

在纯净半导体中掺入施主杂质，杂质电离以后，导带中的导电电子增多，增强了半导体的导电能力。通常把主要依靠导带电子导电的半导体称为电子型半导体或 n 型半导体。

3.2.2　受主杂质和受主能级

现在以硅晶体中掺入硼为例说明Ⅲ族杂质的作用。如图 3.5 所示，一个硼原子占据了硅原子的位置。硼原子有三个价电子，当它和周围的四个硅原子形成共价键时，还缺少一个电子，必须从别处的硅原子中夺取一个价电子，于是在硅晶体的共价键中产生了一个空穴。而硼原子接受一个电子后，成为带负电的硼离子（B^-），称为负电中心。带负电的硼离子和带正电的空穴间有静电引力作用，所以这个空穴受到硼离子的束缚，在硼离子附近运动。不过，硼离子对这个空穴的束缚是很弱的，只需要很少的能量就可以使空穴挣脱束缚，成为在晶体中自由运动的导电空穴。而硼原子成为多了一个价电子的硼离子，它是一个不能移动的负电中心。因为Ⅲ族杂质在硅中能够接受电子而产生导电空穴，并形成负电

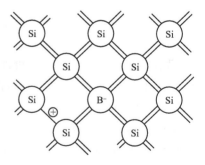

图 3.5　硅中的受主杂质

中心，所以称它们为受主杂质或 p 型杂质。空穴挣脱受主杂质束缚的过程称为受主电离。受主杂质未电离时是中性的，称为束缚态或中性态；电离后成为负电中心，称为受主离化态。

使空穴挣脱受主杂质束缚成为导电空穴所需的能量，称为受主杂质的电离能，用 ΔE_A 表示。实验测量表明，Ⅲ族杂质元素在硅晶体中的电离能很小，约 $0.045 \sim 0.065\text{eV}$（铟在硅中的电离能为 0.16eV，是一例外）。

受主杂质的电离过程也可以在能带图中表示出来，如图 3.6 所示。当空穴得到能量 ΔE_A 后，就从受主的束缚态跃迁到价带成为导电空穴，因为在能带图上表示空穴的能量是越向下越高，所以空穴被受主杂质束缚时的能量比价带顶 E_v 低 ΔE_A。把被受主杂质束缚的空穴的能量状态称为受主能级，记为 E_A。因为 $\Delta E_A \ll E_g$，所

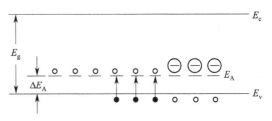

图 3.6　受主能级和受主电离

以受主能级位于离价带顶很近的禁带中。一般情况下，受主能级也是孤立能级，在能带图中，受主能级用离价带顶 E_v 为 ΔE_A 处的短线段表示。在受主能级 E_A 上画一个小圆圈，表示被受主杂质束缚的空穴，这时受主杂质处于束缚态。图 3.6 中的箭头表示受主杂质的电离过程，在价带中画的小圆圈表示进入价带的空穴，受主能级处画的 ⊖ 表示受主杂质电离以后带负电荷。

当然，受主电离过程实际上是电子的运动，是价带中的电子得到能量 ΔE_A 后，跃迁到受主能级上，再与束缚在受主能级上的空穴复合，并在价带中产生一个可以自由运动的导电空穴，同时也就形成一个不可移动的受主离子。

在纯净半导体中掺入受主杂质，杂质电离以后，价带中的导电空穴增多，增强了半导体的导电能力。通常把主要依靠价带空穴导电的半导体称为空穴型半导体或 p 型半导体。

综上所述Ⅲ、Ⅴ族杂质在硅晶体中分别是受主和施主杂质，它们在禁带中引入能级。受主能级比价带顶高 ΔE_A，施主能级则比导带底低 ΔE_D。这些杂质可以处于两种状态，即未电离的中性态或束缚态以及电离后的离化态。当它们处于离化态时，受主杂质向价带提供空穴而成为负电中心，施主杂质向导带提供电子而成为正电中心。实验证明，硅中的Ⅲ、Ⅴ族杂质电离能都很小，所以受主能级接近于价带顶，施主能级更接近于导带底。通常将这些杂质能级称为浅能级，将产生浅能级的杂质称为浅能级杂质。在室温下，晶格原子热振动的能量会传递给电子，可使硅中的Ⅲ、Ⅴ族杂质几乎全部离化。

3.2.3　浅能级杂质电离能的简单计算

上述类型的杂质电离能很低，电子或空穴受到正电中心或负电中心的束缚很微弱，可以利用类氢模型来估算杂质的电离能。如前所述，当硅中掺入Ⅴ族杂质如磷原子时，在施主杂质处于束缚态的情况下，这个磷原子将比周围的硅原子多一个电子，可以看成带电荷的正电中心和一个束缚着的价电子。这种情况好像在硅晶体中附加了一个"氢原子"，于是可以用氢原子模型估计 ΔE_D 的数值。氢原子中电子的能量 E_n 是

$$E_n = -\frac{m_0 q^4}{2(4\pi\varepsilon_0)^2 \hbar^2 n^2}$$

式中，$n=1$、2、3、$\cdots$，为主量子数。当 $n=1$ 时，得到基态能量 $E_1=-\dfrac{m_0 q^4}{2(4\pi\varepsilon_0)^2\hbar^2}$；当 $n=\infty$ 时，是氢原子的电离态，$E_\infty=0$。所以，氢原子基态电子的电离能是

$$E_0=E_\infty-E_1=\frac{m_0 q^4}{2(4\pi\varepsilon_0)^2\hbar^2}=13.6(\text{eV}) \tag{3.1}$$

这是一个较大的数值。如果考虑晶体内存在的杂质原子，正、负电荷是处于介电常数为 $\varepsilon=\varepsilon_0\varepsilon_r$ 的介质中，则电子受正电中心的引力将变为 $1/\varepsilon_r$，束缚能量将变为 $1/\varepsilon_r^2$。再考虑到电子不是在自由空间运动，而是在晶格周期性势场中运动，所以电子的惯性质量 m_0 要用有效质量 m_n^* 代替。

经过这样的修正后，施主杂质电离能可表示为

$$\Delta E_{\text{D}}=\frac{m_n^* q^4}{2(4\pi\varepsilon_0\varepsilon_r)^2\hbar^2}=\frac{m_n^*}{m_0}\times\frac{E_0}{\varepsilon_r^2} \tag{3.2}$$

对受主杂质做类似讨论，得到受主杂质的电离能为

$$\Delta E_{\text{A}}=\frac{m_p^* q^4}{2(4\pi\varepsilon_0\varepsilon_r)^2\hbar^2}=\frac{m_p^*}{m_0}\times\frac{E_0}{\varepsilon_r^2} \tag{3.3}$$

硅的相对介电常数 ε_r 为 12，因此硅的施主杂质电离能为 0.1eV。m_n^*/m_0 一般小于 1，所以硅中施主杂质的电离能肯定小于 0.1eV。对受主杂质也可得到类似结论，这与实验测得的浅能级杂质电离能很低的结果是符合的。

上述计算未反映杂质原子的影响，所以类氢模型只是实际情况的一个近似。现有许多进一步的理论研究，使理论计算结果更符合实验测量值。

3.2.4　深能级杂质

除了Ⅲ、Ⅴ族杂质在硅禁带中产生浅能级以外，如果将其他元素原子掺入硅中，情况会怎样呢？大量的实验测量结果表明，它们也在硅的禁带中产生能级，如图 3.7 所示。在禁带中线以上的能级注明低于导带底的能量，在禁带中线以下的能级注明高于价带顶的能量，施主能级用实心短直线段表示，受主能级用空心短直线段表示。

从图 3.7 中可以看到，非Ⅲ、Ⅴ族杂质在硅中产生的能级主要有以下两个特点。

① 非Ⅲ、Ⅴ族杂质在硅的禁带中产生的施主能级距离导带底较远，它们产生的受主能级距离价带顶也较远，通常称这种能级为深能级，相应的杂质称为深能级杂质。

② 这些深能级杂质能够产生多次电离，每一次电离相应地有一个能级。因此，这些杂质在硅的禁带中往往引入若干个能级，而且有的杂质既能引入施主能级，又能引入受主能级。但是，应用当中，这些杂质能级也并不一定同时起作用。例如金原子在 n 型硅中，只有受主能级（Au$^-$）起作用，Au$^-$ 将对 n 型硅中的 P、As 等浅能级杂质起补偿作用；对于 p 型硅，只有施主能级（Au$^+$）起作用，Au$^+$ 将对 p 型硅中的 B、Al、In 等浅受主起到补偿作用。这些杂质为什么会产生多个能级呢？一般来讲，杂质能级与杂质原子的电子壳层结构、杂质原子的大小、杂质在半导体晶格中的位置等因素有关，但是目前还没有完善的理论加以说明。

此外，在不同的条件下，深能级杂质可能是间隙杂质也可能是替位杂质。例如，铜在硅

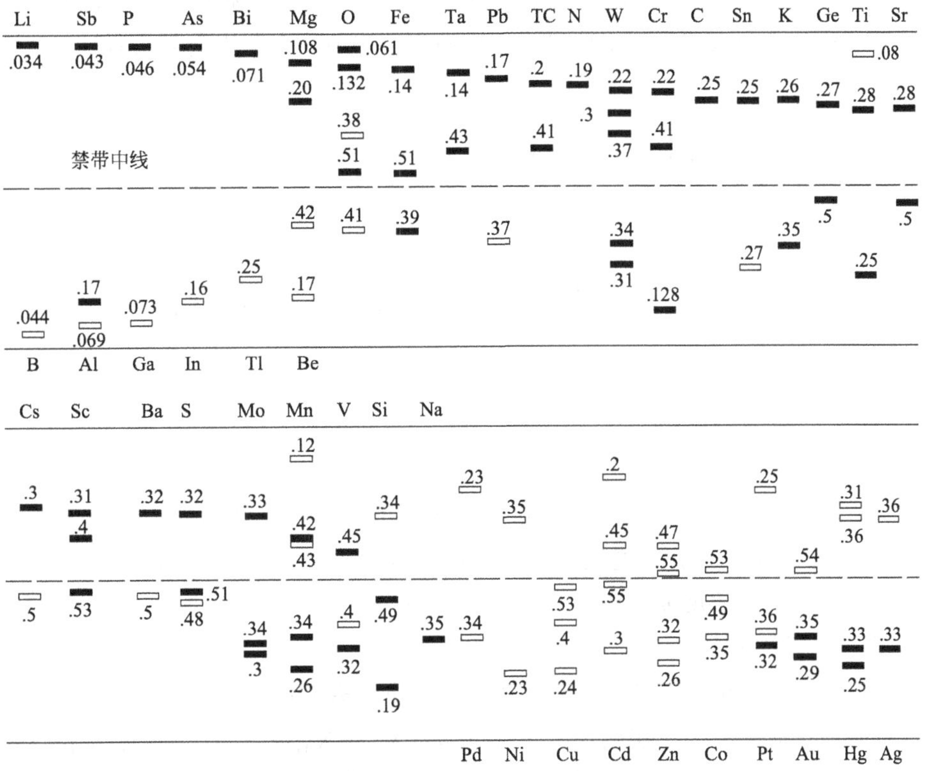

Li　Sb　P　As　Bi　Mg　O　Fe　Ta　Pb　TC　N　W　Cr　C　Sn　K　Ge　Ti　Sr

　　　　　　　　　　.108　　.061　　　　　　　　　　　　　　　　　　　.08
.034　.043　.046　.054　.071　.20　.132　.14　.14　.17　.2　.19　.22　.22　.25　.25　.26　.27　.28　.28
　　　　　　　　　　　.38　　　　　　　.43　　　.41　　.3　　　.41
禁带中线　　　　　　.51　　.51　　　　　　　　　　　　　　.37

　　　　　　　　　　.42　.41　.39　　　.37　　　　　　　.34　　.35　　　.5　　.5
　　　　　.17　　　.16　　.25　　　　　　　　　　　.31　　.27　　.128　　.25
.044　　.069　.073　　　　.17
B　Al　Ga　In　Tl　Be

Cs　Sc　Ba　S　Mo　Mn　V　Si　Na

　　　　　　　　　　.12　　　　.23　　　.2　　　　.25
　　　　　　　　　　.42　　　　　.35　　　　.45　.47　.53　　.31　.36
.3　.31　.32　.32　.33　.43　.45　.34　　　　　　.55　　　.54　.36
　　.4
　　　　　　　.51
.5　.53　.5　.48　.34　.34　.4　.49　.35　.34　.53　.55　.49　.36　.35　.33　.33
　　　　　　　.3　　.32　.19　　　　.23　.24　.3　.32　.32　.29　.25
Pd　Ni　Cu　Cd　Zn　Co　Pt　Au　Hg　Ag

图 3.7　Si 中的各种杂质在禁带内的能级及其实测电离能

中是三重受主，实验证实 p 型和中等掺杂的 n 型硅中的铜属于间隙式（施主）杂质，重掺杂 n 型中的铜属于替位式杂质。

从图 3.7 中还可以看出，有许多化学元素在硅中产生能级的情况还没有研究过。即使已经研究过的杂质中，也还有许多能级存在疑问，需要进一步研究。还有一些杂质的能级没有完全测到。这可能是因为这些受主态或施主态的电离能大于禁带宽度，相应的能级进入导带或价带，所以在禁带中就测不到它们了。现在常用深能级瞬态谱仪（DLTS）测量杂质的深能级。

深能级杂质，一般情况下含量极少，而且能级较深。它们对半导体中的导电电子浓度、导电空穴浓度（统称为载流子浓度）和导电类型的影响没有浅能级杂质显著，但对于载流子的复合作用比浅能级杂质强，故这些杂质也称为复合中心。在硅的光伏电池应用中，希望尽可能减少这样的复合中心，以获得较长的载流子寿命，使得载流子能够被有效地收集。但是，在硅的一些半导体器件应用过程中，深能级杂质的性质却是可以加以利用的。例如，在硅中掺金可以降低硅的少子寿命，所以在开关管和双极型数字逻辑集成电路工艺中可以通过掺金提高开关速度。

3.3　杂质的补偿

假如在半导体中，同时存在着施主和受主杂质，那么半导体究竟是 n 型还是 p 型呢？这要看哪一种杂质浓度大，因为施主和受主杂质之间有互相抵消的作用，通常称为杂质的补偿作用。如图 3.8 所示，N_D 表示施主杂质浓度，N_A 表示受主杂质浓度，n 表示导带中电子浓度，p 表示价带中空穴浓度。下面讨论假设施主杂质和受主杂质全部电离时，杂质的补偿作用。

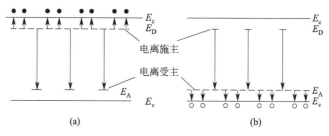

图 3.8　杂质的补偿作用

（1）当 $N_A \ll N_D$ 时

因为受主能级低于施主能级，所以施主杂质的电子首先跃迁到 N_A 个受主能级上。另外还有 $N_D - N_A$ 个电子在施主能级上，在杂质全部电离的条件下，它们跃迁到导带中成为导电电子。这时，电子浓度 $n = N_D - N_A \approx N_D$，半导体是 n 型的，如图 3.8(a) 所示。

（2）当 $N_D \ll N_A$ 时

施主能级上的全部电子跃迁到受主能级后，受主能级上还有 $N_A - N_D$ 个空穴，它们可以跃迁入价带成为导电空穴，所以，空穴浓度 $p = N_A - N_D \approx N_A$，半导体是 p 型的，如图 3.8(b) 所示。经过补偿之后，半导体中的净杂质浓度称为有效杂质浓度。当 $N_D > N_A$ 时，则 $N_D - N_A$ 为有效施主浓度；当 $N_A > N_D$ 时，则 $N_A - N_D$ 为有效受主浓度。

利用杂质补偿作用，就能根据需要用扩散或离子注入方法来改变半导体中某一区域的导电类型，以制成各种半导体器件。但是，若控制不当，会出现 $N_D \approx N_A$ 的现象。这时，施主电子刚好够填充受主能级，虽然杂质很多，但不能向导带和价带提供电子和空穴，这种现象称为杂质的高度补偿。这种材料容易被误认为高纯半导体，实际上含杂质很多，性能很差，一般不能用来制造半导体器件。

3.4　单晶硅中的缺陷

理想晶体的结构，其全部原子都设想是严格地处在规则的格点上。但在实际的晶体中，由于晶体形成的条件、原子热运动及其他条件的影响，总是存在着各种各样的缺陷，偏离了理想的情况。晶体结构中的原子（或基团）排列的某种不规则性或不完善性称为晶体缺陷。按晶体缺陷延展程度可以分为点缺陷、线缺陷、面缺陷。

点缺陷是最简单的晶体缺陷，它是在结点上或邻近的微观区域内偏离晶体结构的正常排列的一种缺陷。点缺陷发生在晶体中一个或几个晶格常数范围内，其特征是在三维方向上的尺寸都很小，也可称零维缺陷。点缺陷与温度密切相关，所以也称为热缺陷。点缺陷包括：晶格位置上缺失正常应有的质点而造成的空位；由于额外的质点填充晶格空隙而产生的间隙；掺入晶体中的异种原子或同位素，即杂质原子。

线缺陷是指二维尺度很小而第三维尺度很大的缺陷。其特征是两个方向尺寸很小另外一个方向延伸较长，也称一维缺陷。集中表现形式是位错，由晶体中原子平面的错动引起。位错从几何结构可分为两种：刃形位错和螺形位错。

面缺陷是指一块晶体常常被一些界面分隔成许多较小的畴区，畴区内具有较高的原子排列完整性，畴区之间的界面附近存在着较严重的原子错排。这种发生在整个界面上的广延缺陷被称作面缺陷，即面缺陷是指二维尺度很大而第三维尺度很小的缺陷。主要包括堆垛层错以及晶体内和晶体间的各种界面，如小角晶界、畴界壁、双晶界面及晶粒间界等。

3.4.1 空位和间隙原子

在一定温度下，晶格原子不仅在平衡位置附近做振动运动，而且有一部分原子会获得足够的能量，克服周围原子对它的束缚，挤入晶格原子间的间隙，形成间隙原子，原来的位置便成为空位。这时间隙原子和空位是成对出现的，称为弗伦克尔缺陷。若只在晶体内形成空位而无间隙原子时，称为肖特基缺陷。间隙原子和空位一方面不断地产生着，另一方面两者又不断地复合，最后确立一平衡浓度值。以上两种由温度决定的点缺陷又称为热缺陷，它们总是同时存在。由于原子须具有较大的能量才能挤入间隙位置，所以晶体中空位比间隙原子多得多，因而空位是常见的点缺陷。

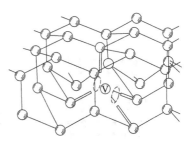

图 3.9 硅晶体中的空位

在硅中存在的空位如图 3.9 所示。可以看出，空位最邻近有四个原子，每个原子各有一个不成对的电子，成为不饱和的共价键，这些键倾向于接受电子，因此空位表现出受主作用。而每个间隙原子有四个可以失去的未形成共价键的电子，表现出施主作用（注意对于间隙式杂质也会起到受主作用）。

3.4.2 位错

位错是半导体中的一种线缺陷，它对半导体材料和器件的性能会产生严重影响。但是，目前仅仅对具有金刚石型结构的硅中的位错了解得稍多一些，对于其他半导体中的位错了解很少，甚至还没有了解。点缺陷和位错都可以在禁带当中引入允许的量子态，即缺陷能级。在棱位错周围，晶格发生畸变。理论指出，有体积形变时，导带底 E_c 和价带顶 E_v 的改变可分别表示为

$$\Delta E_c = E_c - E_{c0} = \varepsilon_c \frac{\Delta V}{V_0} \tag{3.4}$$

$$\Delta E_v = E_v - E_{v0} = \varepsilon_v \frac{\Delta V}{V_0} \tag{3.5}$$

式中，ε_c、ε_v 分别为单位体积形变引起的 E_c 和 E_v 的变化，称为形变势常数，即

$$\varepsilon_c = \Delta E_c / (\Delta V / V_0), \varepsilon_v = \Delta E_v / (\Delta V / V_0)$$

式中，E_{c0}、E_{v0} 分别为完整半导体内导带底和价带顶的位置；ΔV 为晶体体积的改变量。于是，禁带宽度的变化为

$$\Delta E_g = (\varepsilon_c - \varepsilon_v) \frac{\Delta V}{V_0} \tag{3.6}$$

金刚石型结构中的位错情况如图 3.10 所示。图 3.10(e) 为在棱位错周围一边是伸张一边是压缩时的能带图。在晶格中伸张区禁带宽度减小，在压缩区禁带宽度变大。根据实验测

得的硅中位错引入的能级 $[E_v+(0.06\pm0.03)]$eV 也表示在能带图中。当位错密度较高时，由于它和杂质间的补偿作用，能使含有浅施主杂质的 n 型硅的载流子浓度降低，而对 p 型硅却没有这种影响。另外，晶体缺陷的存在也会使原子失配导致相互之间的键合力降低，相对来说原子会变得更加活跃，从而增加了其跃迁的可能性，即原子活化。

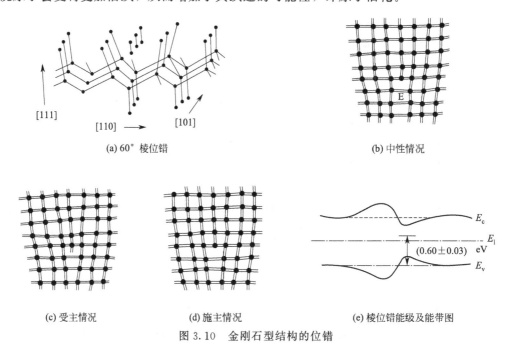

(a) 60°棱位错

(b) 中性情况

(c) 受主情况

(d) 施主情况

(e) 棱位错能级及能带图

图 3.10　金刚石型结构的位错

3.4.3　晶粒间界

实际用的固体材料绝大多数是多晶体，而不是按单一定向的晶格排列的单晶体。这首先

图 3.11　多晶体中的晶粒间界

是由于在一般制备材料的过程中，晶体是环绕着许许多多不同的核心生成的，很自然地会形成由许多晶粒组成的多晶体，如图 3.11 所示。晶粒的大小，可以小到微米以下的尺度，也可以大到眼睛能够清晰看到的程度。晶粒的粗细、形状、方位的分布都可以对多晶体的性质有重要的影响。单晶体是各向异性的，但是由于多晶体中晶粒有各种取向，因此多晶体的宏观性质往往表现为各向同性的。

晶粒之间的交界区域称为晶粒间界。晶粒间界可以看作是一种晶体面缺陷。过去有相当长一段时期把晶粒间界想象成为具有相当厚度的无定型层。但是现在知道，一般的晶粒间界只有极少几层原子排列是比较错乱的，次表层还有若干层原子是按照晶格排列的，只不过是有较大的畸变而已。

晶粒间界和一般物体的界面一样具有一定的自由能。一般的多晶体，在较高的温度，晶粒大小都会发生变化，大的晶粒逐步侵蚀小的晶粒，具体表现为间界的运动。在这个过程中，由于间界有自由能，间界就像平常的液面一样存在一定的张应力作用。在固态的相变过程当中，间界也往往起着重要的作用。新产生的固相，在许多情况下是在晶粒间界处形成晶核而开始生长的。

原子可以比较容易地沿着晶粒间界扩散，所以外来的原子可以渗入并分布在晶粒间界处，内部的杂质原子或者夹杂物也往往容易集中在晶粒间界处。这些都可以使晶粒间界具有复杂的性质，并产生各种影响。

综上，半导体体内的缺陷会在半导体的禁带中引入缺陷能级，从而影响半导体的一些电学性质。半导体中的缺陷，对器件性能有很大的影响。就晶硅的光伏电池应用而言，我们一般希望硅片内部含有尽可能少的缺陷。但是，在一些情况下，我们也可以充分利用这些缺陷。这是因为缺陷同样具有吸附硅片内部电活性金属杂质的能力，即缺陷同样具有吸杂能力。我们可以利用缺陷的这一特点，使硅片中的一些金属杂质从杂质敏感区域迁移到相对不敏感的区域。有时，为了达到这一目的，可能还需要人为地制作一些缺陷出来，以达到吸杂的目的。

3.5　太阳能级单晶硅材料

由之前的内容我们了解到杂质，特别是那些在带隙中央附近产生能级的杂质，通常会使半导体器件的性能变差，因此用来制造集成电路的硅料，其杂质含量很低，通常要求硅含量不小于 11N（99.999999999％，11 个 9，一般用 11N 来表示）。这样的硅通常被称为半导体级硅，又名电子硅（E-Si）。在晶体管和集成电路中，强调的是硅的质量，而材料价格相对来说不是特别重要。早期的光伏电池使用的是为半导体工业生产的超纯硅，所以早期的光伏电池造价很高，只能用于一些特殊的场合，如为卫星提供电能。价格的居高不下，很大程度限制了光伏电池的广泛应用。因此，对于光伏电池而言，性能和成本之间的权衡值得研究。

通过不断地研究和实践摸索发现，制造光伏电池的原料中杂质浓度只要低于相应工艺所允许的限度即可，并不需要达到用于制造半导体器件的硅原料的纯度。这样就有可能选用成本较低的工艺来生产纯度稍低的太阳能级硅（S-Si）。现在用来制造光伏电池的硅料，其杂质含量小于 5.5N～6N 即可。

图 3.12 为除了掺杂剂之外只有某一种杂质存在时，针对一系列不同金属杂质的实验结果。虽然一些金属杂质（Ta、Mo、Nb、Zr、W、Ti 和 V）只要很低的浓度就能降低电池的性能，但是另一些杂质即使浓度超过 $10^{15}\,cm^{-3}$ 仍不成问题。

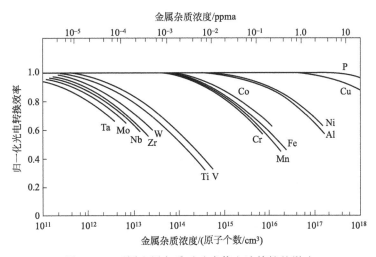

图 3.12　不同金属杂质对硅光伏电池特性的影响

习　题

3.1　实际半导体与理想半导体间的主要区别是什么？

3.2　以 P 原子掺入单晶硅中为例，说明什么是施主杂质、施主杂质的电离过程以及 n 型半导体的概念。

3.3　举例说明杂质补偿的作用。

3.4　举例说明类氢模型的优点和不足。

3.5　锑化铟的禁带宽度 $E_g=0.18\text{eV}$，相对介电常数 $\varepsilon_r=17$，电子的有效质量 $m_n^*=0.015m_0$，m_0 为电子的惯性质量。试求：①施主杂质电离能；②施主的弱束缚电子基态轨道半径。

参 考 文 献

[1] 刘恩科，朱秉升，罗晋生. 半导体物理学 [M]. 北京：电子工业出版社，2011.

[2] (美) 史密斯. 半导体 [M]. 高鼎三，等译. 北京：科学出版社，1966.

[3] 黄昆，谢希德. 半导体物理学 [M]. 北京：科学出版社，1958.

[4] W Kohn. Solid state Physics [M]. New York：Acad Press，1957.

[5] T H Ning. Multivalley Effective-mass Approximaton for Donor State in Silicon Ⅰ. Shallow level Group-Ⅴ Impurities，Phys Rev，1971，134：3468.

[6] [美]施敏. 半导体物理器件 [M]. 黄振岗，译. 北京：电子工业出版社，1987.

[7] Sze S M, Ng Kwok K. Physics of Semicondutor Devices. New Jeresy：John Weley and Sons，2007.

[8] A Glodeanu. Helium-Like Impurities in Semicondutors. Phys Status Solidi，1967，K43：19.

[9] W T Read. Theory of Dislocation in Semiconductors. Phil Mag，1954，45：775.

[10] K K Yu, A G Jordan, R L Longin. Relation between Electrical Noise and Dislocations in Silidi，J. Appl Phys，1967，38：572.

第4章

载流子浓度与导电性

半导体中的载流子，指导电电子和空穴。在没有其他外界作用的情况下，导电电子和空穴在一定温度下是依靠电子的热激发作用而产生的，电子从不断热振动的晶格中获得一定的能量，就可能从低能量的量子态跃迁到高能量的量子态。例如本征激发，即电子从价带跃迁到导带，形成导带电子和价带空穴。电子和空穴也可以通过杂质电离方式产生，电子可以从施主能级跃迁到导带产生导带电子；电子可以从价带激发到受主能级产生价带空穴等。

与此同时，还存在相反的过程，即电子也可以从高能量的量子态跃迁到低能量的量子态，并向晶格放出一定能量，从而使导带中的电子和价带中的空穴不断减少，这一过程即为载流子的复合。在一定温度下，这两个相反的过程之间将建立起动态平衡，称为热平衡状态。这时，半导体中的导电电子浓度和空穴浓度都保持一个稳定的数值，这种处于热平衡状态下的导电电子和空穴称为热平衡载流子。当温度改变时，破坏了原来的平衡状态，又重新建立起新的平衡状态，热平衡载流子浓度也将随之发生变化，达到另一稳定数值。为了计算平衡态时的载流子浓度，我们需要了解：第一，允许的量子态按能量如何分布；第二，电子在允许的量子态中如何分布。下面依次讨论这两方面的问题。

实践表明，半导体的导电性强烈地随温度而变化。实际上，这种变化主要是由半导体中的载流子浓度随温度变化而造成的。本章所要讨论的中心问题是半导体中载流子浓度随温度变化的规律，以及解决如何计算一定温度下半导体中热平衡载流子浓度的问题。

4.1 状态密度

半导体的导带和价带有很多能级存在，但相邻能级间隔很小，约为 10^{-22} eV 数量级，可以近似认为能级是连续的，因而可将能带分为一个一个能量很小的间隔来处理。假定在能带中能量 $E\sim(E+\mathrm{d}E)$ 之间无限小的能量间隔内有 $\mathrm{d}Z$ 个量子态，则状态密度 $g(E)$ 为

$$g(E)=\frac{\mathrm{d}Z}{\mathrm{d}E} \tag{4.1}$$

也就是说，状态密度 $g(E)$ 就是在能带中能量 E 附近单位能量间隔内的量子态数。只要能求出 $g(E)$，则允许的量子态按能量分布的情况就知道了。

可以通过下述步骤计算状态密度：首先算出单位 k 空间中的量子态数，即 k 空间中的量子状态密度；然后算出 k 空间中与能量 $E\sim(E+\mathrm{d}E)$ 所对应的 k 空间体积，并和 k 空间中的量子状态密度相乘，从而求得在能量 $E\sim(E+\mathrm{d}E)$ 之间的量子态数 $\mathrm{d}Z$；最后，根据式 (4.1) 求得状态密度 $g(E)$。

4.1.1　k 空间中量子态的分布

在第 2 章的讨论中我们知道，半导体中电子的允许能量状态（即能级）用波矢 k 表示，但是电子的波矢 k 不能取任意的数值，而是受到一定条件的限制。根据式(2.18)，k 的允许值为

$$\begin{cases} k_x = \dfrac{2\pi n_x}{L} (n_x = 0,\ \pm 1,\ \pm 2, \cdots) \\[2mm] k_y = \dfrac{2\pi n_y}{L} (n_y = 0,\ \pm 1,\ \pm 2, \cdots) \\[2mm] k_z = \dfrac{2\pi n_z}{L} (n_z = 0,\ \pm 1,\ \pm 2, \cdots) \end{cases}$$

式中，n_x、n_y、n_z 是整数；L 是半导体晶体的线度。$L^3 = V$，为晶体体积。

以波矢 k 的三个互相正交的分量 k_x、k_y、k_z 为坐标轴的直角坐标系描述的空间为 k 空

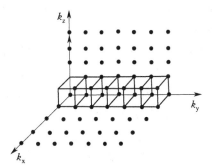

图 4.1　k 空间中的状态分布

间。显然，在 k 空间中，由一组整数（n_x、n_y、n_z）决定的一点，对应于一定的波矢 k。因而，该点是电子一个允许能量状态的代表点。不同的整数组（n_x、n_y、n_z）决定了不同的点，对应着不同的波矢 k，代表了电子不同的允许能量状态，如图 4.1 所示。因此，电子有多少个允许的能量状态，在 k 空间中就有多少个代表点。

因为任一代表点的坐标，沿三条坐标轴方向都为 $2\pi/L$ 的整数倍，所以代表点在 k 空间中是均匀分布的。每一个代表点都和体积为 $8\pi^3/L^3 = 8\pi^3/V$ 的一个立方体相联系，这些立方体之间紧密相接、没有间隙、没有重叠地填满 k 空间。因此，在 k 空间中，体积为 $8\pi^3/V$ 的一个立方体中有一个代表点。换言之，k 空间中代表点的密度为 $V/8\pi^3$。也就是说，在 k 空间中，电子的允许能量状态密度是 $V/8\pi^3$。如果计入电子的自旋，那么 k 空间中每一个代表点实际上都代表自旋方向相反的两个量子态。所以，在 k 空间中，电子的允许量子态密度是 $2V/8\pi^3$。这时，每一个量子态最多只能容纳一个电子。

4.1.2　状态密度

下面计算半导体导带底附近的状态密度。为简单起见，考虑能带极值在 $k=0$ 处，等能面为球面的情况。根据式(2.22)，导带底附近 $E(k)$ 与 k 的关系为

$$E(k) = \frac{\hbar^2 k^2}{2m_n^*} + E_c \tag{4.2}$$

式中，m_n^* 为导带底电子有效质量。

在 k 空间中，以 $|k|$ 为半径作一球面，它就是能量为 $E(k)$ 的等能面；再以 $|k+\mathrm{d}k|$ 为半径作球面，它是能量为 $(E+\mathrm{d}E)$ 的等能面。要计算能量在 $E \sim (E+\mathrm{d}E)$ 之间的量子态数，只要计算这两个球壳之间的量子态数即可。因为这两个球壳之间的体积是 $4\pi k^2 \mathrm{d}k$，而 k 空间中，量子态密度是 $2V/8\pi^3$，所以在能量 $E \sim (E+\mathrm{d}E)$ 之间的量子态数为

$$dZ = \frac{2V}{8\pi^3} 4\pi k^2 dk \qquad (4.3)$$

由式(4.2)求得

$$k = \frac{(2m_n^*)^{1/2}(E-E_c)^{1/2}}{\hbar}$$

及

$$k\,dk = \frac{m_n^*\,dE}{\hbar^2}$$

代入式(4.3)得

$$dZ = \frac{V}{2\pi^2} \times \frac{(2m_n^*)^{3/2}}{\hbar^3}(E-E_c)^{1/2}\,dE \qquad (4.4)$$

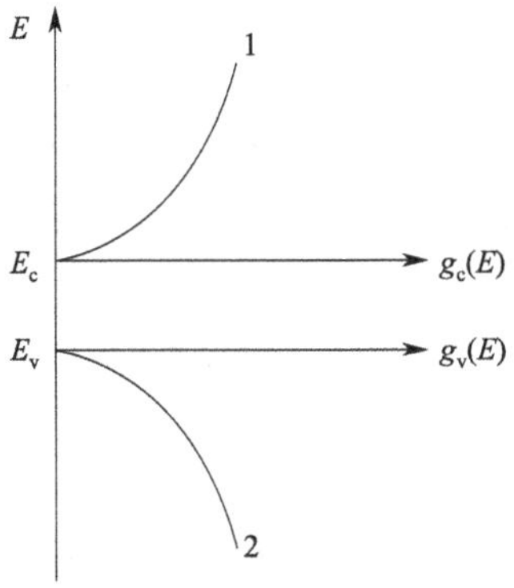

由式(4.1)求得导带底能量 E 附近单位能量间隔的量子态数，即导带底附近密度 $g_c(E)$ 为

图 4.2　状态密度与能量的关系

$$g_c(E) = \frac{dZ}{dE} = \frac{V}{2\pi^2} \times \frac{(2m_n^*)^{3/2}}{\hbar^3}(E-E_c)^{1/2} \qquad (4.5)$$

式(4.5)表明，导带底附近单位能量间隔内的量子态数目，随着电子的能量增加按抛物线关系增大。即电子能量越高，状态密度越大。图 4.2 中的曲线 1 表示 $g_c(E)$ 与 E 的关系。

对于实际的半导体硅来说，情况比上述的要复杂得多。在它们的导带底附近，等能面是旋转椭球面（见 2.5 回旋共振实验），如果仍选极值能量为 E_c 的话，则由式(2.57)可得 $E(k)$ 与 k 的关系为

$$E(k) = E_c + \frac{\hbar^2}{2}\left(\frac{k_1^2+k_2^2}{m_t} + \frac{k_3^2}{m_1}\right)$$

式中，m_t 为横向有效质量；m_1 为纵向有效质量。

极值 E_c 不在 $k=0$ 处。由于晶体的对称性，导带底也不仅是一个状态。设导带底的状态共有 s 个，利用上述方法同样可以计算这 s 个对称状态的状态密度为

$$g_c(E) = \frac{V}{2\pi^2} \times \frac{(2m_n^*)^{3/2}}{\hbar^3}(E-E_c)^{1/2} \qquad (4.6)$$

不过，式中 m_n^* 为

$$m_n^* = m_{dn} = s^{2/3}(m_1 m_t^2)^{1/3} \qquad (4.7)$$

式中，m_{dn} 称为导带底电子状态密度有效质量。对于硅，导带底共有 6 个对称状态，$s=6$，将 m_1、m_t 的值代入式(4.7)，计算得 $m_{dn}=1.062m_0$。

同理，对于价带顶附近的情况，进行类似计算，得到以下结果：

对于等能面为球面时，价带顶附近 $E(k)$ 与 k 的关系为

$$E(k) = E_v - \frac{\hbar^2(k_x^2+k_y^2+k_z^2)}{2m_p^*}$$

式中，m_p^* 为价带顶空穴有效质量。同法算得价带顶附近状态密度 $g_v(E)$ 为

$$g_v(E) = \frac{V}{2\pi^2} \times \frac{(2m_p^*)^{3/2}}{\hbar^3}(E_v-E)^{1/2} \qquad (4.8)$$

图 4.2 中的曲线 2 表示了 $g_v(E)$ 与 E 的关系。

在实际的硅中，价带中起作用的能带是极值相重合的两个能带，与这两个能带相对应有轻空穴有效质量 $(m_p)_l$ 和重空穴有效质量 $(m_p)_h$。因而，价带顶附近状态密度应为这两个能带的状态密度之和。相加之后，价带顶附近的 $g_v(E)$ 仍可由式(4.8)表示，不过其中的有效质量 m_p^* 为

$$m_p^* = m_{dp} = \left[(m_p)_l^{3/2} + (m_p)_h^{3/2}\right]^{2/3} \tag{4.9}$$

式中，m_{dp} 称为价带顶空穴的状态密度有效质量。将 $(m_p)_l$、$(m_p)_h$ 代入式(4.9)算得硅的 $m_{dp} = 0.59m_0$。

4.2 费米能级与载流子的统计分布

4.2.1 费米分布函数

半导体中电子的数目是非常多的，硅晶体仅价电子数每立方厘米就约有 $(4 \sim 5) \times 10^{22}$ 个。在一定温度下，半导体中的大量电子不停做无规则热运动，电子通过晶格热振动获得能量，从低能量的量子态跃迁到高能量的量子态，也可以从高能量的量子态跃迁到低能量的量子态释放多余的能量。因此，从一个电子来看，它所具有的能量时大时小，经常变化。但是，从大量电子的整体来看，在热平衡状态下，电子按能量大小具有一定的统计分布规律性，即这时电子在不同能量的量子态上统计分布概率是一定的。根据量子统计理论，服从泡利不相容原理的电子遵循费米统计律。对于能量为 E 的一个量子态被一个电子占据的概率 $f(E)$ 为

$$f(E) = \cfrac{1}{1 + \exp\left(\cfrac{E - E_F}{k_0 T}\right)} \tag{4.10}$$

$f(E)$ 称为电子的费米分布函数，它是描写热平衡状态下，电子在允许的量子态上如何分布的一个统计分布函数。式中，k_0 是玻尔兹曼常数；T 是热力学温度。

式(4.10)中的 E_F 称为费米能级或费米能量。它和温度、半导体材料的导电类型、杂质的含量以及能量零点的选取有关。E_F 是一个很重要的物理参数，只要知道了 E_F 的数值，在一定温度下，电子在各量子态上的统计分布就完全确定了。它可以由半导体中能带内所有量子态中被电子占据的量子态数应等于电子总数 N 这一条件来决定，即

$$\sum_i f(E_i) = N \tag{4.11}$$

将半导体中大量电子的集体看成一个热力学系统，由统计理论证明，费米能级 E_F 是系统的化学势，即

$$E_F = \mu = \left(\frac{\partial F}{\partial N}\right)_T \tag{4.12}$$

式中，μ 代表系统的化学势；F 代表系统的自由能。上式的意义是：在系统处于热平衡状态，也不对外界做功的情况下，系统中增加一个电子所引起系统自由能的变化，等于系统的化学势，也就是等于系统的费米能级。而处于热平衡状态的系统有统一的化学势，所以处于热平衡状态的电子系统有统一的费米能级。

下面讨论一下费米分布函数 $f(E)$ 的一些特性。

由式(4.10)可知，当 $T = 0K$ 时：

$$E < E_F, 则 f(E) = 1$$
$$E > E_F, 则 f(E) = 0$$

图 4.3 中曲线 A 是 $T = 0K$ 时 $f(E)$ 与 E 的关系曲线。可见在热力学温度 0K 时，能量比 E_F 小的量子态被电子占据的概率是 100%，因而这些量子态上都是有电子的；而能量比 E_F 大的量子态，被电子占据的概率是零，因而这些量子态上都没有电子，是空的。故在热力学温度 0K 时，费米能级 E_F 可看成量子态是否被电子占据的一个界限。

当 $T > 0K$ 时：

$$若 E < E_F, 则 f(E) > 1/2$$
$$若 E = E_F, 则 f(E) = 1/2$$
$$若 E > E_F, 则 f(E) < 1/2$$

上述结果说明，当系统的温度高于热力学温度 0K 时，如果量子态的能量比费米能级低，则该量子态被电子占据的概率大于 50%；若量子态的能量比费米能级高，则该量子态被电子占据的概率小于 50%。因此，费米能级是量子态基本上被电子占据或基本上是空的一个标志。而当量子态的能量等于费米能级时，则该量子态被电子占据的概率是 50%。

作为一个例子，看一下量子态的能量比费米能级高或低 $5k_0T$ 时的情况。

当 $E - E_F > 5k_0T$ 时：$f(E) < 0.007$
当 $E_F - E > 5k_0T$ 时：$f(E) > 0.993$

可见，温度高于热力学温度 0K 时，能量比费米能级高 $5k_0T$ 的量子态被电子占据的概率只有 0.7%，概率很小，量子态几乎是空的；而能量比费米能级低 $5k_0T$ 的量子态被电子占据的概率是 99.3%，概率很大，量子态上几乎总有电子。

一般可以认为，在温度不很高时，能量大于费米能级的量子态上没有被电子占据，而能量小于费米能级的量子态基本上被电子占据，电子占据费米能级的概率在各种温度下总是 1/2，所以费米能级的位置比较直观地标志了电子占据量子态的情况，通常就说费米能级标志了电子填充能级的水平。费米能级位置越高，说明有越多的能量较高的量子态上有电子。

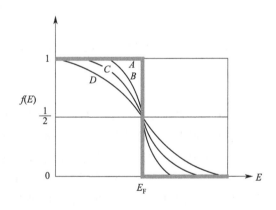

图 4.3 费米分布函数与温度关系曲线
[曲线 A、B、C、D 分别是 0K、300K、1000K、1500K 的 $f(E)$ 曲线]

图 4.3 中还给出了温度为 300K、1000K 和 1500K 时费米分布函数 $f(E)$ 与 E 的曲线。从图 4.3 中可看出，随着温度升高，电子占据能量小于费米能级的量子态的概率下降，而占据能量大于费米能级的量子态的概率增大。

4.2.2 玻尔兹曼分布函数

在式 (4.10) 中，当 $E - E_F \gg k_0T$ 时，由于 $\exp\left(\dfrac{E - E_F}{k_0T}\right) \gg 1$，所以

$$1 + \exp\left(\frac{E - E_F}{k_0T}\right) \approx \exp\left(\frac{E - E_F}{k_0T}\right)$$

这时，费米分布函数就转化为

$$f_{\mathrm{B}}(E) = \exp\left(-\frac{E-E_{\mathrm{F}}}{k_0 T}\right) = \exp\left(\frac{E_{\mathrm{F}}}{k_0 T}\right)\exp\left(-\frac{E}{k_0 T}\right)$$

令 $A = \exp\left(\dfrac{E_{\mathrm{F}}}{k_0 T}\right)$，则

$$f_{\mathrm{B}}(E) = A\exp\left(-\frac{E}{k_0 T}\right) \qquad (4.13)$$

上式表明，在一定温度下，电子占据能量为 E 的量子态的概率由指数因子 $\exp\left(-\dfrac{E}{k_0 T}\right)$ 决定。这就是熟知的玻尔兹曼统计分布函数。因此，$f_{\mathrm{B}}(E)$ 称为电子的玻尔兹曼分布函数。由图 4.3 看到，除去在 E_{F} 附近几个 $k_0 T$ 处的量子态外，在 $E-E_{\mathrm{F}} \gg k_0 T$ 处，量子态被电子占据的概率很小，这正是玻尔兹曼分布函数适用的范围。这一点是容易理解的，因为费米统计律与玻尔兹曼统计律的主要差别在于前者受到泡利不相容原理的限制。而在 $E-E_{\mathrm{F}} \gg k_0 T$ 的条件下，泡利原理失去作用，因而两种统计的结果变成一样了。

$f(E)$ 表示能量为 E 的量子态被电子占据的概率，因而 $1-f(E)$ 就是能量为 E 的量子态被空穴占据的概率。故

$$1-f(E) = \frac{1}{1+\exp\left(\dfrac{E_{\mathrm{F}}-E}{k_0 T}\right)}$$

当 $(E_{\mathrm{F}}-E) \gg k_0 T$ 时，上式分母中的 1 可以略去，若设 $B = \exp\left(-\dfrac{E_{\mathrm{F}}}{k_0 T}\right)$，则

$$1-f(E) = B\exp\left(\frac{E}{k_0 T}\right) \qquad (4.14)$$

上式称为空穴的玻尔兹曼分布函数。它表明当 E 远低于 E_{F} 时，空穴占据能量为 E 的量子态的概率很小，即这些量子态几乎都被电子占据了。

在半导体中，最常遇到的情况是费米能级 E_{F} 位于禁带内，而且与导带底或价带顶的距离远大于 $k_0 T$，所以对导带中的所有量子态来说，被电子占据的概率一般都满足 $f(E) \ll 1$，故半导体导带中的电子分布可以用电子的玻尔兹曼分布函数描述。由于随着能量 E 的增大，$f(E)$ 迅速减小，因此导带中绝大多数电子分布在导带底附近。同理，对半导体价带中的所有量子态来说，被空穴占据的概率一般都满足 $1-f(E) \ll 1$，故价带中的空穴分布服从空穴的玻尔兹曼分布函数。由于随着能量 E 的增大，$1-f(E)$ 迅速增大，因此价带中绝大多数空穴分布在价带顶附近。因而式(4.13) 和式(4.14) 是讨论半导体问题时常用的两个公式。通常把服从玻尔兹曼统计律的电子系统称为非简并系统，而服从费米统计律的电子系统称为简并系统。

简并系统与非简并系统可以根据 E_{F} 与 E_{c} 的相对位置来进行区分。一般情况下，当 $E_{\mathrm{c}}-E_{\mathrm{F}} > 2k_0 T$ 时，属于非简并系统；$0 < E_{\mathrm{c}}-E_{\mathrm{F}} \leqslant 2k_0 T$ 时，属于弱简并系统；$E_{\mathrm{c}}-E_{\mathrm{F}} \leqslant 0$ 时，属于简并系统。本章主要讨论非简并情形。

4.2.3 导带中的电子浓度和价带中的空穴浓度

现在讨论计算半导体中的载流子浓度问题。和计算状态密度一样，认为能带中的能级是连续分布的，这样在数学处理上带来了很多方便。

　　将导带分为无限多个无限小的能量间隔，则在能量 $E\sim(E+dE)$ 之间有 $dZ=g_{c}(E)dE$ 个量子态，而电子占据能量为 E 的量子态的概率是 $f(E)$，则在 $E\sim(E+dE)$ 间有 $f(E)g_{c}(E)dE$ 个被电子占据的量子态。因为每个被占据的量子态上都有一个电子，所以在 $E\sim(E+dE)$ 间有 $f(E)g_{c}(E)dE$ 个电子。然后把所有能量区间中的电子数相加，实际上是从导带底到导带顶对 $f(E)g_{c}(E)dE$ 进行积分，就得到了能带中的电子总数，再除以半导体体积，就得到了导带中的电子浓度。图 4.4 画出了能带、函数 $f(E)$、$1-f(E)$、$g_{c}(E)$、$g_{v}(E)$ 以及 $f(E)g_{c}(E)$ 和 $[1-f(E)]g_{v}(E)$ 等的曲线。在图 4.4(e) 中用阴影线标出的面积就是导带中能量 $E\sim(E+dE)$ 间的电子数，所以 $f(E)g_{c}(E)$ 曲线与能量轴之间的面积除以半导体体积后，就等于导带的电子浓度。

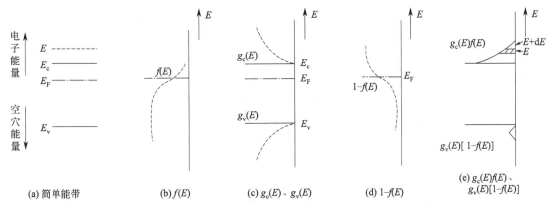

图 4.4　热平衡时，半导体中的能带、态密度、费米分布、载流子浓度示意图

　　从图 4.4(e) 中明显地看出，导带中电子的大多数是在导带底附近，而价带中大多数空穴则在价带顶附近。在非简并情况下，导带中电子浓度可计算如下。

　　在能量 $E\sim(E+dE)$ 间的电子数 dN 为

$$dN=f_{B}(E)g_{c}(E)dE$$

把式 (4.5) 的 $g_{c}(E)$ 和式 (4.13) 的 $f_{B}(E)$ 代入上式，得

$$dN=\frac{V}{2\pi^{2}}\times\frac{(2m_{n}^{*})^{3/2}}{\hbar^{3}}\exp\left(-\frac{E-E_{F}}{k_{0}T}\right)(E-E_{c})^{1/2}dE$$

或改写成在能量 $E\sim(E+dE)$ 之间单位体积中的电子数 dn 为

$$dn=\frac{dN}{V}=\frac{1}{2\pi^{2}}\times\frac{(2m_{n}^{*})^{3/2}}{\hbar^{3}}\exp\left(-\frac{E-E_{F}}{k_{0}T}\right)(E-E_{c})^{1/2}dE$$

对上式积分，可算得热平衡状态下非简并半导体中的导带电子浓度 n_{0} 为

$$n_{0}=\int_{E_{c}}^{E_{c}'}\frac{1}{2\pi^{2}}\times\frac{(2m_{n}^{*})^{3/2}}{\hbar^{3}}\exp\left(-\frac{E-E_{F}}{k_{0}T}\right)(E-E_{c})^{1/2}dE \qquad(4.15)$$

　　式中，积分上限 E_{c}' 是导带顶能量。若引入变数 $x=(E-E_{c})/(k_{0}T)$，则式 (4.15) 变为

$$n_0 = \frac{1}{2\pi^2} \times \frac{(2m_n^*)^{3/2}}{\hbar^3} (k_0 T)^{3/2} \exp\left(-\frac{E_c - E_F}{k_0 T}\right) \int_0^{x'} x^{1/2} e^{-x} dx \qquad (4.16)$$

式中，$x' = (E_c' - E_c)/(k_0 T)$。为求解上式，利用以下积分公式：

$$\int_0^\infty x^{1/2} e^{-x} dx = \frac{\sqrt{\pi}}{2}$$

在式(4.16)中的积分上限是 x' 而不是 ∞，因此它的积分值应小于 $\sqrt{\pi}/2$。为了求出式(4.16)中的积分值，分析一下 x' 取什么值以及被积函数随 x 的变化情况。一般，导带宽度典型的值是 $1 \sim 2\mathrm{eV}$，常用半导体器件材料的最高使用温度是 $500\mathrm{K}$，故 $k_0 T \approx 0.043\mathrm{eV}$。因此，$x'$ 至少是 $1/0.043 \approx 23$。又可知被积函数 $x^{1/2} e^{-x}$ 随 x 增大而迅速减小，所求积分无论上限取 23，甚至 ∞，都基本相等。因此式(4.16)中的积分上限改为 ∞ 并不影响所得结果。或者也可以这样理解，因为导带中的电子绝大多数在导带底部附近，按照电子的玻尔兹曼分布函数，电子占据量子态的概率随量子态具有的能量升高而迅速下降，所以从导带顶 E_c' 到能量无限间的电子数极少，计入这部分电子并不影响所得结果。而这样做，在数学处理上却带来了很大的方便。于是，式(4.16)可以改写为

$$n_0 = \frac{1}{2\pi^2} \times \frac{(2m_n^*)^{3/2}}{\hbar^3} (k_0 T)^{3/2} \exp\left(-\frac{E_c - E_F}{k_0 T}\right) \int_0^\infty x^{1/2} e^{-x} dx$$

式中，积分值为 $\sqrt{\pi}/2$，计算得导带电子浓度为

$$n_0 = 2\left(\frac{m_n^* k_0 T}{2\pi \hbar^2}\right)^{3/2} \exp\left(-\frac{E_c - E_F}{k_0 T}\right) \qquad (4.17)$$

令

$$N_c = 2\left(\frac{m_n^* k_0 T}{2\pi \hbar^2}\right)^{3/2} = 2\frac{(2\pi m_n^* k_0 T)^{3/2}}{h^3} \qquad (4.18)$$

则得到

$$n_0 = N_c \exp\left(-\frac{E_c - E_F}{k_0 T}\right) \qquad (4.19)$$

式中，N_c 称为导带的有效状态密度。显然，$N_c \propto T^{3/2}$，是温度的函数，而

$$f(E_c) = \exp\left(-\frac{E_c - E_F}{k_0 T}\right)$$

是电子占据能量为 E_c 的量子态的概率。因此式(4.19)可以理解为把导带中的所有量子态都集中在导带底 E_c 处，而它的状态密度为 N_c，则导带中的电子浓度是 N_c 中有电子占据的量子态数。

同理，热平衡状态下，非简并半导体的价带中空穴浓度 p_0 为

$$p_0 = \int_{E_v'}^{E_v} [1 - f(E)] \frac{g_v(E)}{V} dE \qquad (4.20)$$

将式(4.8)、式(4.14)代入式(4.20)，得

$$p_0 = \frac{1}{2\pi^2} \times \frac{(2m_p^*)^{3/2}}{\hbar^3} \int_{E_v'}^{E_v} \exp\left(\frac{E - E_F}{k_0 T}\right) (E_v - E)^{1/2} dE \qquad (4.21)$$

令 $x=(E_v-E)/(k_0T)$，则

$$(E_v-E)^{1/2}=(k_0T)^{1/2}x^{1/2}$$

$$\mathrm{d}(E_v-E)=k_0T\mathrm{d}x$$

与计算导带中电子浓度类似，可将积分下限 E_v'（价带底）改为 $-\infty$，计算可得

$$p_0=2\left(\frac{m_p^*k_0T}{2\pi\hbar^2}\right)^{3/2}\exp\left(\frac{E_v-E_F}{k_0T}\right) \tag{4.22}$$

令

$$N_v=2\left(\frac{m_p^*k_0T}{2\pi\hbar^2}\right)^{3/2}=2\times\frac{(2\pi m_p^*k_0T)^{3/2}}{h^3} \tag{4.23}$$

则得

$$p_0=N_v\exp\left(\frac{E_v-E_F}{k_0T}\right) \tag{4.24}$$

式中，N_v 称为价带的有效状态密度。显然，$N_v\propto T^{3/2}$ 是温度的函数，而

$$f(E_v)=\exp\left(\frac{E_v-E_F}{k_0T}\right)$$

是空穴占据能量为 E_v 的量子态的概率。因此式（4.24）可以理解为把价带中的所有量子态都集中在价带顶 E_v 处，而它的状态密度是 N_v，则价带中的空穴浓度是 N_v 中有空穴占据的量子态数。

从式（4.19）及式（4.24）中看到，导带中电子浓度 n_0 和价带中空穴浓度 p_0 随着温度 T 和费米能级 E_F 的不同而变化。其中温度的影响，一方面来源于 N_c 及 N_v；另一方面，也是更主要的来源，是由于玻尔兹曼分布函数中的指数随温度迅速变化。另外，费米能级也与温度及半导体中所含杂质的情况密切相关。因此，在一定温度下，由于半导体中所含杂质的类型和数量不同，电子浓度 n_0 及空穴浓度 p_0 也将随之变化。

4.2.4　载流子浓度乘积 n_0p_0

将式（4.19）和式（4.24）相乘，得到平衡态时的载流子浓度 n_0p_0 为

$$n_0p_0=N_cN_v\exp\left(-\frac{E_c-E_v}{k_0T}\right)=N_cN_v\exp\left(-\frac{E_g}{k_0T}\right) \tag{4.25}$$

把 N_c 和 N_v 的表达式代入上式得

$$n_0p_0=4\left(\frac{k_0}{2\pi\hbar^2}\right)^3(m_n^*m_p^*)^{3/2}T^3\exp\left(-\frac{E_g}{k_0T}\right) \tag{4.26}$$

再把 $\hbar$ 和 k_0 的值代入并引入电子质量 m_0，则得

$$n_0p_0=2.33\times10^{43}\left(\frac{m_n^*m_p^*}{m_0^2}\right)^{3/2}T^3\exp\left(-\frac{E_g}{k_0T}\right) \tag{4.27}$$

可见，电子和空穴的浓度乘积与费米能级无关。对一定的半导体材料，乘积 n_0p_0 只取决于温度 T，与所含杂质无关。而在一定温度下，对不同的半导体材料，因禁带宽度 E_g 不

同，乘积 $n_0 p_0$ 也将不同。这个关系式不论是本征半导体还是杂质半导体，只要是热平衡状态下的非简并半导体，都普遍适用，在讨论许多实际问题时常常引用。

式（4.25）还说明，对一定的半导体材料，在一定的温度下，乘积 $n_0 p_0$ 是一定的。换言之，当半导体处于热平衡状态时，载流子浓度的乘积保持恒定，如果电子浓度增大，空穴浓度就要减小，反之亦然。式（4.19）和式（4.24）是热平衡载流子浓度的普遍表达式。只要确定了费米能级 E_F，在一定温度 T 时，半导体导带中的电子浓度、价带中的空穴浓度就可以计算出来。

4.3 本征载流子浓度

本征半导体能带如图 4.5(a) 所示。在热力学温度 0K 时，价带中的全部量子态都被电子占据，而导带中的量子态都是空的，也就是说，半导体中共价键是饱和的、完整的。当半导体的温度 $T>0K$ 时，就有电子从价带激发到导带去，同时价带中产生了空穴，这就是所谓的本征激发。由于电子和空穴成对产生，导带中的电子浓度 n_0 应等于价带中的空穴浓度 p_0，即

$$n_0 = p_0 \tag{4.28}$$

上式就是本征激发情况下的电中性条件。

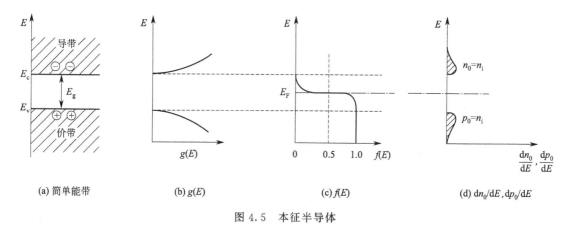

图 4.5 本征半导体

将式（4.19）和式（4.24）代入式（4.28），就能求得本征半导体的费米能级 E_F，并用符号 E_i 表示。即

$$N_c \exp\left(-\frac{E_c - E_i}{k_0 T}\right) = N_v \exp\left(-\frac{E_i - E_v}{k_0 T}\right)$$

取对数后，解得

$$E_i = \frac{E_c + E_v}{2} + \frac{k_0 T}{2} \ln \frac{N_v}{N_c} \tag{4.29}$$

将 N_c、N_v 代入上式得

$$E_i = \frac{E_c + E_v}{2} + \frac{3 k_0 T}{4} \ln \frac{m_p^*}{m_n^*} \tag{4.30}$$

对于硅，m_p^*/m_n^* 的值为 0.55，因此，一般说本征硅的费米能级 E_F 在禁带中线附近，

偏差约为 $0.5k_0T$，数值很小。在室温（300K）下，$k_0T \approx 0.026\text{eV}$，而硅的禁带宽度约为 1eV，因而式（4.30）中第二项小得多，所以本征半导体硅的费米能级 E_i 基本上在禁带中线处。

将式（4.29）代入式（4.19）和式（4.24），得到本征载流子浓度 n_i 为

$$n_i = n_0 = p_0 = (N_c N_v)^{1/2} \exp\left(-\frac{E_g}{2k_0T}\right) \qquad (4.31)$$

式中，$E_g = E_c - E_v$，为禁带宽度。从上式可以看出，一定的半导体材料，其本征载流子浓度 n_i 随温度的升高而迅速增大；不同的半导体材料，在同一温度 T 时，禁带宽度 E_g 越大，本征载流子浓度 n_i 就越小。图 4.5(b)～(d) 分别为本征情况下的 $g(E)$、$f(E)$ 及 n_0 和 p_0。

将式（4.31）和式（4.25）比较得

$$n_0 p_0 = n_i^2 \qquad (4.32)$$

这个公式只不过是式（4.25）的另一表达式而已。它说明，在一定温度下，任何非简并半导体的热平衡载流子浓度的乘积 $n_0 p_0$ 都等于该温度时的本征载流子浓度 n_i 的平方，与所含杂质无关。因此式（4.32）不仅适用于本征半导体材料，而且也适用于非简并的掺杂半导体材料。

将 N_c、N_v 的表达式代入式（4.31）得

$$n_i = \frac{2(2\pi k_0 T)^{3/2}(m_p^* m_n^*)^{3/4}}{h^3} \exp\left(-\frac{E_g}{2k_0T}\right)$$

代入 h、k_0 的数值，并引入电子质量 m_0，则

$$n_i = 4.82 \times 10^{15} \left(\frac{m_p^* m_n^*}{m_0^2}\right)^{3/4} T^{3/2} \exp\left(-\frac{E_g}{2k_0T}\right) \qquad (4.33)$$

考虑到 E_g 与温度 T 的关系，设 E_g 随温度的变化为 $E_g = E_g(0) - \alpha T^2/(T+\beta)$，代入上式得

$$n_i = 4.82 \times 10^{15} \left(\frac{m_p^* m_n^*}{m_0^2}\right)^{3/4} T^{3/2} \exp\left(-\frac{E_g(0)}{2k_0T}\right) \exp\left[\frac{\alpha T}{2k_0(T+\beta)}\right] \qquad (4.34)$$

式中，$E_g(0)$ 为外推至 $T=0\text{K}$ 时的禁带宽度。根据式（4.34），给出 $\ln n_i$-$1/T$ 关系曲线，基本上是一直线。

总之，由于本征载流子浓度随温度的迅速变化，用本征材料制作的器件性能很不稳定，因此制造半导体器件一般都用含有适当杂质的半导体材料。

4.4　掺杂半导体的载流子浓度

4.4.1　杂质能级上的电子和空穴

实际的半导体材料中，总是含有一定量的杂质。当杂质只是部分电离的情况下，在一些杂质能级上就有电子占据。例如在未电离的施主杂质和已电离的受主杂质的杂质能级上都被电子占据。电子占据杂质能级的概率不能用式（4.10）的费米分布函数确

定。因为杂质能级与能带中的能级是有区别的，在能带中的能级可以容纳自旋方向相反的两个电子；而对于施主杂质能级只能是如下两种情况的一种：①被一个有任一自旋方向的电子占据；②不接受电子。施主能级不允许同时被自旋方向相反的两个电子占据，所以不能用式(4.10)来表示电子占据杂质能级的概率。可以证明电子占据施主能级的概率是（见本章4.7节）

$$f_D(E) = \cfrac{1}{1 + \cfrac{1}{g_D}\exp\left(\cfrac{E_D - E_F}{k_0 T}\right)} \tag{4.35}$$

空穴占据受主能级的概率是

$$f_A(E) = \cfrac{1}{1 + \cfrac{1}{g_A}\exp\left(\cfrac{E_F - E_A}{k_0 T}\right)} \tag{4.36}$$

式中，g_D 是施主能级的基态简并度；g_A 是受主能级的基态简并度，通常称为简并因子。对硅材料，$g_D = 2$，$g_A = 4$。

由于施主浓度 N_D 和受主浓度 N_A 就是杂质的量子态密度，而电子和空穴占据杂质能级的概率分别是 $f_D(E)$ 和 $f_A(E)$，因此可以写出下列公式：

① 施主能级上的电子浓度 n_D 为

$$n_D = N_D f_D(E) = \cfrac{N_D}{1 + \cfrac{1}{g_D}\exp\left(\cfrac{E_D - E_F}{k_0 T}\right)} \tag{4.37}$$

这也是没有电离的施主浓度。

② 受主能级上的空穴浓度 p_A 为

$$p_A = N_A f_A(E) = \cfrac{N_A}{1 + \cfrac{1}{g_A}\exp\left(\cfrac{E_F - E_A}{k_0 T}\right)} \tag{4.38}$$

这也是没有电离的受主浓度。

③ 电离施主浓度为 n_D^+ 为

$$n_D^+ = N_D - n_D = N_D[1 - f_D(E)] = \cfrac{N_D}{1 + g_D\exp\left(-\cfrac{E_D - E_F}{k_0 T}\right)} \tag{4.39}$$

④ 电离受主浓度 p_A^- 为

$$p_A^- = N_A - p_A = N_A[1 - f_A(E)] = \cfrac{N_A}{1 + g_A\exp\left(-\cfrac{E_F - E_A}{k_0 T}\right)} \tag{4.40}$$

从以上几个公式可以看出，杂质能级与费米能级的相对位置明显反映了电子和空穴占据杂质能级的情况。由式(4.37)和式(4.39)得知：当 $E_D - E_F \gg k_0 T$ 时，$\exp\left(\cfrac{E_D - E_F}{k_0 T}\right) \gg 1$，

因而 $n_D \approx 0$，同时 $n_D^+ \approx N_D$，即当费米能级远在 E_D 之下时，可以认为施主杂质几乎全部电离。反之，E_F 远在 E_D 之上时，施主杂质基本上没有电离。当 E_D 与 E_F 重合时，如取 $g_D = 2$，$n_D = 2N_D/3$，而 $n_D^+ = N_D/3$，即施主杂质有 1/3 电离，还有 2/3 没有电离。同理，由式(4.38)及式(4.40)得知：当 E_F 远在 E_A 之上时，受主杂质几乎全部电离了。当 E_F 远在 E_A 之下时，受主杂质基本上没有电离。当 E_F 等于 E_A 时，如取 $g_A = 4$，受主杂质有 1/5 电离，还有 4/5 没有电离。

4.4.2 n 型半导体的载流子浓度

掺杂半导体的情况比本征半导体复杂得多，下面以只含一种施主杂质的 n 型半导体为例，计算它的费米能级与载流子浓度。图 4.6(a) 为它的能带图，图 4.6(b)～(d) 还给出了 $g(E)$、$f(E)$、$\dfrac{\mathrm{d}n_0}{\mathrm{d}E}$ 和 $\dfrac{\mathrm{d}p_0}{\mathrm{d}E}$ 的图形。

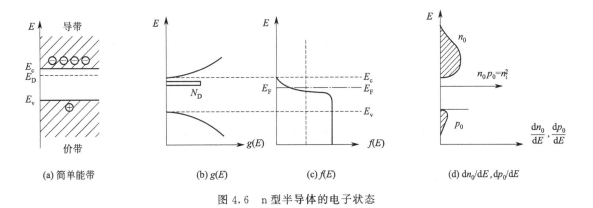

| (a) 简单能带 | (b) $g(E)$ | (c) $f(E)$ | (d) $\mathrm{d}n_0/\mathrm{d}E, \mathrm{d}p_0/\mathrm{d}E$ |

图 4.6　n 型半导体的电子状态

由图 4.6 可知，电中性条件为

$$n_0 = n_D^+ + p_0 \tag{4.41}$$

式(4.41)中等式左边是单位体积中的负电荷数，实际上为导带中的电子浓度；等式右边是单位体积中的正电荷数，实际上是价带中的空穴浓度与电离施主浓度之和。将式(4.19)、式(4.24) 和式(4.39) 代入式(4.41)并取 $g_D = 2$，得

$$N_c \exp\left(-\frac{E_c - E_F}{k_0 T}\right) = N_v \exp\left(\frac{E_v - E_F}{k_0 T}\right) + \frac{N_D}{1 + 2\exp\left(-\dfrac{E_D - E_F}{k_0 T}\right)} \tag{4.42}$$

上式中除 E_F 之外，其余各量均为已知，因而在一定温度下可以将 E_F 确定出来。但是从上式求 E_F 的一般解析式还是困难的，下面分别分析不同温度范围的情况。

（1）低温弱电离区

当温度很低时，大部分施主杂质能级仍被电子占据，只有很少量施主杂质发生电离。这些少量的电子进入了导带，这种情况称为弱电离。从价带中依靠本征激发跃迁至导带的电子就更少了，可以忽略不计。换言之，这一情况下导带中的电子全部由电离施主杂质提供。因此 $p_0 \approx 0$ 而 $n_0 = n_D^+$，故

$$N_c \exp\left(-\frac{E_c - E_F}{k_0 T}\right) \approx \frac{N_D}{1 + 2\exp\left(-\dfrac{E_D - E_F}{k_0 T}\right)} \tag{4.43}$$

上式即为杂质电离时的电中性条件。因在低温情况下，施主杂质基本上没有电离，n_D^+ 远比 N_D 小。所以 $\exp\left(-\dfrac{E_D-E_F}{k_0 T}\right)\gg 1$，则式(4.43)简化为

$$N_c\exp\left(-\frac{E_c-E_F}{k_0 T}\right)=\frac{1}{2}N_D\exp\left(\frac{E_D-E_F}{k_0 T}\right)$$

取对数后化简得

$$E_F=\frac{E_c+E_D}{2}+\frac{k_0 T}{2}\ln\frac{N_D}{2N_c} \tag{4.44}$$

上式就是低温弱电离区费米能级的表达式，它与温度、杂质浓度以及掺入何种杂质原子有关。

因为 $N_c\propto T^{3/2}$，在低温极限 $T\to 0\mathrm{K}$ 时，$\lim\limits_{T\to 0\mathrm{K}}(T\ln T)=0$，所以

$$\lim_{T\to 0\mathrm{K}}E_F=\frac{E_c+E_D}{2} \tag{4.45}$$

上式说明，在低温极限 $T\to 0\mathrm{K}$ 时，费米能级位于导带底和施主能级间的中线处。

将费米能级对温度求微商，可以帮助了解在低温弱电离区内费米能级随温度升高而发生的变化。即

$$\frac{\mathrm{d}E_F}{\mathrm{d}T}=\frac{k_0}{2}\ln\frac{N_D}{2N_c}+\frac{k_0 T}{2}\times\frac{\mathrm{d}(-\ln 2N_c)}{\mathrm{d}T}=\frac{k_0}{2}\left(\ln\frac{N_D}{2N_c}-\frac{3}{2}\right)$$

因 $T\to 0\mathrm{K}$ 时，$N_c\to 0$，故温度从 $0\mathrm{K}$ 上升时，$\mathrm{d}E_F/\mathrm{d}T$ 开始为 $+\infty$，说明 E_F 上升很快；然而随着 N_c 的增大（即 T 升高），$\mathrm{d}E_F/\mathrm{d}T$ 不断减小，说明 E_F 随 T 的升高而增大的速度变小；当温度上升到使得 $N_c=\dfrac{N_D}{2}\mathrm{e}^{-3/2}=0.11 N_D$ 时，$\mathrm{d}E_F/\mathrm{d}T=0$，说明 E_F 达到了极值。显然，杂质含量越高，E_F 达到极值的温度也越高。当温度再上升时，$\mathrm{d}E_F/\mathrm{d}T<0$，即 E_F 开始不断地下降。图 4.7 表示了 n 型半导体在低温弱电离区时费米能级随温度的变化关系。

将式(4.44)代入式(4.19)，得到低温弱电离区的电子浓度为

$$n_0=\left(\frac{N_D N_c}{2}\right)^{1/2}\exp\left(-\frac{E_c-E_D}{2k_0 T}\right)=\left(\frac{N_D N_c}{2}\right)^{1/2}\exp\left(-\frac{\Delta E_D}{2k_0 T}\right) \tag{4.46}$$

式中，$\Delta E_D=E_c-E_D$ 为施主杂质电离能。由于 $N_c\propto T^{3/2}$，因此在温度很低时，载流子浓度 $n_0\propto T^{3/4}\exp\left(-\dfrac{\Delta E_D}{2k_0 T}\right)$，随着温度升高，$n_0$ 呈指数上升。

对式(4.46)取对数得

$$\ln n_0=\frac{1}{2}\ln\frac{N_D N_c}{2}-\frac{\Delta E_D}{2k_0 T}$$

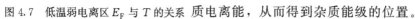

图 4.7 低温弱电离区 E_F 与 T 的关系

在 $\ln n_0 T^{-3/4}$-$1/T$ 图中，上述方程为一直线。其斜率为 $\Delta E_D/(2k_0)$，因此可通过实验测定 n_0-T 关系确定出杂质电离能，从而得到杂质能级的位置。

（2）中间电离区

温度继续升高，在 $2N_c > N_D$ 后，式（4.44）中第二项为负值，这时 E_F 下降至（$E_c +E_D$）/2 以下。当温度升高到使 $E_F = E_D$ 时，则 $\exp\left(\dfrac{E_F - E_D}{k_0 T}\right) = 1$，施主杂质有 1/3 电离。

（3）强电离区

当温度升高至大部分杂质都电离时，称为强电离。这时 $n_D^+ \approx N_D$，$n_D^+ \gg p_0$，于是应有 $\exp\left(\dfrac{E_F - E_D}{k_0 T}\right) \ll 1$ 或 $E_D - E_F \gg k_0 T$，因而费米能级 E_F 位于 E_D 之下。在强电离时，式（4.42）简化为

$$N_c \exp\left(-\frac{E_c - E_F}{k_0 T}\right) = N_D \tag{4.47}$$

解得费米能级 E_F 为

$$E_F = E_c + k_0 T \ln \frac{N_D}{N_c} \tag{4.48}$$

可见，费米能级 E_F 由温度及施主杂质浓度决定。由于在一般掺杂浓度下 $N_c > N_D$，因此式（4.48）中第二项是负的。在一定温度 T 时，N_D 越大，E_F 就越向导带方面靠近。而在 N_D 一定时，温度越高，E_F 就越向本征费米能级 E_i 方面靠近，如图 4.8 所示。

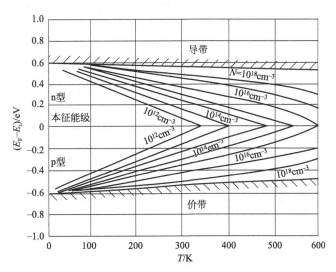

图 4.8　硅的费米能级与温度及杂质浓度的关系

在施主杂质全部电离时，电子浓度 n_0 为

$$n_0 = N_D \tag{4.49}$$

这时，载流子浓度与温度无关。载流子浓度 n_0 保持等于杂质浓度的这一温度范围称为饱和区。

下面估算一下室温时硅中施主杂质达到全部电离时的杂质浓度上限。

当 $E_D - E_F \gg k_0 T$ 时，式（4.37）简化为

$$n_D \approx 2N_D \exp\left(-\frac{E_D - E_F}{k_0 T}\right) \tag{4.50}$$

将式（4.48）代入式（4.50）得

$$n_D \approx 2N_D \frac{N_D}{N_c} \exp\left(\frac{\Delta E_D}{k_0 T}\right) \tag{4.51}$$

令

$$R_D = \frac{2N_D}{N_c} \exp\left(\frac{\Delta E_D}{k_0 T}\right) \tag{4.52}$$

则

$$n_D \approx R_D N_D \tag{4.53}$$

由于 N_D 是施主杂质浓度，n_D 是未电离的施主浓度，因此 R_D 应是未电离施主占施主杂质数的百分比。若施主全部电离的大约标准是 90% 的施主杂质电离了，那么 R_D 约为 10%。由式（4.52）知，R_D 与温度、杂质浓度和杂质电离能都有关系。所以杂质达到全部电离的温度不仅取决于电离能，而且也和杂质浓度有关。杂质浓度越高，则达到全部电离的温度就越高。通常所说的室温下杂质全部电离，实际上忽略了杂质浓度的限制，当超过某一杂质浓度时，这一认识就不对了。例如，掺磷的 n 型硅，室温时，$N_c = 2.8 \times 10^{19} \text{cm}^{-3}$，$\Delta E_D = 0.044 \text{eV}$，$k_0 T = 0.026 \text{eV}$，代入式（4.52）得磷杂质全部电离的浓度上限 N_D 为

$$N_D = \frac{R_D N_c}{2} \exp\left(-\frac{\Delta E_D}{k_0 T}\right) = \frac{0.1 \times 2.8 \times 10^{19}}{2} \exp\left(-\frac{0.044}{0.026}\right) = 1.4 \times 10^{18} \times 0.184 \approx 3 \times 10^{17} (\text{cm}^{-3})$$

在室温时，硅的本征载流子浓度为 $1.5 \times 10^{10} \text{cm}^{-3}$，当杂质浓度比它至少大 1 个数量级时，才保持以杂质电离为主。所以对于掺磷的硅，在室温下，磷浓度在 $1 \times 10^{11} \sim 3 \times 10^{17} \text{cm}^{-3}$ 范围内，可认为硅是以杂质电离为主，而且处于杂质全部电离的饱和区。

由式（4.52）还可以确定杂质全部电离 90% 时的温度。

（4）过渡区

当半导体处于饱和区和完全本征激发之间时，称为过渡区。这时导带中的电子一部分来源于全部电离时的杂质，另一部分则由本征激发提供，价带中产生了一定量空穴。于是电中性条件是

$$n_0 = N_D + p_0 \tag{4.54}$$

式中，n_0 是导带中的电子浓度；p_0 是价带中的空穴浓度；N_D 是已全部电离的杂质浓度。

过渡区的载流子浓度 n_0 及 p_0 可按下列方法计算：解联立方程式（4.54）和式（4.32），即

$$\begin{cases} p_0 = n_0 - N_D \\ n_0 p_0 = n_i^2 \end{cases}$$

消去 p_0，得

$$n_0^2 - N_D n_0 - n_i^2 = 0 \tag{4.55}$$

解得

$$n_0 = \frac{N_D + (N_D^2 + 4n_i^2)^{1/2}}{2} = \frac{N_D}{2}\left[1 + \left(1 + \frac{4n_i^2}{N_D^2}\right)^{1/2}\right] \tag{4.56}$$

n_0 的另一根无用。再由式（4.32）解得 p_0 为

$$p_0 = \frac{n_i^2}{n_0} = \frac{2n_i^2}{N_D}\left[1 + \left(1 + \frac{4n_i^2}{N_D^2}\right)^{1/2}\right]^{-1} \tag{4.57}$$

式（4.56）及式（4.57）就是过渡区载流子浓度公式。

（5）高温本征激发区

继续升高温度，使本征激发产生的本征载流子数远多于杂质电离产生的载流子数，即

$N_D \ll n_0$，$N_D \ll p_0$。这时电中性条件是 $n_0 = p_0$。这种情况与未掺杂的本征半导体情形一样，因此称为掺杂半导体进入本征激发区。这时，费米能级 E_F 接近禁带中线，载流子浓度随温度升高而迅速增加。显然，杂质浓度越高，达到本征激发起主要作用的温度也越高。

图 4.9 是 n 型硅的电子浓度与温度的关系曲线。可见，在低温时，电子浓度随温度的升高而增加。温度升高到 100K 时，杂质全部电离；温度高于 500K 后，本征激发开始起主要作用。所以温度在 $100 \sim 500K$ 的杂质全部电离，载流子浓度基本上就是杂质浓度。

下面我们将以一道题目为例，对以上分析过程进行巩固。

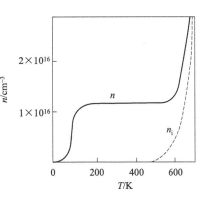

图 4.9 n 型硅的电子浓度与
温度的关系曲线

例 计算含有施主杂质浓度 $N_D = 9 \times 10^{15} \text{cm}^{-3}$ 及受主杂质浓度为 $1.1 \times 10^{16} \text{cm}^{-3}$ 的硅在 300K 时的电子和空穴浓度以及费米能级的位置。

对于硅，在 300K 时

$$n_i = 1.5 \times 10^{10} \text{cm}^{-3}, N_c = 2.8 \times 10^{19} \text{cm}^{-3},$$
$$N_v = 1.1 \times 10^{19} \text{cm}^{-3}, k_0 T = 0.026 \text{eV}$$

因为在 300K 时 $10n_i < N_D < 10^{17}$，$10n_i < N_A < 10^{17}$，可认为硅是以杂质电离为主，而且处于杂质全部电离的饱和区；又因为 $N_D < N_A$，则其为强电离饱和区 p 型半导体。

$$p_0 = N_A - N_D = 1.1 \times 10^{16} \text{cm}^{-3} - 9 \times 10^{15} \text{cm}^{-3} = 2 \times 10^{15} \text{cm}^{-3}$$

$$n_0 = \frac{n_i^2}{p_0} = \frac{(1.5 \times 10^{10})^2}{2 \times 10^{15}} = 1.125 \times 10^5 (\text{cm}^{-3})$$

由 $p_0 = N_v \exp\left(\dfrac{E_v - E_F}{k_0 T}\right)$ 可得

$$E_F - E_v = k_0 T \ln \frac{N_v}{p_0} = 0.026 \times \ln \frac{1.1 \times 10^{19}}{2 \times 10^{15}} = 0.224 (\text{eV})$$

即费米能级位于价带顶以上 0.224eV 处。

根据以上分析，请思考：

若硅中含有的施主杂质浓度和受主杂质浓度数量级与该温度下硅的本征载流子浓度相近（比如 300K 时硅中施主杂质浓度 $N_D = 9 \times 10^{10} \text{cm}^{-3}$ 及受主杂质浓度为 $1.1 \times 10^{12} \text{cm}^{-3}$），此时又该如何求出其电子和载流子浓度呢？

注意分析两题条件的异同。

4.4.3 p 型半导体的载流子浓度

对于只含一种受主杂质的 p 型半导体，进行类似的讨论，可以得到一系列公式（取 $g_A = 4$）。
低温弱电离区：

$$E_F = \frac{E_v + E_A}{2} - \frac{k_0 T}{2} \ln \frac{N_A}{4N_v} \tag{4.58}$$

$$p_0 = \left(\frac{N_A N_v}{4}\right)^{1/2} \exp\left(-\frac{\Delta E_A}{2k_0 T}\right) \tag{4.59}$$

强电离区（饱和区）：

$$E_F = E_v - k_0 T \ln \frac{N_A}{N_v} \tag{4.60}$$

$$p_0 = N_A \tag{4.61}$$

$$p_A = R_A N_A \tag{4.62}$$

$$R_A = \frac{4N_A}{N_v} \exp\left(\frac{\Delta E_A}{k_0 T}\right) \tag{4.63}$$

过渡区：

$$p_0 = \frac{N_A}{2}\left[1 + \left(1 + \frac{4n_i^2}{N_A^2}\right)^{1/2}\right] \tag{4.64}$$

$$n_0 = \frac{2n_i^2}{N_A}\left[1 + \left(1 + \frac{4n_i^2}{N_A^2}\right)^{1/2}\right]^{-1} \tag{4.65}$$

式中，R_A 是未电离受主杂质的百分数；其余符号均按前面规定。图 4.10 表示了 p 型半导体的能带及 $g(E)$、$f(E)$、$\dfrac{\mathrm{d}p_0}{\mathrm{d}E}$ 和 $\dfrac{\mathrm{d}n_0}{\mathrm{d}E}$ 的图形。

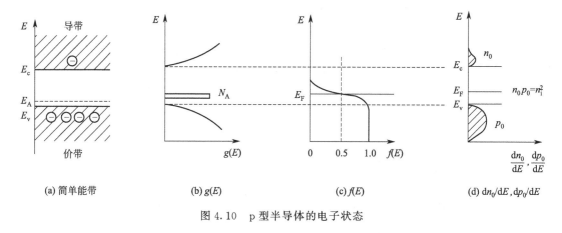

图 4.10　p 型半导体的电子状态

从以上两节的讨论中可以看到，掺有某种杂质的半导体其载流子浓度和费米能级由温度和杂质浓度决定。

对于杂质浓度一定的半导体，随着温度的升高，载流子则从以杂质电离为主要来源过渡到以本征激发为主要来源，相应地，费米能级则从位于杂质能级附近逐渐移向禁带中线处。譬如 n 型半导体，在低温弱电离区时，导带中的电子是从施主杂质电离产生的；随着温度的升高，导带中电子浓度也增加，而费米能级则从施主能级以上下降到施主能级以下；当 E_F 下降到 E_D 以下若干 $k_0 T$ 时，施主杂质全部电离，导带中电子浓度等于施主浓度，处于饱和区；再升高温度，杂质电离已经不能增加电子数，但本征激发产生的电子数迅速增加，半导体进入过渡区，这时导带中的电子由数量级相近的本征激发部分和杂质电离部分组成，而费米能级则继续下降；当温度再升高时，本征激发成为载流子的主要来源，载流子浓度急剧上升，而费米能级下降到禁带中线处，这时就是典型的本征激发。

对于 p 型半导体，有相似的讨论，在受主浓度一定时，随着温度升高，费米能级从在受主能级以下逐渐上升到禁带中线处，而载流子则从以受主电离为主要来源转化到以本征激发为主要来源。

当温度一定时，费米能级的位置由杂质浓度决定。例如 n 型半导体，随着施主浓度 N_D 的增加，费米能级从禁带中线逐渐移向导带底附近；对于 p 型半导体，随着受主浓度的增加，费米能级从禁带中线逐渐移向价带顶附近，如图 4.8 所示。这说明，在掺杂半导体中，费米能级的位置不但反映了半导体导电类型，而且还反映了半导体的掺杂水平。对于 n 型半导体，费米能级位于禁带中线以上，N_D 越大，费米能级位置越高。对于 p 型半导体，费米能级位于中线以下，N_A 越大，费米能级位置越低。图 4.11 表示了 5 种不同掺杂情况的半导体费米能级位置，从左到右，由强 p 型到强 n 型，E_F 位置逐渐升高。图 4.11 也画出了它们的能带中电子与空穴的填充情况。

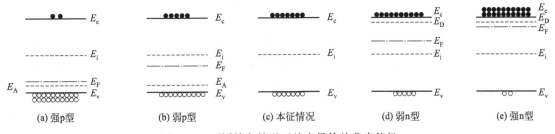

图 4.11　不同掺杂情况下的半导体的费米能级

强 p 型半导体中，N_A 大，导带中电子最少，价带中电子也最少。故可以说，强 p 型半导体中，电子填充能带的水平最低，E_F 也最小。弱 p 型半导体，导带及价带中电子稍多，能带被电子填充的水平也稍高，E_F 也升高了。本征半导体无掺杂，导带和价带中载流子数一样多。弱 n 型半导体，导带及价带中电子多了，能带被电子填充的水平也更高，E_F 升到禁带中线以上。强 n 型半导体，导带及价带中电子最多，能带被电子填充的水平最高，E_F 也最高。

根据式（4.56）、式（4.57）及式（4.64）、式（4.65）可画出室温下硅中载流子浓度与杂质浓度的关系曲线，如图 4.12 所示。可以看出，当杂质浓度小于 n_i 时，n_0 和 p_0 都等于 n_i，材料是本征的；当杂质浓度大于 n_i 时，多数载流子随杂质浓度增加而增加，少数载流子随杂质浓度增加而减少，当然，两者之间应满足 $n_0 p_0 = n_i^2$ 的关系。图 4.12 中右边是 n 型半导体，左边是 p 型半导体；n_{n0}、p_{n0} 分别表示平衡态时 n 型半导体中的电子和空穴浓度，n_{p0}、p_{p0} 分别表示 p 型半导体中的电子和空穴浓度。

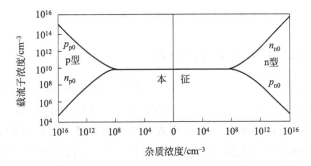

图 4.12　硅中载流子浓度与杂质浓度的关系

4.4.4 少数载流子浓度

n 型半导体中的电子和 p 型半导体中的空穴称为多数载流子（简称多子），它们和杂质浓度及温度之间的关系已经在上面分析过了。而 n 型半导体中的空穴和 p 型半导体中的电子称为少数载流子（简称少子），下面给出在强电离情况下，少子浓度与杂质浓度及温度的关系。

① n 型半导体：多子浓度 $n_{n0} = N_D$。由 $n_{n0} p_{n0} = n_i^2$ 关系，得到少子浓度 p_{n0} 为

$$p_{n0} = \frac{n_i^2}{N_D} \tag{4.66}$$

② p 型半导体：多子浓度 $p_{p0} = N_A$。少子浓度 n_{p0} 为

$$n_{p0} = \frac{n_i^2}{N_A} \tag{4.67}$$

从式(4.66)和式(4.67)中可以看到，少子浓度和本征载流子浓度 n_i 的平方成正比，而和多子浓度成反比。因为多子浓度在饱和区的温度范围内是不变的，而本征载流子浓度 $n_i^2 \propto T^3 \exp\left(-\dfrac{E_g}{k_0 T}\right)$，所以少子浓度将随着温度的升高而迅速增大。利用式(4.66)和式(4.67)，可以得到少子浓度与杂质浓度及温度的关系。图 4.13 表示了硅中少子浓度与杂质浓度及温度的关系。

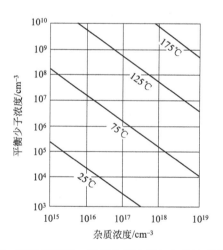

图 4.13　不同温度下，平衡少子浓度与杂质浓度的关系

4.4.5　一般情况下的载流子统计分布

在式(4.19)和式(4.24)中，电子浓度 n_0 及空穴浓度 p_0 都是由费米能级 E_F 和温度 T 表示出来的，通常把温度 T 作为已知数，因此这两个方程式中还含有 n_0、p_0 和 E_F 三个未知数。为了求解它们，还应再增加一个方程式。从前面几节中可以找到这第三个方程式就是在具体情况下的电中性条件（或称为电荷中性方程式）。无论是在本征情况还是只含一种杂质的情况下，都是利用电中性条件求得费米能级 E_F，然后确定本征的或只含一种杂质情况的载流子统计分布（也就是确定出导带中的电子浓度、价带中的空穴浓度及杂质能级上的电

子浓度等）。

因此，对于半导体中同时含有施主杂质和受主杂质的一般情况，要确定其载流子的统计分布，也必须建立一般情况下的电中性条件。现推导如下：

半导体中的空间电荷密度是半导体中任一点附近单位体积中的净电荷数，可以用其中所含有的导带电子、价带空穴、电离施主、电离受主等 4 种电荷计算出来。

若单位体积中有 n 个导带电子，每个电子具有电荷 $-q$，则单位体积中导带电子贡献的电荷是 $-nq$。类似地，每单位体积中有 p 个空穴，每个空穴有电荷 $+q$，因此空穴贡献的电荷是 $+pq$；电离施主浓度为 n_D^+，每一个电离施主有电荷 $+q$，它们贡献的电荷是 $+n_D^+q$；电离受主浓度为 p_A^-，每个电离受主有电荷 $-q$，它们贡献的电荷是 $-qp_A^-$。将它们相加就得到净空间电荷密度 ρ 为

$$\rho = q(p + n_D^+ - n - p_A^-) \tag{4.68}$$

在热平衡状态时上式为

$$\rho_0 = q(p_0 + n_D^+ - n_0 - p_A^-) \tag{4.69}$$

若半导体是电中性的，而且杂质均匀分布，则空间电荷必须处处为零。在热平衡状态时即 $\rho_0 = 0$，因此得

$$p_0 + n_D^+ = n_0 + p_A^- \tag{4.70}$$

这就是同时含有一种施主杂质和一种受主杂质情况下的电中性条件。它的意义是半导体中单位体积内的正电荷数（价带中的空穴浓度与电离施主杂质浓度之和）等于单位体积中的负电荷数（导带中的电子浓度与电离受主杂质浓度之和）。

当半导体中存在着若干种施主杂质和若干种受主杂质时，电中性条件显然是

$$p_0 + \sum_j n_{Dj}^+ = n_0 + \sum_i p_{Ai}^- \tag{4.71}$$

式中，$\sum_j n_{Dj}^+$、$\sum_i p_{Ai}^-$ 分别表示对各种电离施主杂质以及各种电离受主杂质求和，方程式的意义和式(4.70) 相同。

下面讨论式(4.70)。因为 $n_D^+ = N_D - n_D$，$p_A^- = N_A - p_A$，所以代入式(4.70) 得到

$$p_0 + N_D + p_A = n_0 + N_A + n_D \tag{4.72}$$

将式(4.19)、式(4.24)、式(4.37) 及式(4.38) 代入式(4.72)，仍取 $g_D = 2$、$g_A = 4$ 得到

$$N_D + N_v \exp\left(\frac{E_v - E_F}{k_0 T}\right) + \frac{N_A}{1 + \frac{1}{g_A}\exp\left(\frac{E_F - E_A}{k_0 T}\right)} = N_A + N_c \exp\left(-\frac{E_c - E_F}{k_0 T}\right) +$$

$$\frac{N_D}{1 + \frac{1}{g_D}\exp\left(\frac{E_D - E_F}{k_0 T}\right)} \tag{4.73}$$

对一定的半导体，上式中参数 N_A、N_D、E_c、E_v、E_A 和 E_D 是已知的。在一定温度下，N_c、N_v 也可以计算得到。于是上式中的变数仅是 E_F 及 T，故式(4.73) 中隐含着 E_F 与 T 的函数关系。因此，如能利用这一关系确定出 E_F，则对于半导体同时含施主和受主杂质的一般情况，导带中电子、价带中空穴以及杂质能级上电子的统计分布问题就完全确定了。

然而，要想利用式(4.73) 得到 E_F 的解析表达式是困难的，这可以通过如下方式看出。

定义一个变数 $Z = \exp\left(\dfrac{E_F}{k_0 T}\right)$，代入式(4.73)，得到 Z 的 4 次代数方程式。这个方程式显然有解，但求解很复杂，以致实际上无法采用。

现在由式(4.73)求 E_F 有两种方法：一种是利用电子计算机技术计算 E_F；另一种是用图解法，它是在一定温度下，把式(4.73)中等号左边部分及等号右边部分分别作出关于 E_F 的函数曲线，由这两条曲线的交点可以定出该温度时的 E_F 值。

4.5 载流子的散射

4.5.1 载流子散射的概念

在一定温度下，半导体内部的大量载流子，即使没有电场作用，它们也不是静止不动的，而是永不停息地做着无规则的、杂乱无章的运动，称为热运动。同时晶格上的原子也在不停地围绕格点做热振动。半导体还掺有一定的杂质，它们一般是电离了的，也带有电荷。载流子在半导体中运动时，便会不断地与热振动着的晶格原子或电离了的杂质离子发生作用，或者说发生碰撞，碰撞后载流子速度的大小及方向就发生改变，用波的概念，就是说电子波在半导体中传播时遭到了散射。所以，载流子在运动中，由于晶格热振动或电离杂质以及其他因素影响，不断地遭到散射，载流子速度的大小及方向不断地在改变着。载流子无规则的热运动也正是由于它们不断地遭到散射的结果。所谓自由载流子，实际上只在两次散射之间才真正是自由运动的，其连续两次散射间自由运动的平均路程称为平均自由程，而平均时间称为平均自由时间。

在无外电场时，电子虽然永不停息地做热运动，但是宏观上它们没有沿着一定方向流动，所以并不构成电流。当有外电场作用时，载流子存在着相互矛盾的两种运动。一方面载流子受到电场力的作用，沿电场方向（空穴）或反电场方向（电子）定向运动；另一方面，载流子仍不断地遭到散射，其运动方向不断地改变。这样，由于电场作用获得的漂移速度，便不断地散射到各个方向上去，使漂移速度不能无限地积累起来。载流子在电场力作用下的加速运动，也只有在两次散射之间才存在。经过散射后，它们又失去了获得的附加速度。从而，在外力和散射的双重影响下，载流子以一定的平均速度沿力的方向漂移，这个平均速度才是上面所说的恒定的平均漂移速度。载流子在外电场作用下的实际运动轨迹应该是热运动和漂移运动的叠加。可见，虽然电子仍不断地遭到散射，但由于有外加电场的作用，所以，电子反电场方向有一定的漂移运动，形成了电流，而且在恒定电场作用下，电流密度是恒定的。

4.5.2 半导体的主要散射机构

半导体中载流子在运动过程中为什么会遭到散射呢？

其根本原因是周期性势场被破坏。如果半导体内部除了周期性势场外，又存在一个附加势场 ΔV，使周期性势场发生变化，由于附加势场 ΔV 的作用，就会使能带中的电子在不同 k 状态间发生跃迁。例如，原来处于 k 状态的电子，附加势场促使它以一定的概率跃迁到各种其他的状态 k'，亦即，原来沿某一个方向以 $v(k)$ 运动的电子，附加势场可以使它散射到其他各个方向，改以速度 $v(k')$ 运动。这就是说，电子在运动过程中遭到了散射。下面简单介绍一下产生附加势场的主要原因。

4.5.2.1　电离杂质的散射

施主杂质电离后是一个带正电的离子，受主杂质电离后是一个带负电的离子。在电离施主或受主周围形成一个库仑势场，这一库仑势场局部地破坏了杂质附近的周期性势场，它就是使载流子散射的附加势场。当载流子运动到电离杂质附近时，由于库仑势场的作用，就使载流子运动的方向发生改变，以速度 v 接近电离杂质，而以 v' 离开。

常以散射概率 P 来描述散射的强弱，它代表单位时间内一个载流子受到散射的次数。具体的分析发现，浓度为 N_i 的电离杂质和载流子的散射概率 P_i 与温度的关系为

$$P_i \propto N_i T^{-3/2} \tag{4.74}$$

N_i 越大，载流子遭受散射的机会越多，温度越高，载流子热运动的平均速度越大，可以较快地掠过杂质离子，偏转就小，所以不易被散射。

4.5.2.2　晶格振动的散射

在一定温度下，晶格中原子都各自在其平衡位置附近做微振动。分析证明，晶格中原子的振动都是由若干不同的基本波动按照波的叠加原理组合而成的，这些基本波动称为格波。

我们仅对格波的具体形式进行说明，以便于讨论它们对载流子的散射作用。

（1）声学波和光学波

与电子波相似，常用格波波数矢量 q 表示格波的波长及其传播方向。它的数值为格波波长 λ 倒数的 2π 倍，即 $q = 2\pi/\lambda$，方向为格波传播的方向。研究发现，一个晶体中，具有同样 q 的格波不止一个，具体数目取决于晶格原胞中所含的原子数。最简单的晶体原胞中只有一个原子，对应于每一个 q 具有三个格波。对锗、硅及Ⅲ-Ⅴ族化合物半导体，原胞中大多含有两个原子，对应于每一个 q 就有六个不同的格波，这六个格波的频率及其振动的方式不同。频率最低的三个格波称为声学波，频率高的三个称为光学波。

由 N 个原胞构成的半导体晶体，共有 N 个不同波矢 q 的格波，对每一个 q 又有六个不同频率的格波。所以，共有 $6N$ 个不同的格波，可以分为 6 支，3 支为声学波，3 支为光学波。图 4.14 画出了金刚石晶格振动沿 [110] 方向传播的 6 支格波的角频率 ω_a 与波矢 q 的关系。图中下面 3 支为声学波，上面 3 支为光学波。

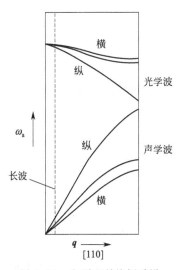

图 4.14　金刚石晶格振动沿 [110] 方向传播的格波的角频率与波矢的关系

从原子振动方式来看，无论声学波或光学波，原子位移方向和波传播方向之间的关系都是一个纵波两个横波，即一个原子位移方向与波传播方向相平行的纵波和两个原子位移方向与波传播方向相垂直的横波。图 4.15 为纵波与横波的示意图。

对于声学波，原胞中两个原子沿同一方向振动，长波的声学波代表原胞质心的振动。对于光学波，原胞中两个原子的振动方向相反，长波的光学波原胞质心不动，代表原胞中两个原子的相对振动。图 4.16 为声学波和光学波的示意图。

在振动频率方面，声学波和光学波之间也存在着显著的区别。在长波范围内，声学波的频率和波数成正比，所以，长声学波可以近似被认为是弹性波。而长光学波的频率近似是一个常数，基本上与波数无关。

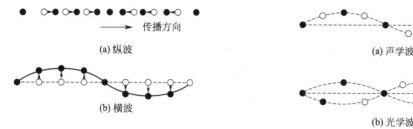

图 4.15　纵波与横波示意图　　　　图 4.16　声学波与光学波示意图

角频率为 ω_a 的一个格波，它的能量也是量子化的，只能是

$$\frac{1}{2}\hbar\omega_a,\frac{3}{2}\hbar\omega_a,\cdots,\left(n+\frac{1}{2}\right)\hbar\omega_a$$

因此，一个格波的能量是以 $\hbar\omega_a$ 为单元，$\hbar$ 就是普朗克常数除以 2π。当晶格与其他物质（如电子、光子）相互作用而交换能量时，晶格原子的振动状态就要发生变化，格波能量就改变。但是，格波能量的变化只能是 $\hbar\omega_a$ 的整数倍。因此，人们就把格波的能量子 $\hbar\omega_a$ 称为声子，把能量为 $\left(n+\frac{1}{2}\right)\hbar\omega_a$ 的格波描述为 n 个属于这一格波的声子。当格波能量减少一个 $\hbar\omega_a$ 时，就称作放出一个声子，增加一个 $\hbar\omega_a$ 就称作吸收一个声子。声子的说法不仅生动地表示出格波能量的量子化，而且在分析晶格与物质相互作用时很方便。例如，电子在晶体中被格波散射便可以看作是电子与声子的碰撞。

利用玻色-爱因斯坦统计理论，可以求得当温度为 T 时，角频率为 ω_a 的格波平均能量为

$$\frac{1}{2}\hbar\omega_a+\frac{1}{\exp\left(\dfrac{\hbar\omega_a}{k_0T}\right)-1}\hbar\omega_a \tag{4.75}$$

常称

$$\bar{n}_q=\frac{1}{\exp\left(\dfrac{\hbar\omega_a}{k_0T}\right)-1} \tag{4.76}$$

为平均声子数。把所有不同频率格波的平均能量加起来，就得到晶体中原子振动的平均能量。

与电子和光子的碰撞类似，电子和声子的碰撞也遵守准动量守恒和能量守恒定律。对散射时经常发生的电子与晶格交换一个声子的所谓单声子过程来说，设散射前电子波矢值为 k，能量为 E，散射后变为 k' 和 E'，则

$$\hbar k'-\hbar k=\pm\hbar q \tag{4.77}$$
$$E'-E=\pm\hbar\omega_a \tag{4.78}$$

式中，$\hbar q$ 和 $\hbar\omega_a$ 分别为声子的准动量和能量。上式表明，电子和晶格散射时，将吸收或发射一个声子（正号表示吸收，负号表示发射）。

如散射角（即散射前后电子波矢 $\boldsymbol{k}$ 与 $\boldsymbol{k}'$ 间的夹角）为 θ，如图 4.17 所示，则按照矢量法得

$$q^2=k^2+k'^2-2kk'\cos\theta=(k'-k)^2+2kk'(1-\cos\theta) \tag{4.79}$$

如果散射前后，电子波矢的大小近似相等，即 $k\approx k'$，则

$$q=2k\sin\frac{\theta}{2} \tag{4.80}$$

设散射前后，电子速度的大小均为 v，声子速度为 u，则 $\hbar k = m_n^* v$。对长声学波来说，$\hbar\omega_a = \hbar qu$，因而散射前后电子能量变化为

$$\Delta E = E' - E = \hbar\omega_a = \hbar qu = 2m_n^* v^2 \frac{u}{v}\sin\frac{\theta}{2} \quad (4.81)$$

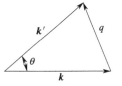

图 4.17　电子与声子散射前后的波矢关系

对于长声学波振动，声子的速度 u 很小，因而 u/v 是一个很小的量，所以 $\Delta E \approx 0$，即散射前后电子能量基本不变，称为弹性散射。对于光学波来说，声子能量 $\hbar\omega_a$ 较大，散射前后电子能量有较大的改变，称为非弹性散射。

（2）声学波散射

在能带具有单一极值的半导体中起主要散射作用的是长波，也就是波长比原子间距大很多的格波。室温下，电子热运动速度约为 $10^5\,\mathrm{m/s}$，由 $\hbar k = m_n^* v$ 可估计电子波波长约为 $\lambda = 2\pi/k = h/m_n^* v \approx 10^{-8}$（m）。当电子和声子相互作用时，根据准动量守恒，声子动量应和电子动量具有相同数量级，即格波波长范围也应是 $10^{-8}\,\mathrm{m}$。晶体中原子间距数量级为 $10^{-10}\,\mathrm{m}$，因而起主要散射作用的是长波（波长在几十个原子间距以上）。

由图 4.14 可以看到，长声学波的角频率和波数成正比，即 $\omega_a \propto q$，或长声学波的频率 $\nu_a \propto 1/\lambda$，即 $\lambda\nu_a =$ 常数。这个常数就是波速，实际上长声学波就是弹性波，即声波。

在长声学波中，只有纵波在散射中起主要作用。长纵声学波传播时和气体中的声波类似，会造成原子分布的疏密变化，产生体变，即疏处体积膨胀、密处压缩，如图 4.18（b）所示。在一个波长中，一半处于压缩状态，另一半处于膨胀状态，这种体变表示原子间距的减小或增大。我们知道，禁带宽度随原子间距变化，疏处禁带宽度减小，密处增大，使能带结构发生如图 4.19 所示的波形起伏。禁带宽度的改变反映出导带底 E_c 和价带顶 E_v 的升高或降低，引起能带极值的改变，改变了 ΔE_c 或 ΔE_v。这时，同是处于导带底或价带顶的电子或空穴，在半导体的不同地点，其能量就有差别。所以，纵波引起的能带起伏，就其对载流子的作用讲，如同产生了一个附加势场 ΔE_c 或 ΔE_v，这一附加势场破坏了原来势场的严格周期性，就使电子从 k 状态散射到 k' 状态。

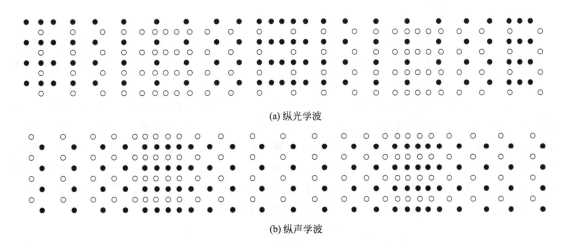

(a) 纵光学波

(b) 纵声学波

图 4.18　纵声学波和纵光学波示意图

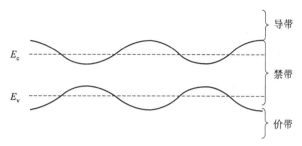

E_c

E_v

导带

禁带

价带

图 4.19　纵波引起能带的波形起伏

对具有单一极值、球形等能面的半导体，分析得到了对导带电子的散射概率 P_s 为

$$P_s = \frac{\varepsilon_c^2 k_0 T (m_n^*)^2}{\pi \rho \hbar^4 u^2} v \tag{4.82}$$

式中，k_0 为玻尔兹曼常数；ρ 为晶格密度；u 为纵弹性波波速；ε_c 称为形变势常数，它表示单位体变所引起导带底的变化，即

$$\Delta E_c = \varepsilon_c \frac{\Delta V}{V_0} \tag{4.83}$$

式中，ΔE_c 是当晶格体积 V_0 改变 ΔV 后引起的导带底的改变。对于价带空穴的散射，也可得到类似的关系。

因为电子热运动速度与 $T^{1/2}$ 成正比，所以由式(4.82)可以看到，声学波散射概率 P_s 与 $T^{3/2}$ 成正比，即

$$P_s \propto T^{3/2} \tag{4.84}$$

对于具有多极值、旋转椭球等能面的锗、硅半导体来说，m_n^* 应取为电子的状态密度有效质量，则长纵声学波的散射概率也为式(4.82)。

横声学波要引起一定的切变，对具有多极值、旋转椭球等能面的硅来说，这一切变也将引起能带极值的变化，而且形变势常数中还应包括切变的影响。因此，对这种半导体，横声学波也参与一定的散射作用。

（3）光学波散射

在离子性半导体中，如 IV-VI 族化合物硫化铅等，离子键占优势；III-V 族化合物砷化镓等，除共价键外，还有离子键成分，长纵光学波有重要的散射作用。在锗、硅等原子半导体中，温度不太低时，光学波也有相当的散射作用。

在离子晶体中，每个原胞内都有正负两个离子，长纵光学波传播时，振动位移相反，如图 4.18(a) 所示。如果只看一种离子，它们和纵声学波一样，形成疏密相间的区域。由于正负离子位移相反，因此，正离子的密区和负离子的疏区相合，正离子的疏区和负离子的密区相合，从而造成在半个波长区域内带正电，另外半个波长区域内带负电。带正负电的区域将产生电场，对载流子增加了一个势场的作用，这个势场就是引起载流子散射的附加势场。

理论分析得到离子晶体中光学波对载流子的散射概率 P_o 与温度的关系为

$$P_o \propto \frac{(\hbar \omega_1)^{3/2}}{(k_0 T)^{1/2}} \times \frac{1}{\exp\left(\frac{\hbar \omega_1}{k_0 T}\right) - 1} \times \frac{1}{f\left(\frac{\hbar \omega_1}{k_0 T}\right)} \tag{4.85}$$

式中，ω_1 为纵光学波振动的角频率；$\hbar \omega_1$ 为对应的声子能量；$f(\hbar \omega_1 / k_0 T)$ 为随 $\hbar \omega_1 /$

$k_0 T$ 缓慢变化的函数，其值为 $0.6 \sim 1$；方括号内表示平均声子数 $\bar{n}_q$。

光学波的频率较高，声子能量较大。当电子和光学声子发生作用时，电子将吸收或发射一个声子，同时电子的能量也改变了一个 $\hbar \omega_1$。如果载流子能量低于 $\hbar \omega_1$，就不会有发射声子的散射，只能出现吸收声子的散射。

散射概率随温度的变化主要取决于式(4.85)方括号中的指数因子。当温度较低时，即 $T \ll \hbar \omega_1 / k_0$ 时，指数因子迅速地随温度的下降而减小，即平均声子数迅速降低，因此散射概率随温度的下降而很快减小，这也说明必须有声子才能发生吸收声子的散射。所以，光学波散射在低温时不起什么作用。随着温度的升高，平均声子数增多，光学波的散射概率迅速增大。

4.5.2.3 其他因素引起的散射

在硅中，一般情况下的主要散射是电离杂质散射和晶格振动散射，但也存在其他因素引起的散射。

（1）等同的能谷间散射

硅的导带具有极值能量相同的 6 个旋转椭球等能面，载流子在这些能谷中分布相同，这些能谷称为等同的能谷。对这种多能谷半导体，电子可以从一个极值附近散射到另一个极值附近，这种散射称为谷间散射。

电子在一个能谷内部散射时，电子只与长波声子发生作用，波矢 k 的变化很小，能量改变也很小，视为弹性散射。当电子发生谷间散射时，情况就有所不同了。例如波矢为 k_1 的电子，当处于波矢为 k_{10} 的极值附近时，它可以被散射到波矢为 k_{20} 的极值附近，波矢改变为 k_2。在这个过程中，电子的准动量有相当大的改变，它的变化为 $\hbar q = \hbar k_2 - \hbar k_1$，因而电子将吸收或发射一个短波声子。从图 4.14 中看到，这种短波声子具有比较高的能量。所以，谷间散射时，电子与短波声子发生作用，同时吸收或发射一个高能量的声子，散射也是非弹性的。

n 型硅有两种类型的谷间散射，一种是从某一能谷散射到同一坐标轴上相对应的另一能谷上去，例如在 [100] 和 [$\bar{1}$00] 方向的两个能谷间的散射，称为 g 散射；另一种是从该能谷散射到其余的一个能谷中去，例如在 [100] 和 [010] 方向的两个能谷间的散射，称为 f 散射。g 散射声子频率约为 $4 \times 10^{12} \mathrm{s}^{-1}$ 和 $1.5 \times 10^{13} \mathrm{s}^{-1}$；f 散射声子频率约为 $1.36 \times 10^{13} \mathrm{s}^{-1}$。

散射概率 P 为

$$P \propto \frac{\left(\frac{E}{\hbar \omega_a} + 1\right)^{1/2}}{\exp\left(\frac{\hbar \omega_a}{k_0 T}\right) - 1} + \frac{Re\left(\frac{E}{\hbar \omega_a} - 1\right)^{1/2}}{\exp\left(\frac{\hbar \omega_a}{k_0 T}\right) - 1} \exp\left(\frac{\hbar \omega_a}{k_0 T}\right) \tag{4.86}$$

式中，第一项对应于吸收一个声子的散射概率 P_a：

$$P_a \propto \frac{\left(\frac{E}{\hbar \omega_a} + 1\right)^{1/2}}{\exp\left(\frac{\hbar \omega_a}{k_0 T}\right) - 1} = \bar{n}_q \left(\frac{E}{\hbar \omega_a} + 1\right)^{1/2} \tag{4.87}$$

可见 P_a 和平均声子数 $\bar{n}_q$ 成正比。第二项对应于发射一个声子的散射概率 P_e：

$$P_e \propto \frac{Re\left(\frac{E}{\hbar\omega_a}-1\right)^{1/2}}{\exp\left(\frac{\hbar\omega_a}{k_0 T}\right)-1} \exp\left(\frac{\hbar\omega_a}{k_0 T}\right) = (\bar{n}_q+1)Re\left(\frac{E}{\hbar\omega_a}-1\right)^{1/2} \tag{4.88}$$

可见 P_e 和 $\bar{n}_q+1$ 成正比。式中，$Re\left[E/\hbar\omega_a-1\right]^{1/2}$ 表示该项只能取实数值，当 $E<\hbar\omega_a$ 时，该项应为零，即不能发生这种发射声子的散射。

温度很低，即当 $T\ll(\hbar\omega_a)/k_0$ 时，P_a 很小；由于电子的平均能量为 $(3/2)k_0 T$，因此 $E<\hbar\omega_a$，因而 P_e 为零，所以，低温时谷间散射很小。

（2）中性杂质散射

低温下杂质没有充分电离，没有电离的杂质呈中性，这种中性杂质也对周期性势场有一定的微扰作用而引起散射。但它只有在杂质浓度很高的重掺杂半导体中，当温度很低，晶格振动散射和电离杂质散射都很微弱的情况下，才起主要的散射作用。

（3）位错散射

在刃形位错处，刃口上的原子共价键不饱和，易于俘获电子成为受主中心。在 n 型材料中，如果位错线俘获了电子，就成为一串负电中心。在带负电的位错线周围形成了一个圆柱形正空间电荷区，这些正电荷是电离了的施主杂质。此圆柱体总电荷是中性的，但是，圆柱体内部存在着电场，所以，这个圆柱形空间电荷区就是引起载流子散射的附加势场。位错散射是各向异性的，电子垂直于空间电荷圆柱运动时将受到散射，但对平行于圆柱体运动的电子影响就不大。散射概率和位错密度有关。实验表明，当位错密度低于 $10^4\mathrm{cm}^{-2}$ 时，位错散射并不显著。但对位错密度很高的材料，位错散射就不能忽略了。

（4）合金散射

随着晶体制备技术的进步，目前三元、四元等多元化合物半导体混合晶体的应用已十分广泛。混合晶体具有两种不同的结构，一种是其中两种同族原子是随机排列的；另一种则是有序排列的。以 $Al_x Ga_{1-x}As$ 混合晶体为例，当 $x=0.5$ 时，其中两种Ⅲ族原子 Al 和 Ga 可以是有序排列的，即晶体由一层 GaAs 和一层 AlAs 交替排列组成，但更大的可能是形成 Al 和 Ga 原子在晶体中随机排列的结构。对于后者的情况，由于 Al 和 Ga 两种不同原子在Ⅲ族晶格位置上的随机排列，对周期性势场产生一定的微扰作用，因而引起对载流子的散射作用，称为合金散射。一般地，对于任一种多元化合物半导体混合晶体，当其中两种同族原子在其晶格中相应的位置上随机排列时，都会产生对载流子的合金散射作用。合金散射是混合晶体中所特有的散射机制，但在原子有序排列的混合晶体中，几乎不存在合金散射效应。

另外，载流子之间也有散射作用，但这种散射只在强简并时才显著。

4.6 载流子的漂移

4.6.1 漂移运动和迁移率

有外加电压时，导体内部的自由电子受到电场力的作用，沿着电场力的反方向做定向运动构成电流。电子在电场力作用下的这种运动称为漂移运动，定向运动的速度称为漂移速度。以金属导体为例，在导体两端加电压 V，导体内就形成电流，电流强度 I 为

$$I = \frac{V}{R} \tag{4.89}$$

式中，R 为导体的电阻。如果 I-V 关系是直线，就是熟知的欧姆定律。

电阻 R 与导体长度 l 成正比，与截面积 s 成反比，即

$$R = \rho \frac{l}{s} \tag{4.90}$$

式中，ρ 为导体的电阻率，单位为 $\Omega \cdot m$，习惯上用 $\Omega \cdot cm$。电阻率的倒数为电导率 σ，即

$$\sigma = \frac{1}{\rho} \tag{4.91}$$

其单位为西门子/米或西门子/厘米（用 S/m 或 S/cm 表示）。

式(4.89) 所示的欧姆定律不能说明导体内部各处电流的分布情况。特别是在半导体中常遇到电流分布不均匀的情况，即流过不同截面的电流强度不一定相同，所以常用电流密度这一概念。电流密度是指通过垂直于电流方向的单位面积的电流，即

$$J = \frac{\Delta I}{\Delta s} \tag{4.92}$$

式中，ΔI 指通过垂直于电流方向的面积元 Δs 的电流强度，电流密度的国际单位为 A/m^2，通常也用 A/cm^2 或 mA/cm^2 来表示。

对一段长为 l、截面积为 s、电阻率为 ρ 的均匀导体，若在其两端加电压 V，则导体内部各处都建立起电场 $\mathscr{E}$，如图 4.20 所示。电场强度

$$\mathscr{E} = \frac{V}{l} \tag{4.93}$$

单位为 V/m 或 V/cm。对于这一均匀导体来说，电流密度

$$J = \frac{I}{s} \tag{4.94}$$

将式(4.93)、式(4.94) 和式(4.90) 代入式(4.89)，再利用式(4.91) 得到

$$J = \sigma \, \mathscr{E} \tag{4.95}$$

式(4.95) 仍表示欧姆定律。它把通过导体中某一点的电流密度和该处的电导率及电场强度直接联系起来，称为欧姆定律的微分形式。

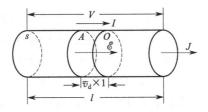

图 4.20 欧姆定律微分形式及电流密度与平均漂移速度分析

如以 $\bar{v}_d$ 表示电子的平均漂移速度，在导体内任作一截面 A，电流强度是 1s 内通过截面 A 的电量。在 A 面右方，距 A 面为 $\bar{v}_d \times 1$ 处作一 O 面，则在 OA 截面间的电子，在 1s 内均能通过 A 面。设 n 为电子浓度，则 OA 间电子数为 $n(\bar{v}_d \times 1)s$，乘以电子电量即为电流，所以

$$I = -nq(\bar{v}_d \times 1)s \tag{4.96}$$

由式(4.94)，得到

$$J = -nq\bar{v}_d \tag{4.97}$$

由式（4.95）和式（4.97）可以看到，当导体内部电场恒定时，电子应具有一个恒定不变的平均漂移速度。电场强度增大时，电流密度也相应地增大。因而平均漂移速度也随着电场强度 $\mathscr{E}$ 的增大而增大，反之亦然。所以平均漂移速度的大小与电场强度成正比，可以写为

$$\bar{v}_\mathrm{d} = \mu \mathscr{E} \tag{4.98}$$

式中，μ 称为电子的迁移率，表示单位场强下电子的平均漂移速度，单位是 $\mathrm{m^2/(V \cdot s)}$ 或 $\mathrm{cm^2/(V \cdot s)}$。因为电子带负电，所以一般应和电场 $\mathscr{E}$ 反向，但习惯上迁移率只取正值，即

$$\mu = \left| \frac{v_\mathrm{d}}{\mathscr{E}} \right| \tag{4.99}$$

将式（4.98）代入式（4.97），得到

$$J = nq\mu \mathscr{E} \tag{4.100}$$

再与式（4.95）相比，得到

$$\sigma = nq\mu \tag{4.101}$$

式（4.101）为电导率和迁移率间的关系。

如图 4.21 所示，一块均匀半导体，两端加以电压，在半导体内部就形成电场，方向如图所示。因为电子带负电，空穴带正电，所以两者漂移运动的方向不同，电子反电场方向漂移，空穴沿电流方向漂移。但是，形成的电流都是沿着电场方向，因而半导体中的导电作用应该是电子导电和空穴导电的总和。

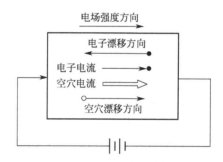

图 4.21　电子漂移电流和空穴漂移电流

导电的电子是在导带中，它们是脱离了共价键可以在半导体中自由运动的电子；而导电的空穴是在价带中，空穴电流实际上是代表了共价键上的电子在价键间运动时所产生的电流。显然，在相同电场作用下，两者的平均漂移速度不会相同，而且，导带电子平均漂移速度要大些。就是说，电子迁移率与空穴迁移率不相等，前者要大些。以 μ_n、μ_p 分别代表电子和空穴迁移率，J_n、J_p 分别代表电子和空穴电流密度，n、p 分别代表电子和空穴浓度，则总电流密度 J 应为

$$J = J_\mathrm{n} + J_\mathrm{p} = (nq\mu_\mathrm{n} + pq\mu_\mathrm{p})\mathscr{E} \tag{4.102}$$

在电场强度不太大时，J 与 $\mathscr{E}$ 间仍遵循欧姆定律式（4.95）。将式（4.102）与式（4.95）两式相比较，得到半导体的电导率 σ 为

$$\sigma = nq\mu_\mathrm{n} + pq\mu_\mathrm{p} \tag{4.103}$$

式（4.103）表示半导体材料的电导率与载流子浓度和迁移率间的关系。

对于两种载流子的浓度相差很悬殊而迁移率差别不太大的掺杂半导体来说，它的电导率主要取决于多数载流子。对于 n 型半导体，$n \gg p$，空穴对电流的贡献可以忽略，其电导

率为

$$\sigma = nq\mu_n \tag{4.104}$$

对于 p 型半导体，$p \gg n$，电子对电流的贡献可以忽略，其电导率为

$$\sigma = pq\mu_p \tag{4.105}$$

对于本征半导体，$n = p = n_i$，其电导率为

$$\sigma_i = n_i q(\mu_n + \mu_p) \tag{4.106}$$

4.6.2 平均自由时间和散射概率的关系

载流子在电场中做漂移运动时，只有在连续两次散射之间的时间内才做加速运动，这段时间称为自由时间。自由时间长短不一，其平均值则称为载流子的平均自由时间，常用 τ 来表示。

平均自由时间和散射概率是描述散射过程的两个重要参量，下面以电子运动为例来求得两者的关系。

设有 N 个电子以速度 v 沿某方向运动，$N(t)$ 表示在 t 时刻尚未遭到散射的电子数，按散射概率的定义，在 $t \sim (t + \Delta t)$ 时间内被散射的电子数为

$$N(t)P\Delta t \tag{4.107}$$

所以 $N(t)$ 应比 $t + \Delta t$ 时尚未遭受散射的电子数 $N(t + \Delta t)$ 多 $N(t)P\Delta t$，即

$$N(t) - N(t + \Delta t) = N(t)P\Delta t \tag{4.108}$$

当 Δt 很小时，可以写为

$$\frac{dN(t)}{dt} = \lim_{\Delta t \to 0} \frac{N(t + \Delta t) - N(t)}{\Delta t} = -PN(t) \tag{4.109}$$

上式解为

$$N(t) = N_0 e^{-Pt} \tag{4.110}$$

式中，N_0 是 $t = 0$ 时未遭散射的电子数。将式（4.110）代入式（4.107），得到在 $t \sim (t + \Delta t)$ 时间内被散射的电子数为

$$N_0 P e^{-Pt} dt \tag{4.111}$$

在 $t \sim (t + \Delta t)$ 时间内遭到散射的所有电子的自由时间均为 t，$tN_0 P e^{-Pt} dt$ 是这些电子自由时间的总和。对所有时间积分，就得到 N_0 个电子自由时间的总和，再除以 N_0 便得到平均自由时间，即

$$\tau = \frac{1}{N_0} \int_0^\infty t N_0 P e^{-Pt} dt = \frac{1}{P} \tag{4.112}$$

这就是说，平均自由时间的数值等于散射概率的倒数。

4.6.3 迁移率与平均自由时间的关系

通过计算外电场作用下载流子的平均漂移速度，可以求得载流子的迁移率和电导率。设沿 x 方向施加强度为 $\mathscr{E}$ 的电场，电子具有各向同性的有效质量 m_n^*，如在 $t = 0$ 时某个电子恰好遭到散射，散射后沿 x 方向的速度为 v_{x0}，经过时间 t 后又遭到散射，在此期间做加速运动，则再次散射前的速度 v_x 为

$$v_x = v_{x0} - \frac{q}{m_n^*} \mathscr{E} t \tag{4.113}$$

假定每次散射后 v_0 方向完全无规则，即散射后向各个方向运动的概率相等，则多次散射后，v_0 在 x 方向分量的平均值应为零。所以

$$\bar{v}_x = -\frac{q}{m_n^*} \mathcal{E} \tau_n \qquad (4.114)$$

式中，τ_n 表示电子的平均自由时间。根据迁移率定义

$$\mu = \frac{|\bar{v}_x|}{\mathcal{E}}$$

得到电子迁移率

$$\mu_n = \frac{q}{m_n^*} \tau_n \qquad (4.115)$$

同理得空穴迁移率为

$$\mu_p = \frac{q}{m_p^*} \tau_p \qquad (4.116)$$

式中，τ_p 表示空穴的平均自由时间。

4.6.4 迁移率与杂质和温度的关系

因为 τ 是散射概率的倒数，根据式(4.74)、式(4.84) 和式(4.85)，可以得到不同散射机构的平均自由时间与温度的关系为

电离杂质散射：$\qquad\qquad \tau_i \propto N_i^{-1} T^{3/2} \qquad\qquad\qquad (4.117)$

声学波散射：$\qquad\qquad\quad \tau_s \propto T^{-3/2} \qquad\qquad\qquad (4.118)$

光学波散射：$\qquad\qquad \tau_0 \propto \left[\exp\left(\frac{\hbar \omega_1}{k_0 T} \right) - 1 \right] \qquad (4.119)$

式中，τ_i、τ_s、τ_0 分别表示电离杂质散射、声学波和光学波散射的平均自由时间。

对不同散射机构，根据式(4.115) 可得到迁移率与温度的关系为

电离杂质散射：$\qquad\qquad \mu_i \propto N_i^{-1} T^{3/2} \qquad\qquad\qquad (4.120)$

声学波散射：$\qquad\qquad\quad \mu_s \propto T^{-3/2} \qquad\qquad\qquad (4.121)$

光学波散射：$\qquad\qquad \mu_0 \propto \left[\exp\left(\frac{\hbar \omega_1}{k_0 T} \right) - 1 \right] \qquad (4.122)$

当然，任何时候都有几种散射机构同时存在，因而需要把各种散射机构的散射概率相加，得到总的散射概率 P，从而平均自由时间为

$$\tau = \frac{1}{P} = \frac{1}{P_1 + P_2 + P_3 + \cdots} \qquad (4.123)$$

即

$$\frac{1}{\tau} = P_1 + P_2 + P_3 + \cdots = \frac{1}{\tau_1} + \frac{1}{\tau_2} + \frac{1}{\tau_3} + \cdots \qquad (4.124)$$

除以 q/m_n^*，得到

$$\frac{1}{\mu} = \frac{1}{\mu_1} + \frac{1}{\mu_2} + \frac{1}{\mu_3} + \cdots \qquad (4.125)$$

下面定性分析迁移率随杂质浓度和温度的变化。

对硅等元素半导体，主要的散射机构是声学波散射和电离杂质散射。根据式(4.121) 和

式(4.120)，μ_s 和 μ_i 可写为

$$\mu_s = \frac{q}{m^*} \times \frac{1}{AT^{3/2}}, \mu_i = \frac{q}{m^*} \times \frac{T^{3/2}}{BN_i}$$

根据式(4.125)，得到

$$\frac{1}{\mu} = \frac{1}{\mu_s} + \frac{1}{\mu_i}$$

所以

$$\mu = \frac{q}{m^*} \times \frac{1}{AT^{3/2} + \dfrac{BN_i}{T^{3/2}}} \tag{4.126}$$

（1）硅中电子及空穴迁移率随温度和杂质浓度的变化规律

实验测得硅半导体中迁移率的变化规律如图 4.22 所示。在高纯样品（如 $N_i = 10^{13}\text{cm}^{-3}$）或杂质浓度较低的样品（如 $N_i = 10^{17}\text{cm}^{-3}$）中，迁移率随温度升高迅速减小。这是因为 N_i 很小，则 $BN_i/T^{3/2}$ 一项可略去，晶格散射起主要作用，所以迁移率随温度增加而降低；但对数曲线的斜率偏离 $-3/2$，这是由于还有其他散射机构所致。当杂质浓度增加时，迁移率下降趋势就不太显著了，这说明杂质散射机构的影响在逐渐加强。当杂质浓度高到 10^{18}cm^{-3} 以上后，在低温范围，随着温度的升高，电子迁移率反而缓慢上升，到一定温度后才稍有下降。这说明温度低时，杂质散射起主要作用，式(4.126)分母中 $BN_i/T^{3/2}$ 项增大，晶格振动散射与前者相比，影响不大，所以迁移率随温度升高而逐渐变大。温度继续升高，又以晶格振动散射为主，故迁移率下降。

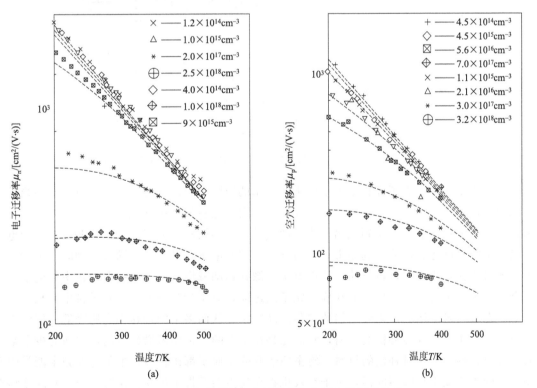

图 4.22 硅中电子和空穴迁移率与杂质和温度的关系

(2) 少数载流子迁移率和多数载流子迁移率

随着半导体器件不断的发展，对重掺杂区中少数载流子迁移率的研究得到重视。研究发现，低掺杂时，少子与多子迁移率是一样的；杂质浓度增大到一定程度后，少子迁移率大于相同掺杂浓度下的多子迁移率。下面简要介绍一下对硅的研究结果。

图 4.23 表示硅在室温时多子迁移率和少子迁移率与杂质浓度的关系。所谓多子迁移率是指 n 型材料中的电子迁移率或 p 型材料中的空穴迁移率，n 型材料中的空穴迁移率和 p 型材料中的电子迁移率即为少子迁移率。可以看到：①杂质浓度较低时，多子和少子电子迁移率趋近于相同的值，即 $\mu_n \approx 1330 \mathrm{cm}^2/(\mathrm{V \cdot s})$。②同样地，杂质浓度较低时空穴的多子与少子迁移率也趋近于相同的数值，即 $\mu_p \approx 495 \mathrm{cm}^2/(\mathrm{V \cdot s})$。③当杂质浓度增大时，电子与空穴的多子少子迁移率都单调下降。④对给定的杂质浓度，电子与空穴的少子迁移率均大于相同杂质浓度下的多子迁移率。⑤相同杂质浓度下少子与多子迁移率的差别，随着杂质浓度的增大而增大。

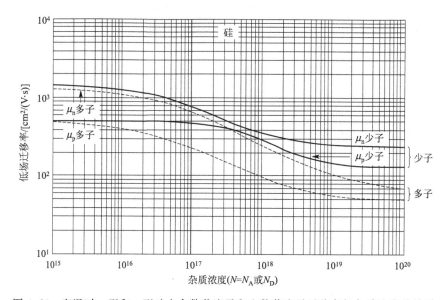

图 4.23　室温时 n 型和 p 型硅中多数载流子和少数载流子迁移率与杂质浓度的关系

杂质浓度增大后少子迁移率大于多子迁移率的原因可以认为是：重掺杂时杂质能级扩展为杂质能带所致。例如杂质浓度很高的 n 型硅，由于施主能级扩展成杂质能带，导致禁带变窄，导带中运动的电子除受到电离杂质的散射外，还会被施主能级俘获，这些被俘获的电子经过一定的时间还会被释放到导带中参与导电。这些电子在导带中做漂移运动时，不断地被施主能级俘获，再释放，再俘获，使得电子的漂移运动减慢。此外一些杂质带中的电子，由于杂质原子轨道的重叠，也可能在施主原子间运动，而不参与导电。因此导带中有相当一部分电子在杂质带上运动，以致它们的漂移速度减小，从而多子的迁移率有所降低。但价带中的空穴，对非补偿或轻补偿的材料，它们还是在正常的价带中做漂移运动，因而对少子空穴的迁移率影响不大。对补偿的材料，施主原子和受主原子都比较多，电子将在施主能带中运动，如受主杂质也足够多的话，少子空穴也将在受主杂质带中运动，这时少子空穴的迁移率也与受主杂质浓度有关。以上定性地说明了少子迁移率大于多子迁移率的原因。

表 4.1 给出了较纯的锗、硅和砷化镓在 300K 时迁移率的数值。

表 4.1　300K 时较纯样品的迁移率

材料	电子迁移率/$[cm^2/(V \cdot s)]$	空穴迁移率/$[cm^2/(V \cdot s)]$
硅	1400	500
锗	3800	1800
砷化镓	8000	400

还要指出，对于补偿的材料，载流子浓度取决于两种杂质浓度之差，但是载流子迁移率与电离杂质总浓度有关。

4.7　杂质能级的电子占据概率* （选修）

电子占据半导体能带中能量为 E 的量子态的概率由式(4.10) 表示的费米分布函数确定，但是电子占据施主能级或受主能级的概率与前者略有不同。这是因为在能带中的一个能级可以同时被自旋方向相反的两个电子占据，而在杂质能级上却不是这样。例如对于施主能级来说，它或者被具有某一自旋方向的电子占据，或者不被电子占据即空的，而绝不能同时被两个电子占据。正是上述差别使电子占据施主能级的概率不能用式(4.10) 确定。

4.7.1　电子占据杂质能级概率的讨论

下面以只含一种施主杂质的 n 型半导体为例，讨论电子占据施主能级的概率。设 N_D 为施主杂质浓度；n_D 为未电离的施主浓度，也就是有 n_D 个电子占据了施主能级；电离施主浓度为 $N_D - n_D$，也就是 $N_D - n_D$ 个电子进入了导带中。如果能够确定 N_D 个电子中，n_D 个电子如何分布在施主能级上，$N_D - n_D$ 个电子如何分布在导带的能级中，那么电子占据施主能级的概率也就被确定了。

根据统计物理方法，可分三步讨论。第一步，讨论 n_D 个电子在 N_D 个施主能级上可有多少种分配方式；第二步，讨论 $N_D - n_D$ 个电子在导带的量子态上有多少种分配方式；第三步，讨论 N_D 个电子在施主能级及导带中的量子态上总的分配方式数。最后求得电子在施主能级上的统计分布函数，从而确定出电子占据施主能级的概率。同时也求得电子占据导带中的量子态概率。

（1）n_D 个电子在 N_D 个施主能级上的分配方式数

这个问题可以这样考虑，第一个电子可放在 N_D 个能级中的任何一个上，故有 N_D 个分配方式，则第二个电子将有 $N_D - 1$ 个分配方式……最后一个电子有 $N_D - n_D + 1$ 个分配方式。因而共有 $N_D (N_D - 1) (N_D - 2) \cdots (N_D - n_D + 1)$ 个分配方式，即

$$N_D(N_D-1)(N_D-2)\cdots(N_D-n_D+1)=\frac{N_D!}{(N_D-n_D)!}$$

因为电子是全同粒子，电子互相交换仍为同一种分配方式，所以上述分配方式数中应除去 n_D 个电子相互交换的数目 $n_D!$。即分配方式数为

$$\frac{N_D!}{(N_D-n_D)!n_D!}$$

又由于电子占据施主能级时，若有 g_D 种占据方式，则 n_D 个电子有 $g_D^{n_D}$ 个占据方式。因此，n_D 个电子在 N_D 个施主能级中的分配方式数 W_1 为

$$W_1 = \frac{N_D!}{(N_D - n_D)! \, n_D!} g_D^{n_D} \tag{4.127}$$

(2) $N_D - n_D$ 个电子在导带的量子态上的分配方式数

设导带中能量为 E_1 的量子态有 g_1 个,能量为 E_2 的量子态有 g_2 个,$\cdots$,能量为 E_i 的量子态有 g_i 个。若 n_1 个电子的能量为 E_1,n_2 个电子的能量为 E_2,$\cdots$,则 n_i 个电子的能量为 E_i。若将自旋考虑在内,则导带中的一个量子态最多只能被一个电子占据。所以电子数 n_i 不能大于量子态数 g_i,即 $n_i \leqslant g_i$。又因 n_i 个电子在 g_i 个量子态中的可能分配方式数为

$$\frac{g_i!}{(g_i - n_i)! \, n_i!}$$

所以 $N_D - n_D$ 个电子在 g_1、g_2、$\cdots$、g_i 个量子态中的分配方式数 W_2 显然应该是

$$W_2 = \frac{g_1!}{(g_1 - n_1)! \, n_1!} \times \frac{g_2!}{(g_2 - n_2)! \, n_2!} \times \cdots \frac{g_i!}{(g_i - n_i)! \, n_i!} = \prod_i \frac{g_i!}{(g_i - n_i)! \, n_i!} \tag{4.128}$$

(3) N_D 个电子在施主能级和导带中的量子态上的分配方式数

总数 W 应为 $W_1 W_2$,即

$$W = W_1 W_2 = \frac{N_D!}{(N_D - n_D)! \, n_D!} g_D^{n_D} \prod_i \frac{g_i!}{(g_i - n_i)! \, n_i!} \tag{4.129}$$

W 也称为热力学概率。这 N_D 个电子还必须遵守粒子守恒和能量守恒定律,即

$$N_D = n_D + \sum_i n_i, \quad E = n_D E_D + \sum_i n_i E_i \tag{4.130}$$

式中,E 是电子系统的能量;E_D 是施主能级的能量。

4.7.2　求解统计分布函数

热力学概率 W 和电子系统的熵 S 之间的关系为

$$S = k_0 \ln W \tag{4.131}$$

当系统的熵为最大时,系统处于热平衡状态。这时,上式中的 $\ln W$ 也应为最大,故在热平衡状态时应有关系式

$$\delta \ln W = 0 \tag{4.132}$$

以及约束条件

$$\delta N_D = 0, \delta E = 0 \tag{4.133}$$

将式(4.129)取对数得

$$\ln W = \ln N_D! - \ln n_D! - \ln(N_D - n_D)! + n_D \ln g_D + \sum_i [\ln g_i! - \ln n_i! - \ln(g_i - n_i)!]$$

利用斯特林公式 $\ln x! \approx x \ln x - x$,化简上式得

$$\ln W \approx N_D(\ln N_D - 1) - n_D(\ln n_D - 1) - (N_D - n_D)[\ln(N_D - n_D) - 1] + n_D \ln g_D +$$
$$\sum_i \{g_i(\ln g_i - 1) - n_i(\ln n_i - 1) - (g_i - n_i)[\ln(g_i - n_i) - 1]\} \tag{4.134}$$

所以

$$\delta \ln W = [\ln(N_D - n_D) - \ln n_D + \ln g_D] \delta n_D + \sum_i [\ln(g_i - n_i) - \ln n_i] \delta n_i \tag{4.135}$$

而

$$\delta N_D = \delta n_D + \sum_i \delta n_i \tag{4.136}$$

$$\delta E = E_D \delta n_D + \sum_i E_i \delta n_i \tag{4.137}$$

采用拉格朗日乘子法,用 α 乘 δN_D,用 β 乘 δE,并从 $\delta \ln W$ 中减去得

$$[\ln(N_D - n_D) - \ln n_D + \ln g_D - \alpha - \beta E_D] \delta n_D + \sum_i [\ln(g_i - n_i) - \ln n_i - \alpha - \beta E_i] \delta n_i = 0 \tag{4.138}$$

故

$$\ln(N_D - n_D) - \ln n_D + \ln g_D - \alpha - \beta E_D = 0 \tag{4.139}$$

$$\ln(g_i - n_i) - \ln n_i - \alpha - \beta E_i = 0 \tag{4.140}$$

根据式 (4.139) 得

$$f_D(E) = \frac{n_D}{N_D} = \frac{1}{1 + \dfrac{1}{g_D} \exp(\alpha + \beta E_i)} \tag{4.141}$$

由式 (4.140) 得

$$f_i(E_i) = \frac{n_i}{g_i} = \frac{1}{1 + \exp(\alpha + \beta E_i)} \tag{4.142}$$

可以证明 $\beta = 1/(k_0 T)$，而 $\alpha = -E_F/(k_0 T)$。因此以上两式为

$$f_D(E) = \frac{n_D}{N_D} = \frac{1}{1 + \dfrac{1}{g_D} \exp\left(\dfrac{E_D - E_F}{k_0 T}\right)} \tag{4.143}$$

$$f_i(E_i) = \frac{n_i}{g_i} = \frac{1}{1 + \exp\left(\dfrac{E_i - E_F}{k_0 T}\right)} \tag{4.144}$$

式 (4.143) 就是所求的电子占据施主能级的概率，也就是电子在施主能级上的统计分布函数。可见它和式 (4.10) 的差别是在 $f_D(E)$ 的分母中指数项前面出现了系数 $1/g_D$。而式 (4.144) 表示进入导带的电子占据一个量子态的概率，如果将式中的下标 i 去掉，它就和式 (4.10) 完全一样，这说明在导带中电子占据量子态的概率并没有因为考虑了施主杂质而发生什么变化。另外，费米能级 E_F 在 $f_D(E)$ 及 $f_i(E_i)$ 中是相同的，它说明导带中的电子子系统是和施主能级上的电子子系统处于热平衡状态的。

上述结果应用于在硅中掺入的 V 族杂质时，因 V 族杂质中的四个价电子束缚在价键中，只有第五个价电子可以取任一方向的自旋，它占据一个施主能级的概率就由式 (4.143) 决定。

同理，我们可以推导电子占据受主能级的概率。因为对于受主能级来说它只可能是下述两种情况中的一种：第一，不接受电子，这时受主能级上有一个任一自旋方向的电子；第二，接受一个电子，这时受主能级上有两个自旋方向相反的电子。而情况一实际上相当于受主能级上被一个空穴占据，情况二相当于受主能级上没有空穴占据。所以推导电子占据受主能级的概率问题，可换成讨论空穴占据受主能级的概率。经过与推导电子占据施主能级的概率类似的步骤，可以推得空穴占据受主能级的概率为

$$f_A(E) = \frac{p_A}{N_A} = \frac{1}{1 + \dfrac{1}{g_A} \exp\left(\dfrac{E_F - E_A}{k_0 T}\right)} \tag{4.145}$$

式中，N_A 为受主杂质浓度；p_A 为未电离受主浓度，也是被空穴占据的受主能级数；E_A 是受主能级的能量；E_F 是费米能级；$f_A(E)$ 就是空穴占据受主能级的概率，也就是空穴在受主能级上的统计分布函数。同时推得的电子占据价带中量子态的概率和式 (4.10) 完全一样，故不再写出。从式 (4.143) 和式 (4.145) 两式中可以看到，两者的形式完全类似。它们的指数前面有因子 $1/g_D$ 或 $1/g_A$，g_D 是施主能级的基态简并度，g_A 是受主能级的基态简并度，通常称为简并因子。

习 题

4.1 当 $E-E_F$ 为 $1.5k_0T$、$4k_0T$、$10k_0T$ 时，分别用费米分布函数和玻尔兹曼分布函数计算电子占据各能级的概率。

4.2 计算硅在 $-78℃$、$27℃$、$300℃$ 时的本征费米能级，假定它在禁带中线附近合理吗？

4.3 在室温下，锗的有效态密度 $N_c=1.05\times10^{19}\,cm^{-3}$，$N_v=3.9\times10^{18}\,cm^{-3}$，试求锗的载流子有效质量 m_n^*、m_p^* 并计算 77K 时的 N_c 和 N_v。已知 300K 时，$E_g=0.67eV$；77K 时，$E_g=0.76eV$。求这两个温度时锗的本征载流子浓度。77K 时，锗的电子浓度为 $10^{17}\,cm^{-3}$，假定受主浓度 $N_A=0$，而 $E_c-E_D=0.01eV$，求此时的施主浓度 N_D。

4.4 计算施主杂质浓度分别为 $10^{16}\,cm^{-3}$、$10^{18}\,cm^{-3}$、$10^{19}\,cm^{-3}$ 的硅在室温下的费米能级，并假定杂质全部电离，再用算出的费米能级核对一下上述假定是否在每一种情况下都成立。计算时，取施主能级在导带底下面 $0.05eV$ 处。

4.5 以施主杂质电离 90% 作为强电离的标准，求掺砷的 n 型硅在 300K 时，以杂质电离为主的饱和区掺杂质的浓度范围。

4.6 施主浓度为 $10^{13}\,cm^{-3}$ 的 n 型硅，计算 400K 时的本征载流子浓度、多子浓度、少子浓度。

4.7 掺磷的 n 型硅，已知磷的电离能为 $0.044eV$，求室温下杂质一半电离时费米能级的位置和磷的浓度。

参 考 文 献

[1] 黄昆，谢希德. 半导体物理学 [M]. 北京：科学出版社，1958.

[2] 谢希德，方俊鑫. 固体物理学 [M]. 上海：上海科学技术出版社，1961.

[3] 刘恩科，朱秉升，罗晋生. 半导体物理学 [M]. 北京：电子工业出版社，2011.

[4] 周世勋. 量子力学 [M]. 上海：上海科学技术出版社，1961.

第 **5** 章

载流子的产生和复合

5.1 非平衡载流子的注入方式和复合概念

处于热平衡状态的半导体，在一定温度下，载流子浓度是一定的。这种处于热平衡状态的载流子浓度，称为平衡载流子浓度。前面各章讨论的都是平衡载流子。用 n_0 和 p_0 分别表示平衡电子浓度和空穴浓度，它们的乘积满足下式：

$$n_0 p_0 = N_v N_c \exp\left(-\frac{E_g}{k_0 T}\right) = n_i^2 \tag{5.1}$$

上式中本征载流子浓度 n_i 只是温度的函数，在非简并情况下，无论掺杂多少，平衡载流子浓度 n_0 和 p_0 都必定满足式(5.1)，因而式(5.1) 也是非简并半导体处于热平衡状态的判据式。

半导体的热平衡状态是相对的、有条件的，如果对半导体施加外界作用，破坏了热平衡的条件，这就迫使它处于与热平衡状态相偏离的状态，称为非平衡状态。处于非平衡状态的半导体，其载流子浓度也不再是 n_0 和 p_0，可以比它们多出一部分。比平衡状态多出来的这部分载流子称为非平衡载流子，有时也称为过剩载流子。

例如在一定温度下，当没有光照时，一块半导体中的电子和空穴浓度分别为 n_0 和 p_0。假设是 n 型半导体，则 $n_0 \gg p_0$，其能带分布如图 5.1 所示。当用适当波长的光照射该半导体时，只要光子的能量大于该半导体的禁带宽度，那么光子就能把价带电子激发到导带上去，产生电子-空穴对，使导带比平衡时多出一部分电子 Δn，价带比平衡时多出一部分空穴 Δp。它们被形象地表示在了图 5.1 的方框中，Δn 和 Δp 就是非平衡载流子浓度。这时把非平衡电子称为非平衡多数载流子，而把非平衡空穴称为非平衡少数载流子。对 p 型材料则相反。

用光照使得半导体内部产生非平衡载流子的方法，称为非平衡载流子的光注入。光注入时

$$\Delta n = \Delta p \tag{5.2}$$

在一般情况下，注入的非平衡载流子浓度比平衡时的多数载流子浓度小得多。对 n 型材料，$\Delta n \ll n_0$，满足这个条件的注入称为小注入。例如 $1\Omega \cdot cm$ 的 n 型硅中，$n_0 \approx 5.5 \times 10^{15} \, cm^{-3}$，$p_0 \approx 3.1 \times 10^4 \, cm^{-3}$，若注入的非平衡载流子浓度 $\Delta n = \Delta p = 10^{10} \, cm^{-3}$，$\Delta n \ll n_0$，是小注入，但是 Δp 几乎

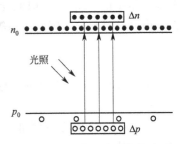

图 5.1 光照产生非平衡载流子

是 p_0 的 10^6 倍,即 $\Delta p \gg p_0$。这个例子说明,即使在小注入的情况下,非平衡少数载流子浓度还是可以比平衡少数载流子浓度大得多,它的影响就显得十分重要了,而相对来说非平衡多数载流子的影响可以忽略。所以实际上往往是非平衡少数载流子起着重要作用,通常说的非平衡载流子都是指非平衡少数载流子。

光注入必然导致半导体电导率增大,即引起附加电导率 $\Delta\sigma$ 为

$$\Delta\sigma = \Delta n q \mu_n + \Delta p q \mu_p = \Delta p q (\mu_n + \mu_p) \tag{5.3}$$

要破坏半导体的平衡态,对它施加的外部作用可以是光的,也可以是电的或其他能量传递的方式。相应地,除了光照,还可以用其他方法产生非平衡载流子,最常用的是用电的方法,称为非平衡载流子的电注入。

当产生非平衡载流子的外部作用撤除以后,注入的非平衡载流子并不能一直存在下去。外部作用停止后,它们要逐渐消失,也就是原来激发到导带的电子又回到价带,电子和空穴又成对地消失了。最后,载流子浓度恢复到平衡时的值,半导体又回到平衡态。这一过程称为非平衡载流子的复合。

然而,热平衡并不是一种绝对静止的状态。就半导体中的载流子而言,任何时候电子和空穴总是不断地产生和复合。在热平衡状态,产生和复合处于相对的平衡,每秒产生的电子数目和空穴数目与复合掉的数目相等,从而保持载流子浓度稳定不变。

当用光照射半导体时,打破了产生与复合的相对平衡,产生超过了复合,在半导体中产生了非平衡载流子,半导体处于非平衡态。

光照停止时,半导体中仍然存在非平衡载流子。由于电子和空穴的数目比热平衡时增多了,它们在热运动中相遇而复合的机会也将增大。这时复合超过了产生而造成一定的净复合,非平衡载流子逐渐消失,最后恢复到平衡值,半导体又回到了热平衡状态。

5.2 非平衡载流子的寿命

光照消失后,非平衡载流子并不是立刻全部消失,而是有一个过程,即它们在导带和价带中有一定的生存时间,有的长些,有的短些。非平衡载流子的平均生存时间称为非平衡载流子的寿命,用 τ 表示。由于相对于非平衡多数载流子,非平衡少数载流子的影响处于主导地位,因此非平衡载流子的寿命常称为少数载流子寿命。显然,$1/\tau$ 就表示单位时间内非平衡载流子的复合概率(类比 4.7.2 节)。通常把单位时间单位体积内净复合消失的电子-空穴对数称为非平衡载流子的复合率。很明显,$\Delta p / \tau$ 就代表复合率。

假定一束光在一块 n 型半导体内部均匀地产生非平衡载流子 Δn 和 Δp,在 $t=0$ 时刻,光照突然停止,Δp 将随时间变化;单位时间内非平衡载流子浓度的减少应为 $-\mathrm{d}\Delta p(t)/\mathrm{d}t$,它是由复合引起的,因此应当等于非平衡载流子的复合率,即

$$\frac{\mathrm{d}\Delta p(t)}{\mathrm{d}t} = -\frac{\Delta p(t)}{\tau} \tag{5.4}$$

小注入时,τ 是一恒量,与 $\Delta p(t)$ 无关,式(5.4)的通解为

$$\Delta p(t) = C \mathrm{e}^{-t/\tau} \tag{5.5}$$

设 $t=0$ 时刻光照停止,其非平衡载流子浓度为 $(\Delta p)_0$,代入式(5.5)得 $C = (\Delta p)_0$,则

$$\Delta p(t) = (\Delta p)_0 \mathrm{e}^{-t/\tau} \tag{5.6}$$

这就是非平衡载流子浓度随时间按指数衰减的规律，如图 5.2 所示。

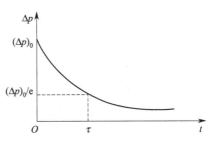

图 5.2　非平衡载流子随时间的衰减

利用式(5.6)可以求出非平衡载流子平均生存的时间 $\bar{t}$ 就是 τ，即

$$\bar{t} = \int_0^\infty t\,\Delta p(t)\,\mathrm{d}t \Big/ \int_0^\infty \Delta p(t)\,\mathrm{d}t = \int_0^\infty t\,\mathrm{e}^{-\frac{t}{\tau}}\,\mathrm{d}t \Big/ \int_0^\infty \mathrm{e}^{-\frac{t}{\tau}}\,\mathrm{d}t = \tau \tag{5.7}$$

由式(5.6)也容易得到 $\Delta p(t+\tau) = \Delta p(t)/\mathrm{e}$。所以寿命标志着非平衡载流子浓度减小到原值的 $1/\mathrm{e}$ 所经历的时间。寿命不同，非平衡载流子衰减的快慢不同。寿命越短，衰减越快。

5.3　准费米能级

半导体中的电子系统处于热平衡状态时，在整个半导体中有统一的费米能级，电子和空穴浓度都用它来描述。在非简并情况下

$$n_0 = N_\mathrm{c}\exp\left(-\frac{E_\mathrm{c}-E_\mathrm{F}}{k_0 T}\right), \quad p_0 = N_\mathrm{v}\exp\left(\frac{E_\mathrm{v}-E_\mathrm{F}}{k_0 T}\right) \tag{5.8}$$

正因为有统一的费米能级 E_F，热平衡状态下，半导体中电子和空穴浓度的乘积必定满足式(5.1)。统一的费米能级是热平衡状态的标志。

当外界的影响破坏了热平衡，使半导体处于非平衡状态时，就不再存在统一的费米能级，这是因为前面讲的费米能级和统计分布函数都是指的热平衡状态。事实上，电子系统的热平衡状态是通过跃迁实现的。在一个能带内不同的能级间，热跃迁十分频繁，极短时间内就能导致一个能带内的热平衡。然而，电子在两个能带之间，例如导带和价带之间的热跃迁就稀少得多，因为中间还隔着禁带。

当半导体的平衡态遭到破坏而存在非平衡载流子时，由于上述原因，可以认为，分别就价带和导带中的电子讲，它们各自基本上处于平衡态，而导带和价带之间处于不平衡状态。因而费米能级和统计分布函数对导带和价带各自仍然是适用的，可以分别引入导带费米能级和价带费米能级，它们都是局部的费米能级，称为"准费米能级"。导带和价带间的不平衡就表现在它们的准费米能级是不重合的。导带的准费米能级也称电子准费米能级，用 E_Fn 表示；相应地，价带的准费米能级称为空穴准费米能级，用 E_Fp 表示。

引入准费米能级后，非平衡状态下的载流子浓度也可以用与平衡载流子浓度类似的公式来表达：

$$n = N_\mathrm{c}\exp\left(-\frac{E_\mathrm{c}-E_\mathrm{Fn}}{k_0 T}\right), \quad p = N_\mathrm{v}\exp\left(\frac{E_\mathrm{v}-E_\mathrm{Fp}}{k_0 T}\right) \tag{5.9}$$

知道了载流子浓度，便可以由上式确定准费米能级 E_Fn 和 E_Fp 的位置了。只要载流子浓度不是太高，E_Fn 和 E_Fp 没有进入导带或价带，此式就总是适用的。

根据式(5.9)，n 和 n_0 及 p 和 p_0 的关系可表示为

$$\begin{cases} n = N_\mathrm{c}\exp\left(-\dfrac{E_\mathrm{c}-E_\mathrm{Fn}}{k_0 T}\right) = n_0\exp\left(\dfrac{E_\mathrm{Fn}-E_\mathrm{F}}{k_0 T}\right) = n_\mathrm{i}\exp\left(\dfrac{E_\mathrm{Fn}-E_\mathrm{i}}{k_0 T}\right) \\[3mm] p = N_\mathrm{v}\exp\left(\dfrac{E_\mathrm{v}-E_\mathrm{Fp}}{k_0 T}\right) = p_0\exp\left(\dfrac{E_\mathrm{F}-E_\mathrm{Fp}}{k_0 T}\right) = n_\mathrm{i}\exp\left(\dfrac{E_\mathrm{i}-E_\mathrm{Fp}}{k_0 T}\right) \end{cases} \tag{5.10}$$

由（5.10）可以明显地看出，无论是电子还是空穴，非平衡载流子越多，准费米能级偏离 E_F 就越远。但是 E_{Fn} 及 E_{Fp} 偏离 E_F 的程度是不同的。例如对于 n 型半导体，在小注入条件下，即 $\Delta n \ll n_0$ 时，显然有 $n > n_0$，且 $n \approx n_0$，因而 E_{Fn} 比 E_F 更靠近导带，但偏离 E_F 很小。这时注入的空穴浓度 $\Delta p \gg p_0$，即 $p \gg p_0$，所以 E_{Fp} 比 E_F 更靠近价带，且比 E_{Fn} 更显著地偏离了 E_F。图 5.3 画出了 n 型半导体注入非平衡载流子后，准费米能级 E_{Fn} 和 E_{Fp} 偏离热平衡时的费米能级 E_F 的情况。一般在非平衡态时，往往总是多数载流子的准费米能级和平衡时的费米能级相比，偏离不多，而少数载流子的准费米能级则偏离很大。

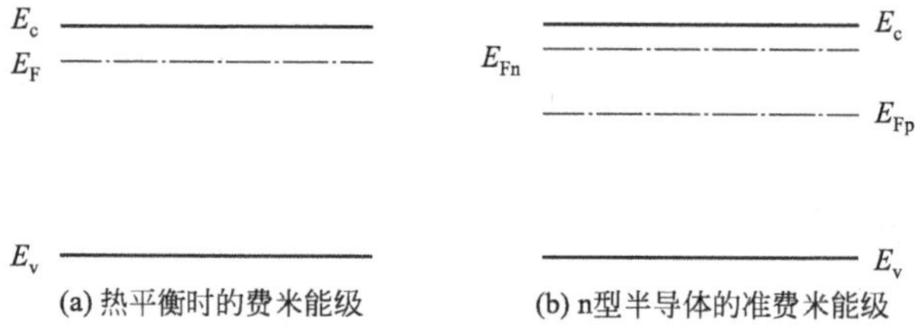

图 5.3　准费米能级偏离能级的情况

由式（5.9）可以得到电子浓度和空穴浓度的乘积

$$np = n_0 p_0 \exp\left(\frac{E_{Fn} - E_{Fp}}{k_0 T}\right) = n_i^2 \exp\left(\frac{E_{Fn} - E_{Fp}}{k_0 T}\right) \tag{5.11}$$

显然，E_{Fn} 和 E_{Fp} 偏离的大小直接反映出了 np 和 n_i^2 相差的程度，即反映了半导体偏离热平衡态的程度。它们偏离越大，说明不平衡情况越显著；两者靠得越近，则说明越接近平衡态；两者重合时，形成统一的费米能级，半导体处于平衡态。因此引进准费米能级，可以更形象地了解非平衡态的情况。

这一节只提出了准费米能级的概念，在以后遇到的非平衡态问题中再具体讨论准费米能级的情况。

5.4　载流子的产生机制

光伏电池发电最重要的微观机理就是载流子的产生，而载流子的产生主要由吸收入射光子引起。

5.4.1　吸收系数

载流子的产生可以从微观上用费米黄金规则描述，由于篇幅有限，这里仅从宏观角度说明。在宏观上，入射光的吸收可以用较简单的吸收系数描述。吸收系数 α 表示了入射光经过材料后的弛豫程度。

辐照度 P 表示单位面积上接收的电磁波辐射功率。位置在 x 处，能量为 E 的单色光辐照度为 $P(E, x)$。如果入射光以辐照度 $P(E, 0)$ 垂直入射到半导体材料，那么 dx 厚的半导体材料吸收 $dP(E, x)dx$ 部分的辐照度为

$$dP(E, x) = -\alpha(E, x)P(E, x)dx \tag{5.12}$$

考虑入射面反射率 $R(E)$，式（5.12）对位置 x 积分，得到材料中辐照度随位置 x 的变化关系

$$P(E,x)=[1-R(E)]P(E,0)\exp\left[-\int_0^x \alpha(E,x')\mathrm{d}x'\right] \tag{5.13}$$

式中，$P(E,0)$ 是入射光进入半导体材料入射面前的辐照度；辐照度 $P(E,x)$ 描述了半导体材料对入射光的吸收作用。

如果半导体的吸收系数 α 是均匀的，并且不考虑入射面反射率 $R(E)$ 随光谱频率的变化，式(5.13) 将简化为朗伯-比尔定律。辐照度随吸收系数 α 发生指数衰减

$$P(x)=P(0)\exp(-\alpha x) \tag{5.14}$$

光是电磁波，具有波动性，光的传播可以用平面波表示：

$$\boldsymbol{F}(\boldsymbol{r},t)=\boldsymbol{F}_0\exp[\mathrm{i}(\boldsymbol{k}\times\boldsymbol{r}-\omega t)] \tag{5.15}$$

式中，$\boldsymbol{F}(\boldsymbol{r},t)$ 表示电场强度；虚数单位 $\mathrm{i}(\mathrm{i}^2=-1)$ 是物理领域的习惯表达，而在工程领域，虚数单位习惯表达为 $\mathrm{j}=-\mathrm{i}$；$\boldsymbol{k}$ 是平面波的波矢，矢量 $\boldsymbol{k}$ 的方向代表了平面波的传播方向；ω 是平面波的角频率；$\boldsymbol{F}_0$ 是振幅矢量，表示平面波的偏振方向，振幅矢量 $\boldsymbol{F}_0$ 的模 $|\boldsymbol{F}_0|$ 描述了电场强度 $\boldsymbol{F}$ 的大小。

如果平面波沿着 x 轴传播，那么式(5.15) 简化为

$$\boldsymbol{F}(x,t)=\boldsymbol{F}_0\exp[\mathrm{i}(kx-\omega t)] \tag{5.16}$$

式中，波矢 k 的方向沿着 x 轴，成为只有大小没有方向的标量。

$$kc=\omega \tag{5.17}$$

$$k=\frac{2\pi\widetilde{n_s}}{\lambda} \tag{5.18}$$

式中，$\widetilde{n_s}$ 为复折射率；c 为光速，真空光速 $c=3\times10^{10}\,\mathrm{cm/s}=3\times10^8\,\mathrm{m/s}$；$\lambda$ 为平面波的波长。因为半导体材料表现出吸收的特性，$\widetilde{n_s}$ 是一个复数：

$$\widetilde{n_s}=n_s+\mathrm{i}\kappa_s \tag{5.19}$$

式中，n_s 是复折射率 $\widetilde{n_s}$ 的实部；κ_s 是复折射率 $\widetilde{n_s}$ 的虚部，它是半导体的消光系数。

由式(5.16)、式(5.18)和式(5.19)得到

$$P(x)=|\boldsymbol{F}(x,t)\times\boldsymbol{H}(x,t)|=\frac{c\widetilde{n_s}\varepsilon_0}{2}|\boldsymbol{F}(x,t)|^2=\frac{c\widetilde{n_s}\varepsilon_0}{2}\boldsymbol{F}(x,t)\boldsymbol{F}^*(x,t)=P(0)\exp\left(-\frac{4\pi}{\lambda}\kappa_s x\right) \tag{5.20}$$

式中，$\boldsymbol{H}(x,t)$ 是磁场强度，A/cm。

由式(5.20) 结合式(5.14) 得到

$$\alpha=\frac{4\pi}{\lambda}\kappa_s \tag{5.21}$$

式中，吸收系数 α 依赖于入射光的波长 λ 和消光系数 κ_s。对一定的半导体材料，半导体折射率 n_s 和半导体消光系数 κ_s 满足色散关系，是波长 λ 的函数。因为

$$E=\frac{hc}{\lambda} \tag{5.22}$$

所以，吸收系数 $\alpha(E)$ 是光子能量 E 的函数。

载流子的产生率 $G(x)$ 是单位时间、单位体积内产生的载流子数量，可以用吸收系数 α 和光子通量 b 描述。光子通量 b 是单位面积、单位光谱能量、单位时间通过的光子数，$b_s(E,T_s)$ 是地面接收的太阳光子通量。

$\frac{1}{\alpha}$ 是吸收长度。在 $\frac{1}{\alpha}$ 的长度内，辐照度 $P(E, x)$ 衰减了大部分，衰减到 $P(E, 0)$ 的 e^{-1}（36.8%）。我们近似认为光伏电池面积为 A、深度为 $\frac{1}{\alpha}$ 的半导体体积为 $\frac{A}{\alpha}$，是半导体中吸收入射光的主要部分。因此，单位时间、单位体积内接收到能量 E 附近 dE 的光子个数为

$$\frac{b_s(E, T_s) A}{\frac{A}{\alpha}} = b_s(E, T_s) \alpha dE$$

考虑入射面的反射率 $R(E)$ 和材料内关于吸收系数 $\alpha(E, x)$ 的衰减规律 $P(E, x)$，载流子的光谱产生率为

$$g(E, x) = [1 - R(E)] b_s(E, T_s) \alpha(E, x) \exp\left[-\int_0^x \alpha(E, x') dx'\right] \quad (5.23)$$

$$G(x) = \int_{E_g}^\infty g(E, x) dE = \int_{E_g}^\infty [1 - R(E)] b_s(E, T_s) \alpha(E, x) \exp\left[-\int_0^x \alpha(E, x') dx'\right] dE$$

$$(5.24)$$

式（5.24）中，如果载流子产生在能带间，产生率 $G(x)$ 是光谱产生率 $g(E, x)$ 在光谱能量范围 $E > E_g$ 上的积分。

载流子的产生率 $G(x)$ 对吸收系数 α 的依赖关系，一般采用近似计算的办法去考虑，需要两个假设：

① 如前所述，把吸收长度 $\frac{1}{\alpha}$ 作为半导体吸收入射光的深度。

② 严格而言，吸收系数 α 还包含了自由载流子吸收、晶格吸收、杂质吸收、光散射等不能产生载流子的过程。但认为对 $E > E_g$ 的光子，被吸收后都能产生载流子，而忽略其他不产生载流子的吸收。

5.4.2 直接带隙半导体的吸收

本征吸收是指由于将电子从价带激发到导带，同时在价带留下空位所引起的光子的消失或吸收。在这种跃迁过程中，能量和动量均必须守恒。

直接带隙半导体吸收过程的形式如图 5.4 所示。由于光子的动量比晶格振动声子的小，因此，跃迁过程中晶体动量基本上是守恒的。初始能态和终止能态之间的能量差等于原始光子的能量，即

$$E_f - E_i = hf \quad (5.25)$$

按照第 2 章所述的二次函数关系式，有

$$E_f - E_c = \frac{p^2}{2m_e^*} \quad (5.26)$$

$$E_v - E_i = \frac{p^2}{2m_h^*} \quad (5.27)$$

因此，跃迁发生时晶体动量的特定值为

$$hf - E_g = \frac{p^2}{2}\left(\frac{1}{m_e^*} + \frac{1}{m_h^*}\right) \tag{5.28}$$

随着光子能量 hf 的增加，跃迁发生时晶体的动量值增大（图 5.4），初始能态和终止能态与带边能量之差也增加。

吸收的概率不仅取决于处在初始能态的电子密度，而且也取决于终止能态的空态密度。因为离带边越远这两个密度越大，所以，在光子能态大于 E_g 时，吸收系数随光子能量的增大而迅速增大。详细的理论推导将涉及量子力学的离散偶极子近似，可参见相关文献。根据第 4 章状态密度的表达式，$g_v(E) \propto (E_v - E)^{1/2}$，而 $g_c(E) \propto (E - E_c)^{1/2}$，简单的理论处理可以得到能带边的吸收系数满足

$$\alpha(E) \propto (hf - E_g)^{1/2} \tag{5.29}$$

式中，α 的单位为 cm^{-1}，hf 和 E_g 的单位为 eV。

入射光穿透半导体 $\dfrac{1}{\alpha}$ 距离时，光强将降低到其初始值的 $1/e$。

对直接带隙半导体，其 α 较大，式(5.29)同样表明：光子能量大于 E_g 的太阳光，进入直接带隙半导体后仅几微米深的距离就被吸收了。

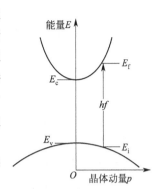

图 5.4　直接带隙半导体能量-动量图

5.4.3　间接带隙半导体的吸收

在间接带隙半导体中，导带的最低能量与价带的最高能量对应不同的晶体动量值（图 5.5）。为使 5.4.2 节中叙述的电子从价带直接跃迁到导带的过程得以进行，光子能量需要比禁带间隙大很多。

然而，通过一种不仅包括光子和电子，而且还包括第三粒子即声子的两级过程（二阶段过程），跃迁可在能量较低的情况下发生。正如光可以被认为具有波粒二象性一样，构成晶体结构的原子在其平衡位置附近的振动也可认为有波粒二象性。声子就是晶格振动的能量量子，在固体物理学课程中已经详细介绍。与光子相反，声子有较低的能量，但具有较高的动量。

正如图 5.5 所示的能量-动量示意图表明的那样，在有适当能量光子的情形下，通过发射或吸收所需动量的声子，电子能从价带的最高能量跃迁到导带的最低能量。因此，将一个电子从价带激发到导带所需的最小光子能量是

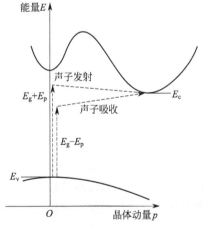

$$hf = E_g - E_p \tag{5.30}$$

图 5.5　间接带隙半导体能量-动量图

式中，E_p 是具有所需动量的被吸收声子的能量。

因为间接带隙吸收过程需要另外的"粒子"，所以此过程的光吸收概率比直接带隙小得多；此时吸收系数低，光进入半导体需要更大的距离才能被吸收完。同样的分析，吸收系数遵循如下规律：

$$\alpha_a(E) \propto \frac{(E+E_p-E_g)^2}{\exp(E_p/k_0T)-1} \tag{5.31}$$

对于包括声子发射的跃迁过程，有

$$\alpha_e(E) \propto \frac{(E-E_p-E_g)^2}{1-\exp(-E_p/k_0T)} \tag{5.32}$$

因为光子能量 $E-E_g \gg k_0T$，声子能量 E_p 可以忽略，所以能带边的吸收系数 $\alpha(E)$ 是吸收声子吸收系数 $\alpha_a(E)$、发射声子吸收系数 $\alpha_e(E)$ 的和，具有二次函数形式：

$$\alpha(E) \propto (E-E_g)^2 \tag{5.33}$$

比较式(5.33)与式(5.29)，显然间接带隙半导体吸收系数 $\alpha(E)$ 的函数形式与直接带隙半导体不同。由于需要吸收或发射声子才能实现量子跃迁，实际的间接带隙半导体吸收系数 $\alpha(E)$ 比直接带隙半导体的吸收系数小，而且吸收系数曲线 $\alpha(E)$ 更平缓。在高掺杂半导体中，由于电子散射，也会减弱吸收系数 $\alpha(E)$。

5.4.4 其他吸收过程

光在半导体中的吸收并不仅止于至今讨论的过程。已经指出，如果光子具有足够高的能量，激发的电子可以从价带跃升至导带，吸收就能够发生。同样，如图5.6(a)所示，在直接带隙半导体中，也能发生包括声子发射或声子吸收的两级吸收过程。这个过程与5.4.2节中讨论的更为强烈的直接吸收过程同时发生。

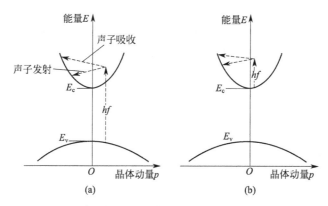

图5.6　直接带隙半导体中的光子两级吸收过程与
导带中的自由载流子吸收过程（此过程不产生电子-空穴对）

与此类似，如图5.6(b)所示，在伴有声子发射或声子吸收的情况下，光子能将载流子激发到各自能带的较高能级，这个过程相对较弱。不过可以预料，当载流子浓度高时，在长波部分激发过程最强。虽然这种过程在光伏电池工作中并不重要，但它证明了确实存在不产生电子-空穴对的吸收过程。

如图5.7所示，载流子在半导体允带和禁带中杂质能级之间的受激跃迁也能造成光的吸收。

最后，简要地提一下在光伏电池中可能会产生次级效应的两个过程。在存在强电场的情况下，例如在光伏电池的某些区域中，会出现弗兰茨-凯尔戴氏（Franz-Keldysh）效应。这个效应使吸收边缘移动到较低能量处，其效果如同减小了带隙宽度。高掺杂浓度也影响吸收边缘，在这样的浓度下，带隙宽度也会减小。

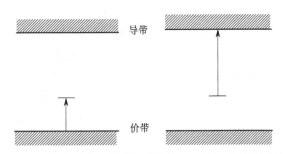

图 5.7　载流子由允带激发到禁带中能级的光吸收过程

5.5　载流子的复合机制

非平衡载流子的复合过程属于统计性的过程。就复合过程的微观机构讲，复合过程大致可以分为两种：

① 直接复合——电子在导带和价带之间的直接跃迁，引起电子和空穴的直接复合；

② 间接复合——电子和空穴通过禁带的能级（复合中心）进行复合。

根据复合过程发生的位置，又可以把它分为体内复合和表面复合，如图 5.8 所示。载流子复合时，一定要释放出多余的能量。放出能量的方法有三种：

① 发射光子。伴随着复合，将有发光现象，常称为发光复合或辐射复合。

② 发射声子。载流子将多余的能量传给晶格，加强晶格的振动。

③ 俄歇复合。将能量给予其他载流子，增加它们的动能。

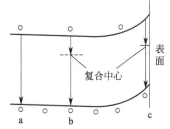

图 5.8　载流子的各种复合机构
a—直接复合；b—体内间
接复合；c—表面间接复合

5.5.1　直接复合

半导体中的自由电子和空穴在运动中会有一定的概率直接相遇而复合，使一对电子和空穴同时消失。从能带角度来讲，就是导带中的电子直接落入价带与空穴复合，如图 5.9 所示。同时，还存在着上述过程的逆过程，即由于热激发等，价带中的电子也有一定概率跃迁到导带中去，产生电子-空穴对。这种由电子在导带与价带间直接跃迁而引起的非平衡载流子复合过程就是直接复合。

n 和 p 分别表示电子浓度和空穴浓度。单位体积内，每一个电子在单位时间内都有一定的概率和空穴相遇而复合，这个概率显然和空穴浓度成正比，可以用 rp 表示，那么复合率 R 就有如下形式：

$$R = rnp \tag{5.34}$$

式中，比例系数 r 称为电子-空穴复合概率。因为不同的电子和空穴具有不同的热运动速度，一般地说，它们的复合概率与它们的运动速度有关。这里 r 代表不同热运动速度的电子和空穴复合概率的平均值。在非简

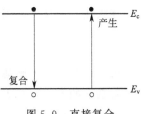

图 5.9　直接复合

并半导体中，电子和空穴的运动速度遵守玻尔兹曼分布，因此，在一定温度下，可以求出载流子运动速度的平均值。所以 r 也有完全确定的值，它仅是温度的函数，而与 n 和 p 无关。这样式(5.34)就表示复合率正比于 n 和 p。下面的讨论也都限于非简并的情况。

在一定温度下，价带中的每个电子都有一定的概率被激发到导带，从而形成一对电子和空穴。如果价带中本来就缺少一些电子，即存在一些空穴，当然产生率就会相应地减少一些。同样，如果导带中本来就有一些电子，也会使产生率相应地减少一些。因为根据泡利原理，价带中的电子不能激发到导带中已被电子占据的状态上去。但是，在非简并情况下，价带中的空穴数相对于价带中的总状态数是极其微小的，导带中的电子数相对于导带中的总状态数也是极其微小的。这样，可认为价带基本上是满的，而导带基本上是空的，激发概率不受载流子浓度 n 和 p 的影响。因而产生率在所有非简并情况下基本上是相同的。产生率 G 仅与温度有关，而与 n 和 p 无关。

热平衡时，产生率必须等于复合率。此时 $n=n_0$，$p=p_0$，根据式(5.34)就得到了 G 和 r 的关系：

$$G=rn_0p_0=rn_i^2 \tag{5.35}$$

复合率减去产生率就等于非平衡载流子的净复合率。由式(5.34)可以求出非平衡载流子的直接净复合率 U_d 为

$$U_d=R-G=r(np-n_i^2) \tag{5.36}$$

把 $n=n_0+\Delta n$、$p=p_0+\Delta p$ 以及 $\Delta n=\Delta p$ 代入上式，得到

$$U_d=r(n_0+p_0)\Delta p+r(\Delta p)^2 \tag{5.37}$$

由此得到非平衡载流子的寿命为

$$\tau=\frac{\Delta p}{U_d}=\frac{1}{r[(n_0+p_0)+\Delta p]} \tag{5.38}$$

由上式可以看出，r 越大，净复合率越大，τ 值越小。寿命 τ 不仅与平衡载流子浓度 n_0、p_0 有关，而且还与非平衡载流子浓度有关。

在小注入条件下，即 $\Delta p \ll (n_0+p_0)$ 时，式(5.38)可近似为

$$\tau \approx \frac{1}{r(n_0+p_0)} \tag{5.39}$$

对于 n 型材料，即 $n_0 \gg p_0$，上式变成

$$\tau \approx \frac{1}{rn_0} \tag{5.40}$$

这说明，在小注入条件下，当温度和掺杂一定时，寿命是一个常数。寿命与多数载流子浓度成反比，或者说，半导体电导率越高，寿命就越短。

在大注入条件下，当 $\Delta p \gg (n_0+p_0)$ 时，式(5.38)近似为

$$\tau \approx \frac{1}{r\Delta p} \tag{5.41}$$

可见寿命随非平衡载流子浓度而改变，因而在复合过程中，寿命不再是常数。

寿命 τ 的大小，首先取决于复合概率 r。根据本征光吸收的数据，结合理论计算可以求得 r 值。理论计算得到室温时本征硅的 r 和 τ 值如下：

$$r=10^{-11}\,\mathrm{cm^3/s}, \tau=3.5\mathrm{s}$$

然而，实际上硅材料的寿命比上述数据要低得多，最大寿命不过是几毫秒左右。这个事

实说明，对于硅，寿命还不是主要由直接复合过程决定，一定有另外的复合机构起着主要作用，决定着材料的寿命。这就是下面要讨论的间接复合。

一般地说，禁带宽度越小，直接复合的概率越大。所以在小禁带宽度的半导体中，直接复合占优势。

5.5.2　间接复合

半导体中的杂质和缺陷在禁带中形成一定的能级，它们除了影响半导体的电特性以外，对非平衡载流子的寿命也有很大的影响。实验发现，半导体中杂质越多，晶格缺陷越多，寿命就越短。这说明杂质和缺陷有促进复合的作用。这些促进复合过程的杂质和缺陷称为复合中心。间接复合指的是非平衡载流子通过复合中心的复合。这里只讨论具有一种复合中心能级的简单情况。

禁带中有了复合中心能级，就好像多了一个台阶，电子-空穴的复合可分两步走：第一步，导带电子落入复合中心能级；第二步，这个电子再落入价带与空穴复合。复合中心恢复了原来空着的状态，又可以再去完成下一次的复合过程。显然，一定还存在上述两个过程的逆过程。所以，间接复合仍旧是一个统计性的过程。相对于复合中心 E_t 而言，共有四个微观过程，如图 5.10 所示。

① 俘获电子过程。复合中心能级 E_t 从导带俘获电子。

② 发射电子过程。复合中心能级 E_t 上的电子被激发到导带（①的逆过程）。

③ 俘获空穴过程。电子由复合中心能级 E_t 落入价带与空穴复合，也可看成复合中心能级从价带俘获了一个空穴。

④ 发射空穴过程。价带电子被激发到复合中心能级 E_t 上，也可以看成复合中心能级向价带发射了一个空穴（③的逆过程）。

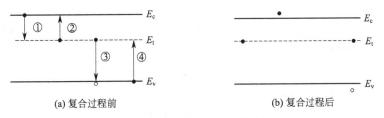

(a) 复合过程前　　　　　　　　　　　　(b) 复合过程后

图 5.10　间接复合的 4 个过程

为了具体求出非平衡载流子通过复合中心复合的复合率，首先必须对这四个基本跃迁过程作出确切定量的描述。用 n 和 p 分别表示导带电子和价带空穴浓度，设复合中心浓度为 N_t，用 n_t 表示复合中心能级上的电子浓度，那么 $N_t - n_t$ 就是未被电子占据的复合中心浓度。

在①过程中，通常把单位体积、单位时间内被复合中心俘获的电子数称为电子俘获率。显然，导带电子越多，空的复合中心越多，电子碰到空复合中心而被俘获的机会就越大。所以，电子俘获率与导带电子浓度 n 和空复合中心浓度 $N_t - n_t$ 成比例，即

$$\text{电子俘获率} = r_n n (N_t - n_t) \tag{5.42}$$

式中，比例系数 r_n 反映复合中心俘获电子能力的大小，称为电子俘获系数。r_n 是个平均量。

过程②是过程①的逆过程。通常用电子产生率代表单位体积、单位时间内向导带发射的

电子数。显然，只有已被电子占据的复合中心能级才能发射电子。所以，电子产生率和 n_t 成比例。这里仍考虑非简并情况，可以认为导带基本是空的，因而产生率与 n 无关。产生率可写成

$$\text{电子产生率} = s_- n_t \qquad (5.43)$$

式中，s_- 称为电子激发概率，只要温度一定，它的值就是确定的。

平衡时，①、②这样两个相反的微观过程必须相互抵消，即电子产生率等于电子俘获率。故有

$$s_- n_{t0} = r_n n_0 (N_t - n_{t0}) \qquad (5.44)$$

式中，n_0 和 n_{t0} 分别为平衡时导带电子浓度和复合中心能级 E_t 上的电子浓度。为了简单起见，在计算 n_{t0} 时，可忽略分布函数中的简并因子，即

$$n_{t0} = N_t f(E_t) = N_t \frac{1}{\exp\left(\dfrac{E_t - E_F}{k_0 T}\right) + 1}$$

非简并情况下

$$n_0 = N_c \exp\left(\frac{E_F - E_c}{k_0 T}\right)$$

把上式代入式(5.44) 得

$$s_- = r_n N_c \exp\left(\frac{E_t - E_c}{k_0 T}\right) = r_n n_1 \qquad (5.45)$$

式中

$$n_1 = N_c \exp\left(\frac{E_t - E_c}{k_0 T}\right) \qquad (5.46)$$

它恰好等于费米能级 E_F 与复合中心能级 E_t 重合时导带的平衡电子浓度。

利用式(5.45)，可把式(5.43) 改写成

$$\text{电子产生率} = r_n n_1 n_t \qquad (5.47)$$

从上式中可以看到，电子产生率也包含了电子俘获系数，这反映了电子俘获和发射这样两个对立过程的内在联系。

对于③过程，因为只有被电子占据的复合中心能级才能俘获空穴，所以，空穴俘获率和 n_t 成正比，当然也和 p 成正比，因此

$$\text{空穴俘获率} = r_p p n_t \qquad (5.48)$$

式中，比例系数 r_p 称为空穴俘获系数，它反映了复合中心俘获空穴的能力。r_p 也是个平均量。

过程④是过程③的逆过程。价带中的电子只能激发到空着的复合中心能级上去。换言之，只有空着的复合中心才能向价带发射空穴。s_+ 是空穴激发概率，类似前面的讨论，非简并情况下

$$\text{空穴产生率} = s_+ (N_t - n_t) \qquad (5.49)$$

同样，平衡时，③、④这两个相反的过程必须相互抵消。

$$s_+ (N_t - n_{t0}) = r_p p_0 n_{t0} \qquad (5.50)$$

代入平衡时的 p_0 和 n_{t0} 值，得

$$s_+ = r_p p_1 \qquad (5.51)$$

式中

$$p_1 = N_v \exp\left(-\frac{E_t - E_v}{k_0 T}\right) \qquad (5.52)$$

它恰好等于费米能级 E_F 与复合中心能级 E_t 重合时价带的平衡空穴浓度。

把式(5.51) 代入式(5.49)，得

$$空穴产生率 = r_p p_1 (N_t - n_t) \tag{5.53}$$

该式也反映了③、④这两个相反过程的内在联系。

至此，已经分别求出了描述四个过程的数学表达式，现在再利用这些表达式求出非平衡载流子的净复合率。在稳定情况下，①～④这 4 个过程必须保持复合中心上的电子数不变，即 n_t 为常数。由于①、④两个过程造成复合中心能级上电子的积累，而②、③两个过程造成复合中心上电子的减少，因此要维持 n_t 不变，必须满足稳定条件，即

$$① + ④ = ② + ③$$

$$电子俘获率 + 空穴产生率 = 空穴俘获率 + 电子产生率$$

把式(5.42)、式(5.47)、式(5.48) 及式(5.53) 代入上式，得

$$r_n n (N_t - n_t) + r_p p_1 (N_t - n_t) = r_n n_1 n_t + r_p p n_t$$

解得
$$n_t = N_t \frac{n r_n + p_1 r_p}{r_n (n + n_1) + r_p (p + p_1)} \tag{5.54}$$

稳定条件又可以写成

$$① - ② = ③ - ④$$

显然，上式表示单位体积、单位时间内导带减少的电子数等于价带减少的空穴数。即导带每损失一个电子，同时价带也损失一个空穴，电子和空穴通过复合中心成对地复合。因而上式正是表示电子-空穴对的净复合率。所以

$$非平衡载流子的复合率 = ① - ② = ③ - ④ \tag{5.55}$$

把式(5.54) 代入式(5.55)，并利用 $n_1 p_1 = n_i^2$，就得到非平衡载流子的复合率

$$U = \frac{N_t r_n r_p (np - n_i^2)}{r_n (n + n_1) + r_p (p + p_1)} \tag{5.56}$$

这就是通过复合中心复合的普遍理论公式。

显然，在热平衡条件下，因为 $np = n_0 p_0 = n_i^2$，所以 $U = 0$，这是理所当然的。

当半导体中注入了非平衡载流子后，$np > n_i^2$，$U > 0$。将 $n = n_0 + \Delta n$，$p = p_0 + \Delta p$ 以及 $\Delta n = \Delta p$ 代入式(5.56)，得

$$U = \frac{N_t r_n r_p (n_0 \Delta p + p_0 \Delta p + \Delta p^2)}{r_n (n_0 + n_1 + \Delta p) + r_p (p_0 + p_1 + \Delta p)}$$

非平衡载流子的寿命为

$$\tau = \frac{\Delta p}{U} = \frac{r_n (n_0 + n_1 + \Delta p) + r_p (p_0 + p_1 + \Delta p)}{N_t r_n r_p (n_0 + p_0 + \Delta p)} \tag{5.57}$$

显然，寿命 τ 与复合中心浓度 N_t 成反比。

这里还要指出一点，复合率公式(5.56) 同样可适用于 Δn、$\Delta p < 0$ 的情形，这时复合率为负值，它实际上表示电子-空穴对的产生率。

下面具体讨论小注入情况下，两种导电类型和不同掺杂程度的半导体中非平衡载流子的寿命。小注入时 $\Delta p \ll (n_0 + p_0)$，并且对于一般的复合中心，r_n 和 r_p 相差不是太大，所以，式(5.57) 中分母和分子中的 Δp 都可以忽略掉，因而得到

$$\tau = \frac{r_n (n_0 + n_1) + r_p (p_0 + p_1)}{N_t r_n r_p (n_0 + p_0)} \tag{5.58}$$

可见，在小注入情况下，寿命只取决于 n_0、p_0、n_1 和 p_1 的值，而与非平衡载流子浓度无关。N_c 和 N_v 具有相近的数值，n_0、p_0、n_1 及 p_1 的大小主要由 E_c-E_F、E_F-E_v、E_c-E_t 及 E_t-E_v 决定。当 k_0T 比起这些能量间隔小得多时，n_0、p_0、n_1 及 p_1 之间往往高低悬殊，有若干数量级之差，实际上在式(5.58)中只需要考虑最大者，使问题大为简化。

对于 n 型半导体，假定复合中心能级 E_t 更接近价带一些，相对于禁带中心与 E_t 对称的能级位置为 $E_t{}'$，如图 5.11 所示。

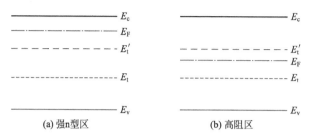

(a) 强n型区　　　　　　　　　　(b) 高阻区

图 5.11　n 型半导体中 E_F 和 E_t 的相对位置

若为"强 n 型区"（E_F 比 $E_t{}'$ 更接近 E_c），显然，n_0、p_0、n_1、p_1 中 n_0 最大，即 $n_0\gg p_0$、n_1、p_1，因此式(5.58)进一步简化为

$$\tau=\tau_p\approx\frac{1}{N_t r_p} \tag{5.59}$$

由上式可以看到，在掺杂较重的 n 型半导体中，对寿命起决定作用的是复合中心对少数载流子空穴的俘获系数 r_p，而与电子俘获系数 r_n 无关。这是由于在重掺杂的 n 型材料中，E_F 远在 E_t 以上，所以复合中心能级基本上填满了电子，相当于复合中心俘获电子的过程总是完成了的，因而正是这 N_t 个被电子填满的中心对空穴的俘获率 r_p 决定着寿命值。

若为"高阻区"（E_F 在 E_t 与 $E_t{}'$ 之间），那么 n_0、p_0、n_1、p_1 中 p_1 最大，即 $p_1\gg n_0$、p_0、n_1，同时考虑到 $n_0\gg p_0$，则寿命为

$$\tau\approx\frac{p_1}{N_t r_n}\times\frac{1}{n_0} \tag{5.60}$$

可见在"高阻区"样品中，寿命与多数载流子浓度成反比，即与电导率成反比。

对于 p 型材料，可以用相似的方法进行讨论。仍假定 E_t 更接近价带一些，若为"强 p 型区"（E_F 比 E_t 更接近 E_v），寿命为

$$\tau=\tau_n\approx\frac{1}{N_t r_n} \tag{5.61}$$

可见复合中心对少数载流子的俘获决定着寿命，原因是复合中心基本上总是被多数载流子填满。

若为"高阻区"，寿命为

$$\tau\approx\frac{p_1}{N_t r_n}\times\frac{1}{p_0} \tag{5.62}$$

若复合中心能级更接近导带一些，则"高阻区"样品寿命公式中的 p_1/r_n 应当用 n_1/r_p 代替。

这里的"强 n 型区""强 p 型区"及"高阻区"是相对的，与复合中心能级 E_t 的位置有关。

把式(5.59)及式(5.61)代入式(5.56)，得到

$$U=\frac{np-n_i^2}{\tau_p(n+n_1)+\tau_n(p+p_1)} \tag{5.63}$$

利用　　　　　　$n_1=n_i\exp\left(\frac{E_t-E_i}{k_0T}\right),p_1=n_i\exp\left(\frac{E_i-E_t}{k_0T}\right)$

上式又可改写为

$$U=\frac{np-n_i^2}{\tau_p\left[n+n_i\exp\left(\frac{E_t-E_i}{k_0T}\right)\right]+\tau_n\left[p+n_i\exp\left(\frac{E_i-E_t}{k_0T}\right)\right]} \tag{5.64}$$

为了简明起见，假定 $r_n=r_p=r$（对一般复合中心可以作这样的近似），那么 $\tau_p=\tau_n=1/(N_tr)$，上式简化成

$$U=\frac{N_tr(np-n_i^2)}{n+p+2n_i\cosh\left(\frac{E_t-E_i}{k_0T}\right)} \tag{5.65}$$

当 $E_t\approx E_i$ 时，U 趋向极大。因此，位于禁带中央附近的深能级是最有效的复合中心，对于光伏电池利用极为不利。

5.5.3　表面复合

在前面各节中，研究非平衡载流子的寿命时，只考虑了半导体内部的复合过程。实际上，少数载流子寿命值在很大程度上受半导体样品的形状和表面状态的影响。例如，实验发现，经过吹砂处理或用金刚砂粗磨的样品，其寿命很短。而细磨后再经适当化学腐蚀的样品，寿命要长得多。实验还表明，对于同样的表面情况，样品越小，寿命越短。可见，半导体表面确实有促进复合的作用。表面复合是指在半导体表面发生的复合过程。表面处的杂质和表面特有的缺陷也在禁带形成复合中心能级，因而，就复合机构讲，表面复合仍然是间接复合。所以，间接复合理论完全可以用来处理表面复合问题。

考虑了表面复合，实际测得的寿命应是体内复合和表面复合的综合结果。设这两种复合是单独平行地发生的。用 τ_v 表示体内复合寿命，则 $1/\tau_v$ 就是体内复合概率。若用 τ_s 表示表面复合寿命，则 $1/\tau_s$ 就表示表面复合概率。那么总的复合概率就是

$$\frac{1}{\tau}=\frac{1}{\tau_v}+\frac{1}{\tau_s} \tag{5.66}$$

式中，τ 称为有效寿命。

通常用表面复合速度来描述表面复合的快慢。把单位时间内通过单位表面积复合掉的电子-空穴对数，称为表面复合率。实验发现，表面复合率 U_s 与表面处非平衡载流子浓度 $(\Delta p)_s$ 成正比，即

$$U_s=s(\Delta p)_s \tag{5.67}$$

式中，比例系数 s 表示表面复合的强弱，显然，它具有速度的量纲，因而称为表面复合速度。由 s 的定义式(5.67)，可以给它一个直观而形象的意义：由于表面复合而失去的非平衡载流子数目，就如同表面处的非平衡载流子 $(\Delta p)_s$ 都以 s 大小的垂直速度流出了表面。

考虑一块 n 型半导体样品，假定表面复合中心存在于表面薄层中，单位表面积的复合中心总数为 N_{st}，薄层中的平均非平衡少数载流子浓度是 $(\Delta p)_s$，则表面复合率为

$$U_s=\sigma_+v_TN_{st}(\Delta p)_s \tag{5.68}$$

与式(5.67)相比较，空穴的表面复合速度 s_p 应为

$$s_p = \sigma_+ v_T N_{st} \qquad (5.69)$$

式中，σ_+ 为空穴俘获截面；v_T 为载流子热运动的速度。俘获截面代表复合中心俘获载流子的本领大小，俘获截面和俘获系数的关系是

$$r_n = \sigma_- v_T, \quad r_p = \sigma_+ v_T \qquad (5.70)$$

式中，σ_- 为电子俘获截面。根据上面的假设，表面复合显然可以当作靠近表面的一个非常薄的区域内的体内复合来处理，所不同的只是这个区域的复合中心密度很高。在真实表面上，表面复合过程比上述考虑还要复杂一些。

表面复合速度的大小，很大程度上要受到晶体表面物理性质和外界气氛的影响。硅的 s 值一般是 $1 \times 10^3 \sim 5 \times 10^3 \, \text{cm/s}$。

表面复合具有重要的实际意义。任何半导体器件都总有它的表面，较高的表面复合速度，会使更多的注入的载流子在表面复合消失，以致严重地影响器件的性能。因而一方面在大多数器件生产中，总是希望通过获得良好而稳定的表面，以尽量降低表面复合速度，从而改善器件的性能。另一方面，在某些物理测量中，为了消除金属探针注入效应的影响，却要增大表面复合，以获得较为准确的测量结果。

综上所述，非平衡载流子的寿命与材料的完整性、某些杂质的含量以及样品的表面状态有极密切的关系，所以称寿命 τ 是"结构灵敏"的参数。

5.5.4 俄歇复合

载流子从高能级向低能级跃迁，发生电子-空穴复合时，把多余的能量传给另一个载流子，使这个载流子被激发到能量更高的能级上去，当它重新跃迁回低能级时，多余的能量常以声子形式放出，这种复合称为俄歇复合。显然这是一种非辐射复合。

各种俄歇复合过程如图 5.12 所示，其中图（a）及图（d）为带间俄歇复合，其余为与杂质和缺陷有关的俄歇复合。

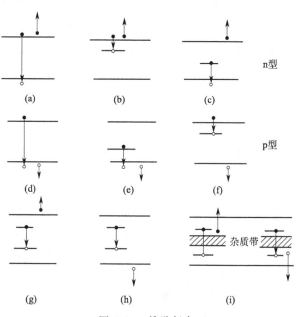

图 5.12 俄歇复合

下面讨论这两种情况。图 5.12（a）表示 n 型半导体导带内一个电子和价带内一个空穴复合时，其多余能量被导带中另一个电子获得后，被激发到能量更高的能级上去，用 R_{ee} 表示这种电子-空穴对的复合率。而图 5.12（d）表示 p 型半导体价带内一个空穴和导带内一个电子复合时，其多余能量被价带中另一个空穴获得后，被激发到能量更高的能级上（对于空穴，能级越低，能量越高），用 R_{hh} 表示这种电子-空穴对的复合率。R_{ee} 及 R_{hh} 的意义均为单位体积、单位时间内复合的电子-空穴对的数目，常表示为

$$R_{ee} = \gamma_e n^2 p \tag{5.71}$$

$$R_{hh} = \gamma_h n p^2 \tag{5.72}$$

式中，γ_e 及 γ_h 为复合系数。

在热平衡时，载流子浓度为 n_0 和 p_0，复合率为 R_{ee0} 和 R_{hh0}，则

$$R_{ee0} = \gamma_e n_0^2 p_0 \tag{5.73}$$

$$R_{hh0} = \gamma_h n_0 p_0^2 \tag{5.74}$$

将式(5.73)、式(5.74)分别代入式(5.71)和式(5.72)，得到

$$R_{ee} = R_{ee0} \frac{n^2 p}{n_0^2 p_0} \tag{5.75}$$

$$R_{hh} = R_{hh0} \frac{n p^2}{n_0 p_0^2} \tag{5.76}$$

在复合过程进行的同时，有电子-空穴对的不断产生，如图 5.13 所示。它们分别是图 5.12（a）、（d）的逆过程。

图 5.13（a）表示价带中一个电子跃迁至导带产生电子-空穴对的同时，导带中高能级上的一个电子跃迁回导带底。或者说，导带电子 2 与价带电子 1 碰撞产生电子-空穴对，用 G_{ee} 表示这种电子-空穴对的产生率。而图 5.13（b）表示价带中一个电子跃迁至导带中产生电子-空穴对的同时，价带中另一空穴从其能量较高的能级跃迁至价带顶。或者说，价带空穴 1 与导带空穴 2 碰撞产生电子-空穴对，用 G_{hh} 表示这种电子-空穴对的产生率。G_{ee}、G_{hh} 均表示在单位体积、单位时间内产生的电子-空穴对的数目，常表示为

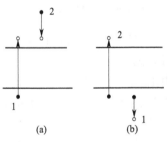

图 5.13 电子-空穴对产生

$$G_{ee} = g_e n \tag{5.77}$$

$$G_{hh} = g_h p \tag{5.78}$$

式中，g_e、g_h 为产生速率。

热平衡时，产生率为 G_{ee0}、G_{hh0}，则

$$G_{ee0} = g_e n_0 \tag{5.79}$$

$$G_{hh0} = g_h p_0 \tag{5.80}$$

将式(5.79)、式(5.80)分别代入式(5.77)、式(5.78)中得

$$G_{ee} = G_{ee0} \frac{n}{n_0} \tag{5.81}$$

$$G_{hh} = G_{hh0} \frac{p}{p_0} \tag{5.82}$$

根据细致平衡原理，热平衡时产生率等于复合率，即

$$G_{ee0} = R_{ee0}, G_{hh0} = R_{hh0}$$

可以得到

$$g_e = \gamma_e n_i^2, g_h = \gamma_h n_i^2, G_{ee} = \gamma_e n n_i^2, G_{hh} = \gamma_h p n_i^2 \tag{5.83}$$

因此，以上两种复合过程同时存在时，非平衡载流子的净复合率 U 为

$$U = (R_{ee} + R_{hh}) - (G_{ee} + G_{hh}) = (\gamma_e n + \gamma_h p)(np - n_i^2) \tag{5.84}$$

上式即为在非简并情况下俄歇复合的普遍理论公式。

显然，在热平衡条件下，$np = n_0 p_0 = n_i^2$，故 $U = 0$；在非平衡情况下，$np > n_i^2$，$U > 0$。将 $n = n_0 + \Delta n$，$p = p_0 + \Delta p$ 以及 $\Delta n = \Delta p$ 代入式(5.84) 得

$$U = \left(\frac{R_{ee0} + G_{hh0}}{n_i^2}\right)(n_0 + p_0)\Delta p + \left(\frac{R_{ee0} p_0 + G_{hh0} n_0}{n_i^4}\right)(n_0 + p_0)\Delta p^2 \tag{5.85}$$

在小注入情况下，$\Delta p \ll (n_0 + p_0)$，将 $n = n_0 + \Delta n$，$p = p_0 + \Delta p$ 以及 $\Delta n = \Delta p$ 代入式(5.84)，并略去 Δp^2 项得到

$$U = \left(\frac{R_{ee0} + G_{hh0}}{n_i^2}\right)(n_0 + p_0)\Delta p \tag{5.86}$$

可见，这时的净复合率正比于非平衡载流子浓度。由上式得非平衡载流子寿命 τ 为

$$\tau = \frac{\Delta p}{U} = \frac{n_i^2}{(R_{ee0} + G_{hh0})(n_0 + p_0)} \tag{5.87}$$

一般而言，带间俄歇复合在窄禁带半导体中及高温情况下起着重要作用；而与杂质和缺陷有关的俄歇复合过程，则常常是影响半导体发光器件发光效率的重要因素。

5.5.5 陷阱效应

陷阱效应也是在有非平衡载流子的情况下发生的一种效应。当半导体处于热平衡状态时，无论是施主、受主、复合中心或是任何其他的杂质能级，都具有一定数目的电子，它们由平衡时的费米能级及分布函数决定。实际上，能级中的电子是通过载流子的俘获和产生过程与载流子之间保持着平衡的。当半导体处于非平衡态，出现非平衡载流子时，这种平衡遭到破坏，必然引起杂质能级上电子数目的改变。如果电子增加，说明能级具有收容部分非平衡电子的作用；若是电子减少，则可以看成能级具有收容空穴的作用。从一般意义上讲，杂质能级的这种积累非平衡载流子的作用就称为陷阱效应。从这个角度看，所有杂质能级都有一定的陷阱效应。而实际上，需要考虑的只是那些有显著积累非平衡载流子作用的杂质能级。例如，它所积累的非平衡载流子的数目可以与导带和价带中非平衡载流子的数目相比拟。把有显著陷阱效应的杂质能级称为陷阱，而把相应的杂质和缺陷称为陷阱中心。

与陷阱效应有关的问题常常是比较复杂的，一般都需要考虑复合中心与陷阱同时存在的情况，而且重要的是非稳定的变化过程。原则上讲，复合理论可以用来分析有关陷阱效应的问题。由于问题的复杂性，系统的理论分析还是困难的。本小节仅就简单情况，以复合中心理论为根据，定性地得出关于最有效陷阱的几点基本认识。

在间接复合理论中，在稳定情况下，杂质能级上的电子数由式(5.54) 表示，n_t 与非平衡载流子浓度 Δn 和 Δp 有关。在小注入条件下，能级上的电子积累可由下式导出：

$$\Delta n_t = \left(\frac{\partial n_t}{\partial n}\right)_0 \Delta n + \left(\frac{\partial n_t}{\partial p}\right)_0 \Delta p \tag{5.88}$$

上式中偏微分取相应于平衡时的值。因为 Δn 和 Δp 的影响是相互独立的，并且电子和

空穴的情形在形式上是完全对称的，故要了解能级积累电子的作用，具体考虑上式中任一项就可以了。下面只考虑 Δn 的影响。

$$\Delta n_{\rm t} = \frac{N_{\rm t} r_{\rm n} (r_{\rm n} n_1 + r_{\rm p} p_0)}{[r_{\rm n} (n_0 + n_1) + r_{\rm p} (p_0 + p_1)]^2} \Delta n \tag{5.89}$$

假定能级俘获电子和空穴的能力没有多大差别，为了明显起见，就令 $r_{\rm p} = r_{\rm n}$，那么式 (5.89) 就简化为

$$\Delta n_{\rm t} = \left(\frac{N_{\rm t}}{n_0 + n_1 + p_0 + p_1} \right) \left(\frac{n_1 + p_0}{n_0 + n_1 + p_0 + p_1} \right) \Delta n \tag{5.90}$$

式中第二个因子总是小于 1 的。因此，除非复合中心浓度 $N_{\rm t}$ 可与平衡载流子浓度之和 $n_0 + p_0$ 相比拟或者更大时，是不会有显著的陷阱效应的。而实际上，典型的陷阱，尽管浓度较小，仍可以使陷阱中的非平衡载流子远远超过导带和价带中的非平衡载流子。这说明，典型的陷阱对电子和空穴的俘获概率必须有很大差别。在实际的陷阱问题中，$r_{\rm n}$ 和 $r_{\rm p}$ 的差别常常大到可以忽略较小俘获概率的程度。若 $r_{\rm n} \gg r_{\rm p}$，陷阱俘获电子后，很难俘获空穴，因而被俘获的电子往往在复合前就受到热激发又被重新释放回导带，这种陷阱就是电子陷阱。相反，如果 $r_{\rm p} \gg r_{\rm n}$，陷阱就是空穴陷阱。

为了叙述方便，下面以电子陷阱为例进行讨论。式 (5.89) 适合于讨论电子陷阱的情形，在式中略去 $r_{\rm p}$ 得

$$\Delta n_{\rm t} = \frac{N_{\rm t} n_1}{(n_0 + n_1)^2} \Delta n \tag{5.91}$$

显然，使得 $\Delta n_{\rm t}$ 最大的 n_1 值是

$$n_1 = n_0 \tag{5.92}$$

而相应的 $\Delta n_{\rm t}$ 值是

$$(\Delta n_{\rm t})_{\max} = \frac{N_{\rm t}}{4 n_0} \Delta n \tag{5.93}$$

上面两式表示杂质能级的位置最有利于陷阱作用的情形。由式 (5.93) 可以看出，如果电子是多数载流子，且杂质浓度不很高，那么 $N_{\rm t}$ 可以和平衡载流子浓度 n_0 相比拟或者更大，但是仍旧没有显著的陷阱效应。这就是说，虽然杂质俘获多数载流子的概率比俘获少数载流子的概率大得多，而且杂质能级的位置也最有利于陷阱作用，却仍然不能形成多数载流子陷阱。所以，实际上遇到的常常都是少数载流子的陷阱效应。

当然，一定的杂质能级能否成为陷阱，还取决于能级的位置。最有利于陷阱作用的杂质能级位置由式 (5.92) 决定，它说明杂质能级与平衡时的费米能级重合时，最有利于陷阱作用。对于再低的能级，平衡时已被电子填满，因而不能起陷阱作用。在费米能级以上的能级，平衡时基本上是空着的，适于陷阱的作用，但是随着 $E_{\rm t}$ 的升高，电子被激发到导带的概率 $n_1 r_{\rm n}$ 将迅速提高。因此又得出一个结论：对电子陷阱来说，费米能级 $E_{\rm F}$ 以上的能级，越接近 $E_{\rm F}$，陷阱效应越显著。

从以上的分析可知，电子落入陷阱后，基本上不能直接与空穴复合，它们必须首先被激发到导带，然后才能再通过复合中心而复合，这是非稳定的变化过程。相对于从导带俘获电子的平均时间而言，陷阱中的电子激发到导带所需的平均时间要长得多，因此，陷阱的存在大大增长了从非平衡态恢复到平衡态的弛豫时间。

5.6 载流子的扩散运动、爱因斯坦关系式

5.6.1 载流子的扩散运动

分子、原子、电子等微观粒子，在气体、液体、固体中都可以产生扩散运动。只要微观粒子在各处的浓度不均匀，由于粒子的无规则热运动，就可以引起粒子由浓度高的区域向浓度低的区域扩散。扩散运动完全是由粒子浓度不均匀引起的，它是粒子的有规则运动，但与粒子的无规则运动密切相关。

对于一块均匀掺杂的半导体，例如 n 型半导体，电离施主带正电，电子带负电，由于电中性的要求，各处电荷密度为零，所以载流子分布也是均匀的，即没有浓度差异，因而均匀材料中不会发生载流子的扩散运动。如果用适当波长的光均匀照射这块材料的一面，如图 5.14 所示，并且假定在半导体表面薄层内，光大部分被吸收。那么在表面薄层内将产生非平衡载流子，而内部非平衡载流子却很少，即半导体表面非平衡载流子浓度比内部高，这必然会引起非平衡载流子自表面向内部扩散。下面具体分析注入的非平衡载流子空穴的运动。

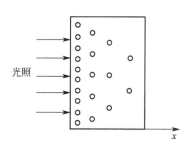

图 5.14 非平衡载流子的扩散

考虑一维情况，即假定非平衡载流子浓度只随 x 变化，写成 $\Delta p(x)$，那么在 x 方向，有：

$$\text{浓度梯度} = \frac{\mathrm{d}\Delta p(x)}{\mathrm{d}x}$$

通常把单位时间内通过单位面积（垂直于 x 轴）的粒子数称为扩散流密度。实验发现，扩散流密度与非平衡载流子浓度梯度成正比。若用 S_p 表示空穴扩散流密度，则有

$$S_p = -D_p \frac{\mathrm{d}\Delta p(x)}{\mathrm{d}x} \tag{5.94}$$

式中，比例系数 D_p 称为空穴扩散系数，单位是 cm^2/s，它反映了非平衡少数载流子扩散本领的大小；负号表示空穴自浓度高的地方向浓度低的地方扩散。上式描写了非平衡少数载流子空穴的扩散规律，称为扩散定律。

由表面注入的空穴，不断向样品内部扩散，在扩散过程中，不断复合而消失。若用恒定光照射样品，那么在表面处非平衡载流子浓度显然将保持恒定值 $(\Delta p)_0$。由于表面不断有注入，半导体内部各点的空穴浓度也不随时间改变，因此形成稳定的分布。这种情况称为稳定扩散。下面研究一维稳定扩散情况下，非平衡少数载流子空穴的变化规律。

一般情况下，扩散流密度 S_p 也随位置 x 而变化。由于扩散，单位时间在单位体积内积累的空穴数为

$$-\frac{\mathrm{d}S_p(x)}{\mathrm{d}x} = D_p \frac{\mathrm{d}^2\Delta p(x)}{\mathrm{d}x^2} \tag{5.95}$$

在稳定情况下，它应等于单位时间单位体积内由于复合而消失的空穴数 $\Delta p(x)/\tau$。这里 τ 是非平衡少数载流子的寿命，因此

$$D_{\mathrm p}\frac{\mathrm{d}^2\Delta p(x)}{\mathrm{d}x^2}=\frac{\Delta p(x)}{\tau} \tag{5.96}$$

这就是一维稳定扩散情况下非平衡少数载流子所遵守的扩散方程，称为稳态扩散方程。它的普遍解为

$$\Delta p(x)=A\exp\left(-\frac{x}{L_{\mathrm p}}\right)+B\exp\left(\frac{x}{L_{\mathrm p}}\right) \tag{5.97}$$

其中

$$L_{\mathrm p}=\sqrt{D_{\mathrm p}\tau} \tag{5.98}$$

下面讨论在两种不同条件下这个解的具体形式。

（1）样品足够厚的情形

非平衡载流子尚未到达样品的另一端，几乎都已消失，这种情况和一个无限厚的样品一样，即当 x 趋向无穷大时，$\Delta p=0$。因此，必有 $B=0$。那么

$$\Delta p(x)=A\exp\left(-\frac{x}{L_{\mathrm p}}\right)$$

当 $x=0$ 时，$\Delta p=(\Delta p)_0$，将它代入上式，得到 $A=(\Delta p)_0$。所以

$$\Delta p(x)=(\Delta p)_0\exp\left(-\frac{x}{L_{\mathrm p}}\right) \tag{5.99}$$

这表明非平衡少数载流子从光照表面的 $(\Delta p)_0$ 开始，向内部按指数式衰减。显然，$L_{\mathrm p}$ 表示空穴在边扩散边复合的过程中，减少至原值的 $1/\mathrm e$ 时所扩散的距离，即 $\Delta p(x+L_{\mathrm p})=\Delta p(x)/\mathrm e$。非平衡载流子平均扩散的距离是

$$\bar{x}=\frac{\int_0^\infty x\Delta p(x)\mathrm{d}x}{\int_0^\infty\Delta p(x)\mathrm{d}x}=\frac{\int_0^\infty x\exp\left(-\frac{x}{L_{\mathrm p}}\right)\mathrm{d}x}{\int_0^\infty\exp\left(-\frac{x}{L_{\mathrm p}}\right)\mathrm{d}x}=L_{\mathrm p} \tag{5.100}$$

因而 $L_{\mathrm p}$ 标志着非平衡载流子深入样品的平均距离，称为扩散长度。由式(5.98)可以看到，扩散长度由扩散系数和材料的寿命决定。材料的扩散系数往往已有标准数据，因而扩散长度的测量常作为测量寿命的方法之一。

将式(5.99)代入式(5.94)得到

$$S_{\mathrm p}(x)=\frac{D_{\mathrm p}}{L_{\mathrm p}}(\Delta p)_0\exp\left(-\frac{x}{L_{\mathrm p}}\right)=\frac{D_{\mathrm p}}{L_{\mathrm p}}\Delta p(x) \tag{5.101}$$

表面处的空穴扩散流密度是 $(\Delta p)_0(D_{\mathrm p}/L_{\mathrm p})$。这表明，向内扩散的空穴流的大小就如同表面的空穴以 $D_{\mathrm p}/L_{\mathrm p}$ 的速度向内运动。

（2）样品为有限厚度

样品厚度为 W，并且在样品另一端设法将非平衡少数载流子全部引出。这时的边界条件是：在 $x=W$ 处，$\Delta p=0$；在 $x=0$ 处，$\Delta p=(\Delta p)_0$。将这两个条件代入式(5.97)就得到

$$A+B=(\Delta p)_0$$
$$A\exp\left(-\frac{W}{L_{\mathrm p}}\right)+B\exp\left(\frac{W}{L_{\mathrm p}}\right)=0 \tag{5.102}$$

解此联立方程得

$$\begin{cases} A = (\Delta p)_0 \dfrac{\exp\left(\dfrac{W}{L_p}\right)}{\exp\left(\dfrac{W}{L_p}\right) - \exp\left(-\dfrac{W}{L_p}\right)} \\[4mm] B = -(\Delta p)_0 \dfrac{\exp\left(-\dfrac{W}{L_p}\right)}{\exp\left(\dfrac{W}{L_p}\right) - \exp\left(-\dfrac{W}{L_p}\right)} \end{cases} \tag{5.103}$$

因此
$$\Delta p(x) = (\Delta p)_0 \dfrac{\sinh\left(\dfrac{W-x}{L_p}\right)}{\sinh\left(\dfrac{W}{L_p}\right)} \tag{5.104}$$

当 W/L_p 很小时，上式可简化为

$$\Delta p(x) \approx (\Delta p)_0 \dfrac{\dfrac{W-x}{L_p}}{\dfrac{W}{L_p}} = (\Delta p)_0 \left(1 - \dfrac{x}{W}\right) \tag{5.105}$$

这时，非平衡载流子浓度在样品内呈线性分布，如图 5.15 所示。其浓度梯度为

$$\dfrac{\mathrm{d}\Delta p(x)}{\mathrm{d}x} = -\dfrac{(\Delta p)_0}{W} \tag{5.106}$$

扩散流密度为

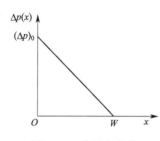

图 5.15 非平衡载流子的线性分布

$$S_p = (\Delta p)_0 \dfrac{D_p}{W} \tag{5.107}$$

这时，扩散流密度是一个常数，这意味着非平衡载流子在样品中没有复合。

对电子来说，扩散定律的表达式为

$$S_n = -D_n \dfrac{\mathrm{d}\Delta n(x)}{\mathrm{d}x} \tag{5.108}$$

式中，S_n 为电子扩散流密度；D_n 为电子的扩散系数。相应的稳态扩散方程是

$$D_n \dfrac{\mathrm{d}^2 \Delta n(x)}{\mathrm{d}x^2} = \dfrac{\Delta n(x)}{\tau} \tag{5.109}$$

因为电子和空穴都是带电粒子，所以它们的扩散运动也必然伴随着电流的出现，形成所谓的扩散电流。空穴的扩散电流密度为

$$(J_p)_{扩} = -qD_p \dfrac{\mathrm{d}\Delta p(x)}{\mathrm{d}x} \tag{5.110}$$

而电子的扩散电流密度为

$$(J_n)_{扩} = qD_n \dfrac{\mathrm{d}\Delta n(x)}{\mathrm{d}x} \tag{5.111}$$

上面讨论了一维情况。一般情况下，非平衡载流子空穴的浓度不仅随 x 变化，而且还与 y、z 有关，这时浓度梯度矢量应为 $\nabla(\Delta p)$。假定载流子在各个方向的扩散系数相同，那么扩散定律的形式是

$$S_p = -D_p \nabla(\Delta p) \tag{5.112}$$

扩散流密度的散度负值就是单位体积内空穴的积累率，即

$$-\nabla S_p = D_p \nabla^2(\Delta p) \tag{5.113}$$

在稳定情况下，它等于单位时间在单位体积内由于复合而消失的空穴数，因而有

$$D_p \nabla^2(\Delta p) = \frac{\Delta p}{\tau_p} \tag{5.114}$$

这就是稳态扩散方程。

空穴的扩散电流密度相应地是

$$(J_p)_{扩} = -q D_p \nabla(\Delta p) \tag{5.115}$$

类似地，电子的扩散电流密度是

$$(J_n)_{扩} = q D_n \nabla(\Delta n) \tag{5.116}$$

5.6.2　爱因斯坦关系式

在讨论半导体的导电性时，详细地研究过载流子的漂移运动。存在非平衡载流子时，当然在外加电场作用下载流子也要做漂移运动，产生漂移电流。这时除了平衡载流子以外，非平衡载流子对漂移电流也有贡献。若外加电场为 $\mathscr{E}$，则电子的漂移电流密度为

$$(J_n)_{漂} = q(n_0 + \Delta n)\mu_n \mathscr{E} = q n \mu_n \mathscr{E} \tag{5.117}$$

空穴的漂移电流为

$$(J_p)_{漂} = q(p_0 + \Delta p)\mu_p \mathscr{E} = q p \mu_p \mathscr{E} \tag{5.118}$$

若半导体中非平衡载流子浓度不均匀，同时又有外加电场的作用，那么除了非平衡载流子的扩散运动外，载流子还要做漂移运动。这时扩散电流和漂移电流叠加在一起构成半导体的总电流。例如，图 5.16 表示一块 n 型的均匀半导体，沿 x 方向加一均匀电场 $\mathscr{E}$，同时在表面处光注入非平衡载流子，则少数载流子空穴的电流密度为

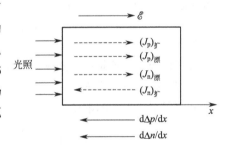

图 5.16　非平衡载流子的一维漂移和扩散

$$J_p = (J_p)_{漂} + (J_p)_{扩} = q p \mu_p \mathscr{E} - q D_p \frac{d\Delta p}{dx} \tag{5.119}$$

电子的电流密度为

$$J_n = (J_n)_{漂} + (J_n)_{扩} = q n \mu_n \mathscr{E} + q D_n \frac{d\Delta n}{dx} \tag{5.120}$$

通过对非平衡载流子漂移运动和扩散运动的讨论，明显地看到，迁移率是反映载流子在电场作用下运动难易程度的物理量，而扩散系数是反映存在浓度梯度时载流子运动难易程度的物理量。爱因斯坦从理论上找到了扩散系数和迁移率之间的定量关系。原来的理论推导只限于平衡的非简并半导体，现就一维情况作简单介绍。

考虑一块处于热平衡状态的非均匀的 n 型半导体，其中施主杂质浓度随 x 增加而下降，当然电子和空穴浓度也都是 x 的函数，写为 $n_0(x)$ 和 $p_0(x)$。由于浓度梯度的存在，必然引起载流子沿 x 方向的扩散，产生扩散电流。

电子扩散电流密度为

$$(J_n)_{扩} = qD_n \frac{\mathrm{d}\Delta n_0(x)}{\mathrm{d}x} \tag{5.121}$$

空穴扩散电流密度为

$$(J_p)_{扩} = -qD_p \frac{\mathrm{d}\Delta p_0(x)}{\mathrm{d}x} \tag{5.122}$$

因为电离杂质是不能移动的，载流子的扩散运动有使载流子均匀分布的趋势，这使半导体内部不再处处保持电中性，因而体内必然存在静电场 $\mathscr{E}$，该电场又产生载流子的漂移电流：

$$(J_n)_{漂} = n_0(x)q\mu_n \mathscr{E} \tag{5.123}$$

$$(J_p)_{漂} = p_0(x)q\mu_p \mathscr{E} \tag{5.124}$$

由于在平衡条件下，不存在宏观电流，因此电场的方向必然是反抗扩散电流，使平衡时电子的总电流和空穴的总电流分别等于零，即

$$J_n = (J_n)_{漂} + (J_n)_{扩} = 0 \tag{5.125}$$

$$J_p = (J_p)_{漂} + (J_p)_{扩} = 0 \tag{5.126}$$

图 5.17 示意地画出了 n 型非均匀半导体中电子的扩散和漂移。图中"+"表示电离施主，"·"表示电子。由式(5.121)、式(5.123) 和式(5.125)得到

$$n_0(x)\mu_n \mathscr{E} = -D_n \frac{\mathrm{d}n_0(x)}{\mathrm{d}x} \tag{5.127}$$

当半导体内部出现电场时，半导体中各处电势不相等，是 x 的函数，写为 $V(x)$，则

$$\mathscr{E} = -\frac{\mathrm{d}V(x)}{\mathrm{d}x} \tag{5.128}$$

在考虑电子的能量时，必须计入附加的静电势能 $-qV(x)$，因而导带底的能量应为 $E_c - qV(x)$，它也相应地随 x 变化。在非简并情况下，电子的浓度应为

$$n_0(x) = N_c \exp\left[\frac{E_F + qV(x) - E_c}{k_0 T}\right] \tag{5.129}$$

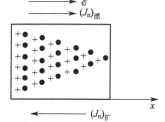

图 5.17　n 型非均匀半导体中电子的漂移和扩散

求导得

$$\frac{\mathrm{d}n_0(x)}{\mathrm{d}x} = n_0(x)\frac{q}{k_0 T} \times \frac{\mathrm{d}V(x)}{\mathrm{d}x} \tag{5.130}$$

将式(5.128) 和式(5.130) 代入式(5.127)，得到

$$\frac{D_n}{\mu_n} = \frac{k_0 T}{q} \tag{5.131}$$

同理，对于空穴，可得

$$\frac{D_p}{\mu_p} = \frac{k_0 T}{q} \tag{5.132}$$

式(5.131) 和式(5.132) 称为爱因斯坦关系式，它表明了非简并情况下载流子迁移率和扩散系数之间的关系。虽然爱因斯坦关系式是针对平衡载流子推导出来的，但实验证明，这个关系可直接用于非平衡载流子。这说明刚刚激发的载流子虽然具有与平衡载流子不同的速度和能量，但由于晶格的作用，在比寿命 τ 短得多的时间内就取得了与该温度相适应的速度分布，因此在复合前绝大部分时间中已和平衡载流子没有什么区别。

利用爱因斯坦关系式，由已知的迁移率数据，可以得到扩散系数。

例如，室温下 $k_0 T/q =$（1/40）V，对杂质浓度不太高的硅，$\mu_n = 1400 \text{cm}^2/(\text{V} \cdot \text{s})$，$\mu_p = 500 \text{cm}^2/(\text{V} \cdot \text{s})$，可以算得，$D_n = 35 \text{cm}^2/\text{s}$，$D_p = 13 \text{cm}^2/\text{s}$。

由式(5.119) 和式(5.120)，再利用爱因斯坦关系式，可以得到半导体中的总电流密度为

$$J = J_n + J_p = q\mu_p (p \mathscr{E} - \frac{k_0 T}{q} \times \frac{\mathrm{d}\Delta p}{\mathrm{d}x}) + q\mu_n (n \mathscr{E} + \frac{k_0 T}{q} \times \frac{\mathrm{d}\Delta n}{\mathrm{d}x}) \tag{5.133}$$

对非均匀半导体，平衡载流子浓度也随 x 而变化，扩散电流应由载流子的总浓度梯度 $\mathrm{d}n/\mathrm{d}x$、$\mathrm{d}p/\mathrm{d}x$ 决定。上式又可写为

$$J = q\mu_p (p \mathscr{E} - \frac{k_0 T}{q} \times \frac{\mathrm{d}p}{\mathrm{d}x}) + q\mu_n (n \mathscr{E} + \frac{k_0 T}{q} \times \frac{\mathrm{d}n}{\mathrm{d}x}) \tag{5.134}$$

这就是半导体中同时存在扩散运动和漂移运动时的电流密度方程式。

5.7　半导体器件物理学基本方程

在前面几节中已经概述了半导体中非平衡载流子的相关参数和特性，这些内容现在将被归纳为一组能描述半导体器件工作原理的基本方程。这些方程的解能够确定包括光伏电池在内的大部分半导体器件的理想特性。忽略其余二维空间的变化，方程组将写成一维的形式。它们的三维形式与一维形式是相似的，其中的区别只是三维形式用对矢量（电场、电流密度）的散度算符和对标量（浓度、势能）的梯度算符来代替空间微商。

5.7.1　泊松方程

这个方程组的第一方程也许在静电学中就已经有所接触了。这第一个方程就是泊松方程，它是麦克斯韦方程组中的一个方程，描述了电场散度与空间电荷密度 ρ 之间的关系。在一维情况下，其形式为

$$\frac{\mathrm{d}\mathscr{E}}{\mathrm{d}x} = \frac{\rho}{\varepsilon} \tag{5.135}$$

式中，ε 是材料的介电常数。此方程式是高斯定律的微分形式。高斯定律对我们来说可能更熟悉一些。

在此不妨来审视半导体中电荷密度 ρ 的贡献者。导带中的一个电子贡献一个负电荷，而一个空穴贡献一个正电荷。一个已电离的施主杂质由于不能抵消原子核的多余正电荷而贡献一个正电荷；同理，一个已电离的受主杂质贡献一个负电荷。因此

$$\rho = q(p - n + N_D^+ - N_A^-) \tag{5.136}$$

式中，p 和 n 是空穴和电子的浓度；N_D^+ 和 N_A^- 分别是已电离的施主和受主的浓度。非刻意掺杂的杂质和缺陷也具有电荷储存中心的作用，因此相应的项应该包含在式(5.136)中。然而，由于这种杂质和缺陷的体密度在光伏电池中应保持尽可能地小，因此它们对电荷的贡献相对来讲是很小的。

如第 2 章中所提到的，在正常情况下，大部分施主和受主都被电离，因此

$$N_D^+ \approx N_D \tag{5.137}$$

$$N_A^- \approx N_A \tag{5.138}$$

式中，N_D 和 N_A 为施主和受主杂质的掺杂浓度。

5.7.2 电流密度方程

在前面几节中已经看出，电子和空穴通过漂移和扩散过程可对电流作出贡献。因此，电子和空穴的总电流密度 J_n 和 J_p 可写成

$$J_n = qn\mu_n \mathscr{E} + qD_n \frac{dn}{dx} \tag{5.139}$$

$$J_p = qp\mu_p \mathscr{E} - qD_p \frac{dp}{dx} \tag{5.140}$$

5.7.3 连续性方程

方程组最后一个方程式为"簿记"型方程，此方程仅考虑系统中电子和空穴的数目并保证电流的连续性。如图 5.18 中长为 δx、横截面积为 A 的体积，可以说这个体积中电子的净增加率等于电子流入的速率减去电子流出的速率，加上该体积中电子的产生率，减去电子的复合率。而电子的流入速率和流出速率与单位体积所对应的进出面上的电流密度成正比。

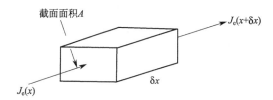

图 5.18　推导电子连续性方程所用的体积单元

因此

$$流入速率 - 流出速率 = \frac{A}{q}\{-J_n(x) - [-J_n(x+\delta x)]\} = \frac{A}{q} \times \frac{dJ_n}{dx}\delta x \tag{5.141}$$

$$产生率 - 复合率 = A\delta x(G-U) \tag{5.142}$$

式中，G 是由于外部作用（如光照）引起的净产生率；U 是净复合率。在稳态情况下，净增加率必须为 0，因此

$$\frac{1}{q} \times \frac{dJ_n}{dx} = U - G \tag{5.143}$$

同样，对于空穴而言，有

$$\frac{1}{q} \times \frac{dJ_p}{dx} = -(U-G) \tag{5.144}$$

在极坐标下，对于电子而言，有

$$\frac{1}{q}\left(\frac{\partial J_n}{\partial \gamma} + \frac{1}{r} \times \frac{\partial J_n}{\partial \varphi}\right) = U - G$$

对于空穴而言，有

$$\frac{1}{q}\left(\frac{\partial J_n}{\partial \gamma} + \frac{1}{r} \times \frac{\partial J_n}{\partial \varphi}\right) = -(U-G)$$

5.7.4　基本方程组

归纳起来，半导体器件的基本方程组（一维情况下）为

$$
\begin{cases}
\dfrac{d\mathscr{E}}{dx}=\dfrac{q}{\varepsilon}(p-n+N_D-N_A) \\[2mm]
J_n=qn\mu_n\,\mathscr{E}+qD_n\dfrac{dn}{dx} \\[2mm]
J_p=qp\mu_p\,\mathscr{E}-qD_p\dfrac{dp}{dx} \\[2mm]
\dfrac{1}{q}\times\dfrac{dJ_n}{dx}=U-G \\[2mm]
\dfrac{1}{q}\times\dfrac{dJ_p}{dx}=-(U-G)
\end{cases}
\tag{5.145}
$$

对于 U 和 G，还需要辅助关系式。这两项的表达式取决于所涉及的具体过程，如 5.4 和 5.5 节所述。式(5.145) 形成一组互相关联的非线性微分方程组，一般不能找到通用的解析解。但可用计算机求出一系列数值解，通过引入一系列周详的近似条件，可求方程的解析解，而且对所涉及的物理原理可以获得更透彻的理解。该方法将在第 6 章中讨论。

习　题

5.1　用强光照射 n 型样品，假定光被均匀地吸收，产生过剩载流子，产生率为 g_p，空穴寿命为 τ。①写出光照下过剩载流子所满足的方程；②求出光照下达到稳定状态时的过剩载流子浓度。

5.2　n 型硅中，掺杂浓度 $N_D=10^{16}\ \mathrm{cm}^{-3}$，光注入的非平衡载流子浓度 $\Delta n=\Delta p=10^{14}\ \mathrm{cm}^{-3}$。计算无光照和有光照时的电导率。

5.3　画出 p 型半导体在光照（小注入）前后的能带图，标出原来的费米能级和光照时的准费米能级。

5.4　掺施主浓度 $N_D=10^{15}\ \mathrm{cm}^{-3}$ 的 n 型硅，由于光的照射产生非平衡载流子，$\Delta n=\Delta p=10^{14}\ \mathrm{cm}^{-3}$。计算这种情况下准费米能级的位置，并和原来的费米能级作比较。

5.5　把一种复合中心杂质掺入本征硅内，如果它的能级位置在禁带中央，试证明小注入时的寿命 $\tau=\tau_n+\tau_p$。

5.6　一块 n 型硅内掺有 $10^{16}\mathrm{cm}^{-3}$ 的金原子，试求它在小注入时的寿命。若一块 p 型硅内也掺有 $10^{16}\mathrm{cm}^{-3}$ 的金原子，它在小注入时的寿命又是多少？

5.7　设空穴浓度是线性分布，在 $3\mu\mathrm{m}$ 内的浓度差为 $10^{15}\mathrm{cm}^{-3}$，$\mu_p=400\mathrm{cm}^2/(\mathrm{V\cdot s})$。试计算空穴扩散电流密度。

5.8　一块电阻率为 $3\Omega\cdot\mathrm{cm}$ 的 n 型硅样品，空穴寿命 $\tau_p=5\mu\mathrm{s}$，在其平面形的表面处有稳定的空穴注入，过剩空穴浓度 $\Delta p\mid_{x=0}=10^{13}\mathrm{cm}^{-3}$。计算从这个表面扩散进入半导体内部的空穴电流密度，以及在离表面多远处过剩空穴浓度等于 $10^{12}\mathrm{cm}^{-3}$？

参 考 文 献

［1］ 刘恩科，朱秉升，罗晋生 . 半导体物理学 ［M］. 北京：电子工业出版社，2011.

［2］ Jenny Nelson. 光伏电池物理 ［M］. 高扬，译 . 上海：上海交通大学出版社，2011.

［3］ Martin A Green. 光伏电池工作原理、技术和系统应用 ［M］. 狄大卫，等译 . 上海：上海交通大学出版社，2011.

［4］ 周世勋 . 量子力学 ［M］. 上海：上海科学技术出版社，1961.

［5］ 谢希德，方俊鑫 . 固体物理学：上册 ［M］. 上海：上海科学技术出版社，1961.

第**6**章

pn 结

前面几章中，分别研究了 n 型及 p 型半导体中载流子的浓度和运动情况，认识了体内杂质分布均匀的半导体在热平衡状态和非平衡状态下的一些物理性质。光伏电池的核心部分就是由 n 型半导体和 p 型半导体结合在一起形成的 pn 结，理解和掌握 pn 结的性质是本课程的核心问题之一。

6.1 pn 结的制备与杂质分布

在一块 n 型（或 p 型）半导体晶片上，用适当的工艺方法（如合金法、扩散法、生长法、离子注入法等）把 p 型（或 n 型）杂质掺入其中，使这块单晶的不同区域分别具有 n 型和 p 型的导电类型，在两者的交界面处就形成了 pn 结。图 6.1 为其基本结构示意图。下面简单介绍两种常用的形成 pn 结的典型工艺方法及制得的 pn 结中杂质的分布情况。

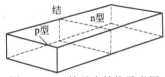

图 6.1 pn 结基本结构示意图

6.1.1 合金法

图 6.2 表示用合金法制造 pn 结的过程。把一小粒铝放在一块 n 型单晶硅片上，加热到一定的温度，形成铝硅的熔融体；然后降低温度，熔融体开始凝固，在 n 型硅片上形成一含有高浓度铝的 p 型硅薄层，它与 n 型硅衬底的交界面处即为 pn 结（这时称为铝硅合金结）。

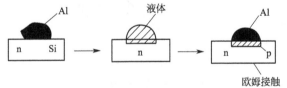

图 6.2 合金法制造 pn 结过程

合金结的杂质分布如图 6.3 所示。其特点是，n 型区中施主杂质浓度为 N_A，而且均匀分布；p 型区中受主杂质浓度为 N_A，也是均匀分布。在交界面处，杂质浓度由 N_A（p 型）突变为 N_D（n 型），具有这种杂质分布的 pn 结称为突变结。设 pn 结的位置在 $x = x_j$ 处，则突变结的杂质分布可以表示为

$$\begin{cases} N(x) = N_A & x < x_j \\ N(x) = N_D & x > x_j \end{cases} \tag{6.1}$$

实际的突变结，两边的杂质浓度相差很多，例如 n 区的施主杂质浓度为 $10^{16} \mathrm{cm}^{-3}$，而

p区的受主杂质浓度为 $10^{19}\mathrm{cm}^{-3}$，通常称这种结为单边突变结（这里是 $\mathrm{p^+n}$ 结）。

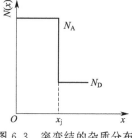

图 6.3　突变结的杂质分布

6.1.2　扩散法

图 6.4 表示用扩散法制造 pn 结（也称扩散结）的过程。它是在 n 型单晶硅片上，通过氧化、光刻、扩散等工艺制得的 pn 结。其杂质分布由扩散过程及杂质补偿决定。在这种结中，杂质浓度从 p 区到 n 区是逐渐变化的，通常称为缓变结，如图 6.5（a）所示。设 pn 结位置在 $x=x_\mathrm{j}$ 处，则结中的杂质分布可表示为

$$\begin{cases} x<x_\mathrm{j}, N_A>N_D \\ x>x_\mathrm{j}, N_D>N_A \end{cases} \tag{6.2}$$

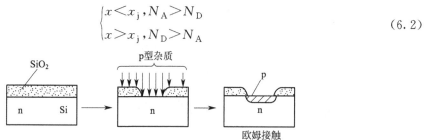

图 6.4　扩散法制造 pn 结过程

在扩散结中，若杂质分布可用 $x=x_\mathrm{j}$ 处的切线近似表示，则称为线性缓变结，如图 6.5（b）所示。因此线性缓变结的杂质分布可表示为

$$N_D-N_A=\alpha_\mathrm{j}(x-x_\mathrm{j}) \tag{6.3}$$

式中，α_j 是 $x=x_\mathrm{j}$ 处切线的斜率，称为杂质浓度梯度，它取决于扩散杂质的实际分布，可以用实验方法测定。但是对于高表面浓度的浅扩散结，x_j 处的斜率 α_j 很大，这时扩散结用突变结来近似，如图 6.5（c）所示。

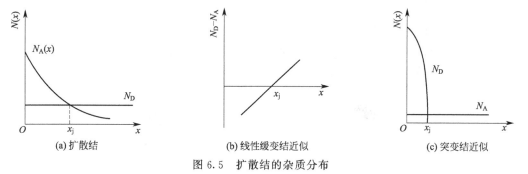

图 6.5　扩散结的杂质分布

综上所述，pn 结的杂质分布一般可以归纳为两种情况，即突变结和线性缓变结。合金结和高表面浓度的浅扩散结（$\mathrm{p^+n}$ 结或 $\mathrm{n^+p}$ 结）一般可认为是突变结，而低表面浓度的深扩散结，一般可以认为是线性缓变结。

6.2　pn 结静电学

6.2.1　空间电荷区与能带图

考虑两块半导体单晶，一块是 n 型，一块是 p 型。在 n 型中，电子很多而空穴很少；在

p 型中，空穴很多而电子很少。但是，在 n 型中的电离施主与少量空穴的正电荷严格平衡电子电荷；而 p 型中的电离受主与少量电子的负电荷严格平衡空穴电荷。因此，单独的 n 型和 p 型半导体是电中性的。当这两块半导体结合形成 pn 结时，由于它们之间存在着载流子浓度梯度，导致了空穴从 p 区到 n 区、电子从 n 区到 p 区的扩散运动。对于 p 区，空穴离开后，留下了不可动的带负电荷的电离受主，这些电离受主，没有正电荷与之保持电中性。因此，在 pn 结附近 p 区一侧出现了一个负电荷区。同理，在 pn 结附近 n 区一侧出现了由电离施主构成的一个正电荷区，通常就把在 pn 结附近的这些电离施主和电离受主所带

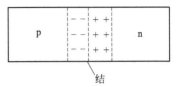

图 6.6　pn 结的空间电荷区

电荷称为空间电荷。它们所存在的区域称为空间电荷区，如图 6.6 所示。

　　空间电荷区中的这些电荷产生了从 n 区指向 p 区，即从正电荷指向负电荷的电场，称为内建电场。在内建电场作用下，载流子做漂移运动。显然，电子和空穴的漂移运动方向与它们各自的扩散运动方向相反。因此，内建电场起着阻碍电子和空穴继续扩散的作用。

　　随着扩散运动的进行，空间电荷逐渐增多，空间电荷区也逐渐扩展；同时，内建电场逐渐增强，载流子的漂移运动也逐渐加强。在无外加电压的情况下，载流子的扩散和漂移最终将达到动态平衡，即从 n 区向 p 区扩散过去多少电子，同时就有同样多的电子在内建电场作用下返回 n 区。因而电子的扩散电流和漂移电流的大小相等、方向相反而互相抵消。对于空穴，情况完全相似。因此，没有电流流过 pn 结，或者说流过 pn 结的净电流为零。这时空间电荷的数量一定，空间电荷区不再继续扩展，保持一定的宽度，其中存在一定的内建电场。一般称这种情况为热平衡状态下的 pn 结（简称为平衡 pn 结）。

　　平衡 pn 结的情况可以用能带图表示。图 6.7（a）表示 n 型、p 型两块半导体的能带图，图中 E_{Fn} 和 E_{Fp} 分别表示 n 型和 p 型半导体的费米能级。当两块半导体结合形成 pn 结时，按照费米能级的意义，电子将从费米能级高的 n 区流向费米能级低的 p 区，空穴则从 p 区流向 n 区，因而 E_{Fn} 不断下移，且 E_{Fp} 不断上移，直至 $E_{Fn}=E_{Fp}$ 时为止。这时 pn 结中有统一的费米能级 E_F，pn 结处于平衡状态，其能带如图 6.7（b）所示。事实上，E_{Fn} 是随着 n 区能带一起下移的，E_{Fp} 则随着 p 区能带一起上移。能带相对移动的原因是 pn 结空间电荷区中存在内建电场。随着从 n 区指向 p 区的内建电场不断增加，空间电荷区内电势 $V(x)$ 由 n 区向 p 区不断降低，而电子的电势能 $-qV(x)$ 则由 n 区向 p 区不断升高。所以，p 区的能带相对 n 区上移，而 n 区能带相对 p 区下移，直至费米能级处处相等时，能带才停止相对移动，pn 结达到平衡状态。因此，pn 结中费米能级处处相等恰好标志了每一种载流子的扩散电流和漂移电流都互相抵消，没有净电流通过 pn 结。这一结论还可以从电流密度方程式推出。

　　首先考虑电子电流，流过 pn 结的总电子电流密度 J_n 应等于电子的漂移电流密度 $nq\mu_n\mathscr{E}$ 与扩散电流密度 $qD_n dn/dx$ 之和，即

$$J_n = qn\mu_n\mathscr{E} + qD_n\frac{dn}{dx}$$

因 $D_n = k_0T\mu_n/q$，则

$$J_n = qn\mu_n\left(\mathscr{E} + \frac{k_0T}{q}\times\frac{d}{dx}\ln n\right) \tag{6.4}$$

又因为 $n = n_i\exp[(E_F-E_i)/(k_0T)]$，所以

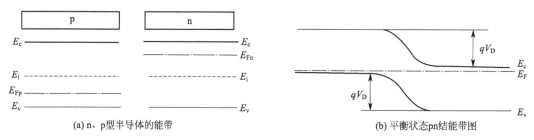

(a) n、p 型半导体的能带   (b) 平衡状态pn结能带图

图 6.7　pn 结能带图

$$\ln n = \ln n_i + \frac{E_F - E_i}{k_0 T} \tag{6.5}$$

$$\frac{d}{dx} \ln n = \frac{1}{k_0 T} \left(\frac{dE_F}{dx} - \frac{dE_i}{dx} \right)$$

则
$$J_n = q n \mu_n \left[\mathscr{E} + \frac{1}{q} \left(\frac{dE_F}{dx} - \frac{dE_i}{dx} \right) \right]$$

而本征费米能级 E_i 的变化与电子电势能 $-qV(x)$ 的变化一致，所以

$$\frac{dE_i}{dx} = -q \frac{dV(x)}{dx} = q \mathscr{E} \tag{6.6}$$

将式(6.6) 代入式(6.5) 得

$$J_n = n \mu_n \frac{dE_F}{dx} \ \text{或} \ \frac{dE_F}{dx} = \frac{J_n}{n \mu_n} \tag{6.7}$$

同理，空穴电流密度为

$$J_p = p \mu_p \frac{dE_F}{dx} \ \text{或} \ \frac{dE_F}{dx} = \frac{J_p}{p \mu_p} \tag{6.8}$$

以上两式表示了费米能级随位置的变化和电流密度的关系。对于平衡 pn 结，J_n、J_p 均为零。因此

$$\frac{dE_F}{dx} = 0, E_F = \text{常数}$$

以上两式还表示了当电流密度一定时，载流子浓度大的地方，E_F 随位置变化小；而载流子浓度小的地方，E_F 随位置变化就较大。

从图 6.7 (b) 可以看出，在 pn 结的空间电荷区中能带发生弯曲，这是空间电荷区中电势能变化的结果。因能带弯曲，电子从势能低的 n 区向势能高的 p 区运动时，必须克服这一势能"高坡"，才能达到 p 区；同理，空穴也必须克服这一势能"高坡"，才能从 p 区到达 n 区。这一势能"高坡"通常称为 pn 结的势垒，故空间电荷区也叫势垒区。

6.2.2　pn 结接触电势差

平衡 pn 结的空间电荷区两端间的电势差 V_D 称为 pn 结的接触电势差或内建电势差。相应的电子电势能之差即能带的弯曲量 qV_D，称为 pn 结的势垒高度。

从图 6.7 (b) 可知，势垒高度正好补偿了 n 区和 p 区费米能级之差，使平衡 pn 结的费米能级处处相等，因此

$$qV_D = E_{Fn} - E_{Fp} \tag{6.9}$$

根据式(4.46)、式(4.47)，令 n_{n0}、n_{p0} 分别表示 n 区和 p 区的平衡电子浓度，则对非简并半导体可得

$$n_{n0}=n_i \exp\left(\frac{E_{Fn}-E_i}{k_0 T}\right), n_{p0}=n_i \exp\left(\frac{E_{Fp}-E_i}{k_0 T}\right)$$

两式相除取对数得

$$\ln \frac{n_{n0}}{n_{p0}}=\frac{1}{k_0 T}(E_{Fn}-E_{Fp})$$

因为 $n_{n0} \approx N_D$，$n_{p0} \approx n_i^2/N_A$，则

$$V_D=\frac{1}{q}(E_{Fn}-E_{Fp})=\frac{k_0 T}{q}\ln \frac{n_{n0}}{n_{p0}}=\frac{k_0 T}{q}\ln \frac{N_D N_A}{n_i^2} \tag{6.10}$$

上式表明，V_D 和 pn 结两边的掺杂浓度、温度、材料的禁带宽度有关。在一定的温度下，突变结两边掺杂浓度越高，接触电势差 V_D 越大；禁带宽度越大，n_i 越小，V_D 也越大。若 $N_A=10^{17}\,\text{cm}^{-3}$，$N_D=10^{15}\,\text{cm}^{-3}$，在室温下可以算得硅的 $V_D=0.70\text{V}$。

6.2.3　pn 结载流子浓度分布

现在来计算平衡 pn 结中各处的载流子浓度，取 p 区电势为零，则势垒区中任一点 x 的电势 $V(x)$ 为正值。越接近 n 区的点，其电势越高，到势垒区边界 x_n 处的 n 区电势最高为 V_D，如图 6.8 所示。图 6.8 中 x_n、$-x_p$ 分别为 n 区和 p 区势垒区边界。对电子而言，相应的 p 区电势能比 n 区的电势能 $E(x_n)=E_{cn}=-qV_D$ 高 qV_D。势垒区内点 x 处的电势能为 $E(x)=-qV(x)$，比 n 区高 $qV_D-qV(x)$。

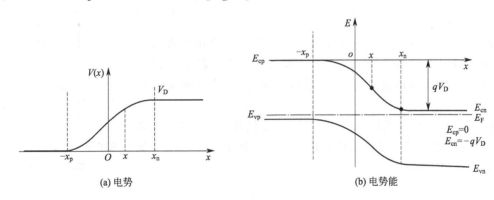

(a) 电势　　　　　　　　　　　(b) 电势能

图 6.8　平衡 pn 结中电势和电势能

对非简并材料，由式(4.15)可得点 x 处的电子浓度 $n(x)$ 为

$$n(x)=\int_{E(x)}^{\infty} \frac{1}{2\pi^2} \times \frac{(2m_{dn})^{3/2}}{\hbar^3}\exp\left(-\frac{E-E_F}{k_0 T}\right)[E-E(x)]^{1/2}\,\text{d}E \tag{6.11}$$

令 $Z=[E-E(x)]/(k_0 T)$，则式(6.11) 变为

$$n(x)=\frac{1}{2\pi^2} \times \frac{(2m_{dn})^{3/2}}{\hbar^3}(k_0 T)^{3/2}\exp\left[\frac{E_F-E(x)}{k_0 T}\right]\int_0^{\infty} Z^{1/2}\text{e}^{-z}\,\text{d}Z$$

$$=\frac{2}{\hbar^3}\left(\frac{m_{dn}k_0 T}{2\pi}\right)^{3/2}\exp\left[\frac{E_F-E(x)}{k_0 T}\right]$$

$$= N_c \exp\left[\frac{E_F - E(x)}{k_0 T}\right] \tag{6.12}$$

因为 $E(x) = -qV(x)$，$n_{n0} = N_c \exp\left(\dfrac{E_F - E_{cn}}{k_0 T}\right)$，而 $E_{cn} = -qV_D$，所以

$$n(x) = n_{n0} \exp\left[\frac{E_{cn} - E(x)}{k_0 T}\right] = n_{n0} \exp\left[\frac{qV(x) - qV_D}{k_0 T}\right] \tag{6.13}$$

当 $x = x_n$ 时，$V(x) = V_D$，所以 $n(x_n) = n_{n0}$；当 $x = -x_p$ 时，$V(x) = 0$，则 $n(-x_p) = n_{n0} \exp\left(-\dfrac{qV_D}{k_0 T}\right)$。$n(-x_p)$ 就是 p 区中平衡少数载流子——电子的浓度 n_{p0}，因此

$$n_{p0} = n_{n0} \exp\left(-\frac{qV_D}{k_0 T}\right) \tag{6.14}$$

同理，可以求得点 x 处的空穴浓度 $p(x)$ 为

$$p(x) = p_{n0} \exp\left[\frac{qV_D - qV(x)}{k_0 T}\right] \tag{6.15}$$

式中，p_{n0} 是 n 区平衡少数载流子——空穴的浓度。当 $x = x_n$ 时，$V(x) = V_D$，故得 $p(x_n) = p_{n0}$；当 $x = -x_p$ 时，$V(x) = 0$，则 $p(-x_p) = p_{n0} \exp\left(\dfrac{qV_D}{k_0 T}\right)$。$p(-x_p)$ 就是 p 区中平衡多数载流子——空穴的浓度 p_{p0}，因此

$$p_{p0} = p_{n0} \exp\left(\frac{qV_D}{k_0 T}\right) \tag{6.16}$$

或 $$p_{n0} = p_{p0} \exp\left(-\frac{qV_D}{k_0 T}\right) \tag{6.17}$$

式（6.13）和式（6.15）表示平衡 pn 结中电子和空穴的浓度分布，如图 6.9 所示。式（6.14）和式（6.17）表示了同一种载流子在势垒区两边的浓度关系服从玻尔兹曼分布函数的关系。

利用式（6.13）和式（6.15）可以估算 pn 结势垒区中各处的载流子浓度。例如，势垒区内电势能比 n 区导带底 E_{cn} 高 0.1eV 的点 x 处的载流子浓度为

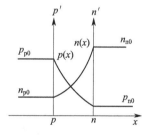

图 6.9 平衡 pn 结中的
载流子分布

$$n(x) = n_{n0} e^{-\frac{0.1}{0.026}} \approx \frac{n_{n0}}{50} \approx \frac{N_D}{50}$$

如设势垒高度为 0.7eV，则该处空穴浓度为

$$p(x) = p_{n0} \exp\left[\frac{qV_D - qV(x)}{k_0 T}\right] = p_{p0} \exp\left[-\frac{qV(x)}{k_0 T}\right] = p_{p0} e^{-\frac{0.6}{0.026}} \approx 10^{-10} p_{p0} \approx 10^{-10} N_A$$

可见，势垒区中势能比 n 区导带底高 0.1eV 处，价带空穴浓度为 p 区多数载流子的 10^{-10} 倍，而该处的导带电子浓度为 n 区多数载流子的 1/50。一般室温附近，对于绝大部分势垒区，其中杂质虽然都已电离，但载流子浓度比起 n 区和 p 区的多数载流子浓度小得多，好像已经耗尽了。所以通常也称势垒区为耗尽层，即认为其中载流子浓度很小，可以忽略，空间电荷密度就等于电离杂质浓度。

6.2.4　势垒区特性

（1）突变结势垒区中的电场、电势分布

在 pn 结势垒区中，在耗尽层近似以及杂质完全电离的情况下，空间电荷由电离施主和电离受主组成。势垒区靠近 n 区一侧的电荷密度完全由施主浓度决定，靠近 p 区一侧的电荷密度完全由受主浓度决定。对突变结来说，n 区有均匀施主杂质浓度 N_D，p 区有均匀受主浓度 N_A，若势垒区的正负空间电荷区的宽度分别为 x_n 和 x_p，且取 $x=0$ 处为交界面，如图 6.10 所示，则势垒区的电荷密度为

$$\begin{cases} \rho(x) = -qN_A & (-x_p < x < 0) \\ \rho(x) = qN_D & (0 < x < x_n) \end{cases} \quad (6.18)$$

势垒区宽度

$$X_D = x_n + x_p \quad (6.19)$$

因整个半导体满足电中性条件，势垒区内正负电荷总量相等，即

$$qN_A x_p = qN_D x_n = Q \quad (6.20)$$

式中，Q 就是势垒区中单位面积上所积累的空间电荷的数值。上式化为

$$N_A x_p = N_D x_n \quad (6.21)$$

式（6.21）表明，势垒区内正负空间电荷区的宽度和该区的杂质浓度成反比。杂质浓度高的一边宽度小，杂质浓度低的一边宽度大。例如，若 $N_A = 10^{16}\,\mathrm{cm}^{-3}$，$N_D = 10^{18}\,\mathrm{cm}^{-3}$，则 x_p 比 x_n 大 100 倍。所以势垒区主要向杂质浓度低的一边扩展。

突变结势垒区内的泊松方程为

$$\begin{cases} \dfrac{d^2 V_1(x)}{dx^2} = \dfrac{qN_A}{\varepsilon_r \varepsilon_0} & (-x_p < x < 0) \\[3mm] \dfrac{d^2 V_2(x)}{dx^2} = -\dfrac{qN_D}{\varepsilon_r \varepsilon_0} & (0 < x < x_n) \end{cases} \quad (6.22)$$

式中，$V_1(x)$、$V_2(x)$ 分别是负、正空间电荷区中的各点电势。将式（6.22）积分一次得

$$\begin{cases} \dfrac{dV_1(x)}{dx} = \left(\dfrac{qN_A}{\varepsilon_r \varepsilon_0}\right)x + C_1 & (-x_p < x < 0) \\[3mm] \dfrac{dV_2(x)}{dx} = -\left(\dfrac{qN_D}{\varepsilon_r \varepsilon_0}\right)x + C_2 & (0 < x < x_n) \end{cases} \quad (6.23)$$

式中，C_1、C_2 是积分常数，可以用边界条件确定。因为势垒区以外是电中性的，电场集中在势垒区内，故得边界条件为

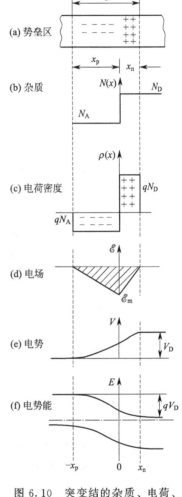

图 6.10　突变结的杂质、电荷、电场、电势、电势能分布

$$\begin{cases} \mathscr{E}(-x_\mathrm{p}) = -\dfrac{\mathrm{d}V_1(x)}{\mathrm{d}x}\bigg|_{x=-x_\mathrm{p}} = 0 \\[3mm] \mathscr{E}(x_\mathrm{n}) = -\dfrac{\mathrm{d}V_2(x)}{\mathrm{d}x}\bigg|_{x=x_\mathrm{n}} = 0 \end{cases} \tag{6.24}$$

将式(6.24)代入式(6.23)得

$$C_1 = \frac{qN_\mathrm{A}x_\mathrm{p}}{\varepsilon_\mathrm{r}\varepsilon_0}, C_2 = \frac{qN_\mathrm{D}x_\mathrm{n}}{\varepsilon_\mathrm{r}\varepsilon_0} \tag{6.25}$$

因 $N_\mathrm{A}x_\mathrm{p} = N_\mathrm{D}x_\mathrm{n}$，所以 $C_1 = C_2$。因此势垒区中的电场为

$$\begin{cases} \mathscr{E}_1(x) = -\dfrac{\mathrm{d}V_1(x)}{\mathrm{d}x} = -\dfrac{qN_\mathrm{A}(x+x_\mathrm{p})}{\varepsilon_\mathrm{r}\varepsilon_0} & (-x_\mathrm{p} < x < 0) \\[3mm] \mathscr{E}_2(x) = -\dfrac{\mathrm{d}V_2(x)}{\mathrm{d}x} = \dfrac{qN_\mathrm{D}(x-x_\mathrm{n})}{\varepsilon_\mathrm{r}\varepsilon_0} & (0 < x < x_\mathrm{n}) \end{cases} \tag{6.26}$$

式中，$\mathscr{E}_1(x)$、$\mathscr{E}_2(x)$ 分别为负、正空间电荷区中各点的电场强度。可以看出，在平衡突变结势垒区中，电场强度是位置 x 的线性函数。电场方向沿 x 负方向，从 n 区指向 p 区。在 $x=0$ 处，电场强度达到最大值 $\mathscr{E}_\mathrm{m}$，即

$$\mathscr{E}_\mathrm{m} = -\frac{\mathrm{d}V_1(x)}{\mathrm{d}x}\bigg|_{x=0} = -\frac{\mathrm{d}V_2(x)}{\mathrm{d}x}\bigg|_{x=0} = -\frac{qN_\mathrm{A}x_\mathrm{p}}{\varepsilon_\mathrm{r}\varepsilon_0} = -\frac{qN_\mathrm{D}x_\mathrm{n}}{\varepsilon_\mathrm{r}\varepsilon_0} = -\frac{Q}{\varepsilon_\mathrm{r}\varepsilon_0} \tag{6.27}$$

由式(6.26)和式(6.27)得到势垒区内电场分布，如图6.10（d）所示。

对于 $\mathrm{p}^+\mathrm{n}$ 结，$N_\mathrm{A} \gg N_\mathrm{D}$，则 $x_\mathrm{n} \gg x_\mathrm{p}$，即 p 区中电荷密度很大，使势垒区的扩散几乎都发生在 n 区中。反之，对于 $\mathrm{n}^+\mathrm{p}$ 结，势垒扩展主要发生在 p 区中。这时因为势垒区宽度 $X_\mathrm{D} \approx x_\mathrm{n}$ 或 $X_\mathrm{D} \approx x_\mathrm{p}$，所以最大电场强度 $\mathscr{E}_\mathrm{m}$ 为：

对 $\mathrm{p}^+\mathrm{n}$
$$\mathscr{E}_\mathrm{m} = -\frac{qN_\mathrm{D}x_\mathrm{n}}{\varepsilon_\mathrm{r}\varepsilon_0}$$

对 $\mathrm{n}^+\mathrm{p}$
$$\mathscr{E}_\mathrm{m} = -\frac{qN_\mathrm{A}x_\mathrm{p}}{\varepsilon_\mathrm{r}\varepsilon_0} \tag{6.28}$$

则
$$\mathscr{E}_\mathrm{m} = \frac{qN_\mathrm{B}X_\mathrm{D}}{\varepsilon_\mathrm{r}\varepsilon_0}$$

式中，N_B 为轻掺杂一边的杂质浓度。上式中省去了表示电场强度方向的负号。

对式(6.26)积分，得到势垒区中各点的电势为

$$\begin{cases} V_1(x) = \left(\dfrac{qN_\mathrm{A}}{2\varepsilon_\mathrm{r}\varepsilon_0}\right)x^2 + \left(\dfrac{qN_\mathrm{A}x_\mathrm{p}}{\varepsilon_\mathrm{r}\varepsilon_0}\right)x + D_1 & (-x_\mathrm{p} < x < 0) \\[3mm] V_1(x) = -\left(\dfrac{qN_\mathrm{D}}{2\varepsilon_\mathrm{r}\varepsilon_0}\right)x^2 + \left(\dfrac{qN_\mathrm{D}x_\mathrm{n}}{\varepsilon_\mathrm{r}\varepsilon_0}\right)x + D_2 & (0 < x < x_\mathrm{n}) \end{cases} \tag{6.29}$$

式中，D_1、D_2 是积分常数，由边界条件确定。设 p 型中性区的电势为零，则在热平衡条件下边界条件为

$$V_1(-x_\mathrm{p}) = 0, V_2(x_\mathrm{n}) = V_\mathrm{D} \tag{6.30}$$

把式(6.30)代入式(6.29)得

$$D_1 = \frac{qN_\mathrm{A}}{2\varepsilon_\mathrm{r}\varepsilon_0}x_\mathrm{p}^2, D_2 = V_\mathrm{D} - \frac{qN_\mathrm{D}}{2\varepsilon_\mathrm{r}\varepsilon_0}x_\mathrm{n}^2 \tag{6.31}$$

因为在 $x=0$ 处，电势是连续的，即

$$V_1(0) = V_2(0) \tag{6.32}$$

所以 $D_1 = D_2$。将 D_1、D_2 代入式 (6.29) 得

$$\begin{cases} V_1(x) = \dfrac{qN_A(x^2 + x_p^2)}{2\varepsilon_r\varepsilon_0} + \dfrac{qN_A x x_p}{\varepsilon_r\varepsilon_0} & (-x_p < x < 0) \\[4mm] V_2(x) = V_D - \dfrac{qN_D(x^2 + x_n^2)}{2\varepsilon_r\varepsilon_0} + \dfrac{qN_D x x_n}{\varepsilon_r\varepsilon_0} & (0 < x < x_n) \end{cases} \tag{6.33}$$

由式 (6.33) 可看出，在平衡 pn 结的势垒区中，电势分布是抛物线形式，如图 6.10 (e) 所示。由于 $V(x)$ 表示点 x 处的电势，而 $-qV(x)$ 则表示电子在 x 点的电势能，因此 pn 结势垒区的能带如图 6.10 (f) 所示。可见，势垒区中能带变化趋势与电势变化趋势相反。

(2) 突变结的势垒宽度 X_D

利用式 (6.32)，则可以从式 (6.33) 得到突变结接触电势差 V_D 为

$$V_D = \frac{q(N_A x_p^2 + N_D x_n^2)}{2\varepsilon_r\varepsilon_0} \tag{6.34}$$

因为 $X_D = x_n + x_p$ 及 $N_A x_p = N_D x_n$，所以

$$x_n = \frac{N_A X_D}{N_A + N_D}, \quad x_p = \frac{N_D X_D}{N_A + N_D} \tag{6.35}$$

则得

$$N_D x_n^2 + N_A x_p^2 = \frac{N_A N_D X_D^2}{N_A + N_D} \tag{6.36}$$

于是式 (6.34) 改写为

$$V_D = \frac{q}{2\varepsilon_r\varepsilon_0} \times \frac{N_A N_D X_D^2}{N_A + N_D} \tag{6.37}$$

因而势垒宽度 X_D 为

$$X_D = \sqrt{V_D \frac{2\varepsilon_r\varepsilon_0}{q} \times \frac{N_A + N_D}{N_A N_D}} \tag{6.38}$$

式 (6.38) 表示了突变结的势垒宽度和杂质浓度以及接触电势差的关系。大体上可以认为，杂质浓度越高，势垒宽度越小。当杂质浓度一定时，则接触电势差大的突变结对应于宽的势垒宽度。

对于 p^+n 结，因 $N_A \gg N_D$，$x_n \gg x_p$，故 $X_D \approx x_n$，则

$$V_D = \frac{qN_D X_D^2}{2\varepsilon_r\varepsilon_0} = \frac{qN_D x_n^2}{2\varepsilon_r\varepsilon_0} \tag{6.39}$$

$$X_D = x_n = \sqrt{\frac{2\varepsilon_r\varepsilon_0 V_D}{qN_D}} \tag{6.40}$$

对于 n^+p 结，因 $N_D \gg N_A$，$x_p \gg x_n$，故 $X_D \approx x_p$，则

$$V_D = \frac{qN_A X_D^2}{2\varepsilon_r\varepsilon_0} = \frac{qN_A x_p^2}{2\varepsilon_r\varepsilon_0} \tag{6.41}$$

$$X_D = x_p = \sqrt{\frac{2\varepsilon_r\varepsilon_0 V_D}{qN_A}} \tag{6.42}$$

从式 (6.39) ~式 (6.42) 可以看出：

① 单边突变结的接触电势差 V_D 随着低掺杂一边的杂质浓度增加而升高。

② 单边突变结的势垒宽度随轻掺杂一边的杂质浓度增大而下降。势垒区几乎全部在轻掺杂的一边，因而能带弯曲主要发生于这一区域。

③ 将式(6.39)或式(6.41)与式(6.28)比较可得

$$V_D = -\frac{X_D}{2}\mathscr{E}_m \tag{6.43}$$

结合图 6.10（d）可见，接触电势差 V_D 相当于 $\mathscr{E}(x)$ -x 图中的三角形面积。三角形底边长为势垒宽度 X_D，高为最大电场强度 $\mathscr{E}_m$。

④ 将 $q=1.6\times10^{-19}$C，$\varepsilon_0=8.85\times10^{-14}$F/cm 以及硅的 $\varepsilon_r=11.9$，代入式(6.40)或式(6.42)得到

$$X_D = \sqrt{\frac{1.3\times10^7 V_D}{N_B}} \tag{6.44}$$

上式可以用来估算 p^+n 结或 n^+p 结在平衡时的势垒宽度。例如，硅 pn 结的 V_D 值一般为 $0.6\sim0.9$V，若取 $V_D=0.75$V，对于 N_B（N_B 为轻掺杂一边的杂质浓度）为每立方厘米 10^{14}、10^{15}、10^{16} 和 10^{17}，可算得 X_D 依次为 $3.1\mu m$、$1.0\mu m$、$0.31\mu m$、$0.1\mu m$。

以上讨论只适用于没有外加电压时的 pn 结。当 pn 结上加有外加电压 V 时，势垒区上总的电压为 V_D-V，正向时 $V>0$，反向时 $V<0$。则式(6.38)可推广为

$$X_D = \sqrt{(V_D-V)\frac{2\varepsilon_r\varepsilon_0}{q}\times\frac{N_A+N_D}{N_A N_D}} \tag{6.45}$$

对于 p^+n 结
$$X_D \approx x_n = \sqrt{(V_D-V)\frac{2\varepsilon_r\varepsilon_0}{q N_D}} \tag{6.46}$$

对于 n^+p 结
$$X_D \approx x_p = \sqrt{(V_D-V)\frac{2\varepsilon_r\varepsilon_0}{q N_A}} \tag{6.47}$$

由以上三式可以看出：

① 突变结的势垒宽度 X_D 与势垒区上的总电压 V_D-V 的平方根成正比。在正向偏压下，V_D-V 随 V 的升高而减小，故势垒区变窄；在反向偏压下，V_D-V 随 $|V|$ 的增大而增大，故势垒区变宽。

② 当外加电压一定时，势垒宽度随 pn 结两边的杂质浓度变化而变化。对于单边突变结，势垒区主要向轻掺杂一边扩展，而且势垒宽度与轻掺杂一边的杂质浓度的平方根成反比。

（3）线性缓变结的势垒宽度

前面已经指出，对于较深的扩散结，在 pn 结附近，可以近似作为线性缓变结，其电荷分布如图 6.11（a）所示。和突变结处理相类似，若取 p 区和 n 区的交界处 $x=0$，也采用耗尽层近似，则势垒区的空间电荷密度为

$$\rho(x)=q(N_D-N_A)=q\alpha_j x \tag{6.48}$$

式中，α_j 为杂质浓度梯度。因为势垒区内正负空间电荷总量相等，故势垒区的边界在 $x=\pm X_D/2$ 处，即势垒区在 pn 结两边是对称的。

将 $\rho(x)$ 代入一维泊松方程

$$\frac{\mathrm{d}^2 V(x)}{\mathrm{d}x^2} = -\frac{q\,\alpha_j\,x}{\varepsilon_r\,\varepsilon_0} \qquad (6.49)$$

对上式积分一次得

$$\frac{\mathrm{d}V(x)}{\mathrm{d}x} = -\frac{q\alpha_j x^2}{2\varepsilon_r\varepsilon_0} + A \qquad (6.50)$$

式中，A 是积分常数。根据边界条件

$$\mathscr{E}\left(\pm\frac{X_D}{2}\right) = -\frac{\mathrm{d}V(x)}{\mathrm{d}x}\bigg|_{x=\pm\frac{x_D}{2}} = 0 \qquad (6.51)$$

可得

$$A = \frac{q\alpha_j}{2\varepsilon_r\varepsilon_0}\left(\frac{X_D}{2}\right)^2$$

因此，势垒区中各点电场强度 $\mathscr{E}(x)$ 为

$$\mathscr{E}(x) = -\frac{\mathrm{d}V(x)}{\mathrm{d}x} = \frac{q\alpha_j x^2}{2\varepsilon_r\varepsilon_0} - \frac{q\alpha_j X_D^2}{8\varepsilon_r\varepsilon_0} \qquad (6.52)$$

可见电场强度按抛物线形式分布，如图 6.11(b)
所示。在 $x=0$ 处，电场强度达到最大，即

$$\mathscr{E}_m = -\frac{q\alpha_j X_D^2}{8\varepsilon_r\varepsilon_0} \qquad (6.53)$$

对式(6.52) 积分一次得

$$V(x) = -\frac{q\alpha_j x^3}{6\varepsilon_r\varepsilon_0} + \frac{q\alpha_j X_D^2 x}{8\varepsilon_r\varepsilon_0} + B \qquad (6.54)$$

设 $x=0$ 处，$V(0)=0$，积分常数 $B=0$，则

$$V(x) = -\frac{q\alpha_j x^3}{6\varepsilon_r\varepsilon_0} + \frac{q\alpha_j X_D^2 x}{8\varepsilon_r\varepsilon_0} \qquad (6.55)$$

可见电势是按 x 的立方曲线形式分布，如图
6.11(c) 所示。电势能曲线如图 6.11(d) 所示。

将 $x=\pm X_D/2$ 代入式(6.55)，得势垒区边界处
的电势为

$$V\left(\frac{X_D}{2}\right) = \frac{q\alpha_j}{3\varepsilon_r\varepsilon_0}\left(\frac{X_D}{2}\right)^3 \qquad (6.56)$$

$$V\left(-\frac{X_D}{2}\right) = -\frac{q\alpha_j}{3\varepsilon_r\varepsilon_0}\left(\frac{X_D}{2}\right)^3 \qquad (6.57)$$

上述两式相减得 pn 结接触电势差 V_D 为

$$V_D = V\left(\frac{X_D}{2}\right) - V\left(-\frac{X_D}{2}\right) = \frac{q\alpha_j}{12\varepsilon_r\varepsilon_0}X_D^3 \qquad (6.58)$$

于是势垒区宽度 X_D 为

$$X_D = \sqrt[3]{\frac{12\varepsilon_r\varepsilon_0 V_D}{q\alpha_j}} \qquad (6.59)$$

pn 结上加外电压时，上述两式可推广为

$$V_D - V = \frac{q\alpha_j}{12\varepsilon_r\varepsilon_0}X_D^3, \quad X_D = \sqrt[3]{\frac{12\varepsilon_r\varepsilon_0(V_D - V)}{q\alpha_j}} \qquad (6.60)$$

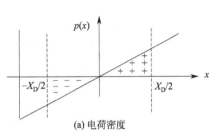

(a) 电荷密度

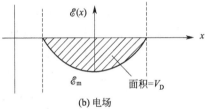

(b) 电场

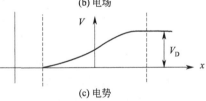

(c) 电势

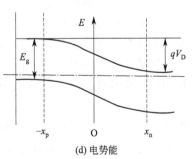

(d) 电势能

图 6.11　线性缓变结的电荷、电场、
电势、电势能分布

式(6.60)表明，线性缓变结的势垒宽度与电压 V_D-V 的立方根成正比。因此，增大反向偏压时，势垒区变宽。

6.3 pn 结的 I-V 特性

6.3.1 非平衡状态下的 pn 结

平衡 pn 结中，存在着具有一定宽度和势垒高度的势垒区，其中相应地出现了内建电场；每一种载流子的扩散电流和漂移电流互相抵消，没有净电流通过 pn 结，相应地在 pn 结中费米能级处处相等。当 pn 结两端有外加电压时，pn 结处于非平衡状态，下面将定性分析其中发生的变化。

（1）外加电压下，pn 结势垒的变化及载流子的运动图像

pn 结加正向偏压 V（即 p 区接电源正极，n 区接负极）时，因势垒区内载流子浓度很小，电阻很大，势垒区外的 p 区和 n 区中载流子浓度很大，电阻很小，所以外加正向偏压基本降落在势垒区。正向偏压在势垒区中产生了与内建电场方向相反的电场，因而减弱了势垒区中的电场强度，空间电荷相应减少。故势垒区的宽度也减小，同时势垒高度从 qV_D 下降为 $q(V_D-V)$，如图 6.12 所示。

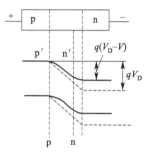

图 6.12　正向偏压时 pn 结势垒的变化

势垒区电场减弱，破坏了载流子的扩散运动和漂移运动之间原有的平衡，削弱了漂移运动，使扩散流大于漂移流。所以在加正向偏压时，产生了电子从 n 区向 p 区以及空穴从 p 区向 n 区的净扩散流。电子通过势垒区扩散入 p 区，在边界 pp'$(x=-x_p)$ 处形成电子的积累，成为 p 区的非平衡少数载流子，结果使 pp' 处电子浓度比 p 区内部高，形成了从 pp' 处向 p 区内部的电子扩散流。非平衡少子边扩散边与 p 区的空穴复合，经过比扩散长度大若干倍的距离后，全部被复合。这一段区域称为扩散区。在一定的正向偏压下，单位时间从 n 区来到 pp' 处的非平衡少子浓度是一定的，并在扩散区内形成一稳定的分布。所以，当正向偏压一定时，在 pp' 处就有一不变的向 p 区内部流动的电子扩散流。同理，在边界 nn' 处也有一不变的向 n 区内部流动的空穴扩散流。n 区的电子和 p 区的空穴都是多数载流子，分别进入 p 区和 n 区后成为 p 区和 n 区的非平衡少数载流子。当增大正偏压时，势垒降得更低，增大了流入 p 区的电子流和流入 n 区的空穴流。这种由于外加正向偏压的作用使非平衡载流子进入半导体的过程称为非平衡载流子的电注入。

图 6.13 表示了 pn 结中电流分布的情况。在正向偏压下，n 区中的电子向边界 nn' 扩散，越过势垒区，经边界 pp' 进入 p 区，构成进入 p 区的电子扩散电流。进入 p 区后，继续向内部扩散，形成电子扩散电流。在扩散过程中，电子与从 p 区内部向边界 pp' 漂移过来的空穴不断复合，电子电流就不断地转化为空穴电流，直到注入的电子全部复合，电子电流全部转变为空穴电流为止。对于 n 区中的空穴电流，可作类似分析。可见，在平行于 pp' 任何截面的总电流是相等的，只

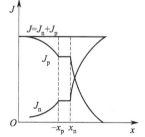

图 6.13　正向偏压时 pn 结中电流的分布

是对于不同的截面，电子电流和空穴电流的比例有所不同而已。在假定通过势垒区的电子电流和空穴电流均保持不变的情况下，通过 pn 结的总电流，就是通过边界 pp′ 的电子扩散电流与通过边界 nn′ 的空穴扩散电流之和。

当 pn 结加反向偏压 V 时，反向偏压在势垒区产生的电场与内建电场方向一致，势垒区的电场增强，势垒区也变宽，势垒高度由 qV_D 增高为 $q(V_D+V)$，如图 6.14 所示。势垒区电场增强，破坏了载流子的扩散运动和漂移运动之间的原有平衡，增强了漂移运动，使漂移流大于扩散流。这时 n 区边界 nn′ 处的空穴被势垒区的强电场驱向 p 区，而 p 区边界 pp′ 处的电子被驱向 n 区。当这些少数载流子被电场驱走后，内部的少子就来

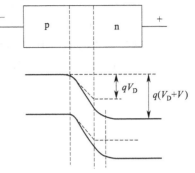

图 6.14 反向偏压时 pn 结势垒的变化

补充，形成了反向偏压下的电子扩散电流和空穴扩散电流，这种情况好像少数载流子不断地被抽出来，所以称为少数载流子的抽取或吸出。pn 结中总的反向电流等于势垒区边界 nn′ 和 pp′ 附近的少数载流子扩散电流之和。因为少子浓度很低，而扩散长度基本不变化，所以反向偏压时少子的浓度梯度也较小；当反向电压较大时，边界处的少子可以认为是零。这时少子的浓度梯度不再随电压变化，因此扩散流也不随电压变化，所以在反向偏压下，pn 结的电流较小并且趋于不变。

（2）外加直流电压下，pn 结的能带图

在正向偏压下，pn 结的 n 区和 p 区都有非平衡少数载流子的注入。在非平衡少数载流子存在的区域内，必须用电子的准费米能级 E_{Fn} 和空穴的准费米能级 E_{Fp} 取代原来平衡时的统一费米能级 E_F。又由于有净电流流过 pn 结，根据式（6.7）和式（6.8），费米能级将随位置不同而变化。在空穴扩散区内，电子浓度高，故电子的准费米能级 E_{Fn} 变化很小，可看作不变；但空穴浓度很小，故空穴的准费米能级 E_{Fp} 变化很大。从 p 区注入 n 区的空穴，在边界 nn′ 处浓度很大，随着远离 nn′，因为和电子复合，空穴浓度逐渐减小，故 E_{Fp} 为一斜线；到离 nn′ 比 L_p 大很多的地方，非平衡空穴已衰减为零，这时 E_{Fp} 和 E_{Fn} 相等。因为扩散区比势垒区大，准费米能级的变化主要发生在扩散区，在势垒区中的变化则略而不计，所以在势垒区内，准费米能级保持不变。在电子扩散区内，可作类似分析。综上所述可见，E_{Fp} 从 p 型中性区到边界 nn′ 处为一水平线，在空穴扩散区 E_{Fp} 斜线上升，到注入空穴为零处 E_{Fp} 与 E_{Fn} 相等；而 E_{Fn} 在 n 型中性区到边界 pp′ 处为一水平线，在电子扩散区 E_{Fn} 斜线下降，到注入电子为零处 E_{Fn} 与 E_{Fp} 相等，如图 6.15 所示。

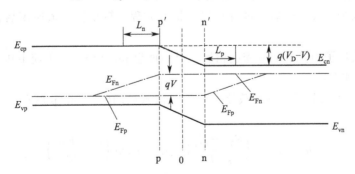

图 6.15 正向偏压下 pn 结的费米能级

因为在正向偏压下，势垒降低为 $q(V_D-V)$，由图 6.15 可见，从 n 区一直延伸到 p 区 pp'处的电子准费米能级 E_{Fn} 与从 p 区一直延伸到 n 区边界 nn'处的空穴准费米能级 E_{Fp} 之差，正好等于 qV，即 $E_{Fn}-E_{Fp}=qV$。

当 pn 结加反向偏压时，在电子扩散区、势垒区、空穴扩散区中，电子和空穴的准费米能级变化规律与正向偏压时基本相似，所不同的只是 E_{Fn} 和 E_{Fp} 的相对位置发生了变化。正向偏压时，E_{Fn} 高于 E_{Fp}，即 $E_{Fn}>E_{Fp}$；反向偏压时，E_{Fp} 高于 E_{Fn}，即 $E_{Fp}>E_{Fn}$，如图 6.16 所示。

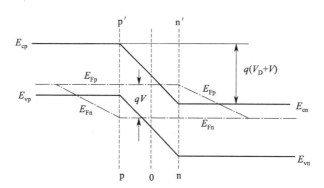

图 6.16　反向偏压下 pn 结的费米能级

6.3.2　理想 pn 结模型及电流电压方程

符合下列假设条件的 pn 结称为理想 pn 结模型：

① 小注入条件：注入的少数载流子浓度比平衡多数载流子浓度小得多。

② 突变耗尽层条件：耗尽层中的电荷是由电离施主和电离受主的电荷组成的，耗尽层外的半导体是电中性的。因此，注入的少数载流子在 p 区和 n 区是纯扩散运动。

③ 通过耗尽层的电子和空穴电流为常量，即不考虑耗尽层中载流子的产生及复合作用。

④ 玻尔兹曼边界条件：在耗尽层两端，载流子分布满足玻尔兹曼统计分布。

前面对于外加电压下的 pn 结分析，和即将讨论的电流电压方程式，都是在上述理想 pn 结模型的基础上进行的。因此，计算流过 pn 结的电流密度，可以按如下步骤进行：

① 根据准费米能级计算势垒区边界 nn'及 pp'处注入的非平衡少数载流子浓度；

② 以边界 nn'及 pp'处注入的非平衡少数载流子浓度作为边界条件，解扩散区中载流子连续性方程式，得到扩散区中非平衡载流子的分布；

③ 将非平衡少数载流子的浓度分布代入扩散方程，算出扩散流密度后，再算出少数载流子的电流密度；

④ 将两种载流子的扩散电流密度相加，得到理想 pn 结模型的电流电压方程式。

现分别讨论如下：

先求 pp'处注入的非平衡少数载流子浓度。由式（5.10）可得 p 区载流子浓度与准费米能级关系为

$$n_p=n_i\exp\left(\frac{E_{Fn}-E_i}{k_0T}\right), \quad p_p=n_i\exp\left(\frac{E_i-E_{Fp}}{k_0T}\right) \tag{6.61}$$

因而

$$n_pp_p=n_i^2\exp\left(\frac{E_{Fn}-E_{Fp}}{k_0T}\right) \tag{6.62}$$

在 p 区边界 pp′处，即 $x=-x_p$，$E_{Fn}-E_{Fp}=qV$，所以

$$n_p(-x_p)p_p(-x_p)=n_i^2\exp\left(\frac{qV}{k_0T}\right) \tag{6.63}$$

因为 $p_p(-x_p)$ 为 p 区多数载流子，所以 $p_p(-x_p)=p_{p0}$，而且 $p_{p0}n_{p0}=n_i^2$，代入式（6.63），并利用式（6.14），得到 p 区边界 pp′$(x=-x_p)$处的少数载流子浓度为

$$n_p(-x_p)=n_{p0}\exp\left(\frac{qV}{k_0T}\right)=n_{n0}\exp\left(\frac{qV-qV_D}{k_0T}\right) \tag{6.64}$$

由此，注入 p 区边界 pp′处的非平衡少数载流子浓度为

$$\Delta n_p(-x_p)=n_p(-x_p)-n_{p0}=n_{p0}\left[\exp\left(\frac{qV}{k_0T}\right)-1\right] \tag{6.65}$$

同理可得 n 区边界 nn′$(x=x_n)$ 处的少数载流子浓度为

$$p_n(x_n)=p_{n0}\exp\left(\frac{qV}{k_0T}\right)=p_{p0}\exp\left(\frac{qV-qV_D}{k_0T}\right) \tag{6.66}$$

因此，注入 n 区边界 nn′处的非平衡少数载流子浓度为

$$\Delta p_n(x_n)=p_n(x_n)-p_{n0}=p_{n0}\left[\exp\left(\frac{qV}{k_0T}\right)-1\right] \tag{6.67}$$

由式（6.65）、式（6.67）可见，注入势垒区边界 pp′和 nn′处的非平衡少数载流子是外加电压的函数。这两式就是解连续性方程的边界条件。

在稳定态时，空穴扩散区中非平衡少子的连续性方程为

$$\begin{cases} \dfrac{\mathrm{d}J_p}{\mathrm{d}x}\times\dfrac{1}{q}=-(u-G) \\[2mm] u=\dfrac{\Delta p_n}{\tau_p} \\[2mm] D_p\dfrac{\mathrm{d}^2\Delta p_n}{\mathrm{d}x^2}-\mu_p\mathscr{E}_x\dfrac{\mathrm{d}\Delta p_n}{\mathrm{d}x}-\mu_p p_n\dfrac{\mathrm{d}\mathscr{E}_x}{\mathrm{d}x}-\dfrac{\Delta P_n}{\tau_p}+G=0 \end{cases} \tag{6.68}$$

小注入时，$\mathrm{d}\mathscr{E}_x/\mathrm{d}x$ 项很小可以略去，n 型扩散区 $\mathscr{E}_x=0$，无光照时 $G=0$，故

$$D_p\frac{\mathrm{d}^2\Delta p_n}{\mathrm{d}x^2}-\frac{\Delta p_n}{\tau_p}=0 \tag{6.69}$$

这个方程的通解是

$$\Delta p_n(x)=p_n(x)-p_{n0}=A\exp\left(-\frac{x}{L_p}\right)+B\exp\left(\frac{x}{L_p}\right) \tag{6.70}$$

式中，$L_p=\sqrt{D_p\tau_p}$ 是空穴扩散长度；系数 A、B 由边界条件确定。因 $x\to\infty$ 时，$p_n(\infty)=p_{n0}$；$x=x_n$ 时，$p_n(x_n)=p_{n0}\exp\left(\frac{qV}{k_0T}\right)$。代入式（6.70），解得

$$A=p_{n0}\left[\exp\left(\frac{qV}{k_0T}\right)-1\right]\exp\left(\frac{x_n}{L_p}\right),\ B=0 \tag{6.71}$$

代入通解中，得

$$p_n(x)-p_{n0}=p_{n0}\left[\exp\left(\frac{qV}{k_0T}\right)-1\right]\exp\left(\frac{x_n-x}{L_p}\right),\ x>0 \tag{6.72}$$

同理，对于注入 p 区的非平衡少数载流子可以求得

$$n_{\mathrm{p}}(x) - n_{\mathrm{p0}} = n_{\mathrm{p0}} \left[\exp\left(\frac{qV}{k_0 T}\right) - 1 \right] \exp\left(\frac{x_{\mathrm{p}}+x}{L_{\mathrm{n}}}\right), \quad x < 0 \tag{6.73}$$

式（6.72）和式（6.73）表示，当 pn 结有外加电压时，非平衡少数载流子在扩散区中的分布。在外加正向偏压作用下，当 V 一定时，在势垒区边界处（$x = x_{\mathrm{n}}$ 和 $x = -x_{\mathrm{p}}$）非平衡少数载流子浓度一定，对扩散区形成了稳定的边界浓度。这时是一稳定边界浓度的一维扩散，在扩散区，非平衡少数载流子按指数规律衰减。在外加反向偏压作用下，如果 $q|V| \gg k_0 T$，则 $\exp\left(\frac{qV}{k_0 T}\right) \to 0$，对 n 区来说，$\Delta p_{\mathrm{n}}(x) = p_{\mathrm{n}}(x) - p_{\mathrm{n0}} = -p_{\mathrm{n0}} \exp\left(\frac{x_{\mathrm{n}}-x}{L_{\mathrm{p}}}\right)$。在 $x = x_{\mathrm{n}}$ 处，$\Delta p_{\mathrm{n}}(x) \to -p_{\mathrm{n0}}$，即 $p_{\mathrm{n}}(x) \to 0$；在 n 区内部，即 $x \gg L_{\mathrm{p}}$ 处，$\exp\left(\frac{x_{\mathrm{n}}-x}{L_{\mathrm{p}}}\right) \to 0$，则 $p_{\mathrm{n}}(x) \to p_{\mathrm{n0}}$。图 6.17 表示了外加偏压下，式（6.72）和式（6.73）的曲线。

小注入时，扩散区中不存在电场，在 $x = x_{\mathrm{n}}$ 处，空穴扩散电流密度为

$$J_{\mathrm{p}}(x_{\mathrm{n}}) = -qD_{\mathrm{p}} \frac{\mathrm{d}p_{\mathrm{n}}(x)}{\mathrm{d}x}\bigg|_{x=x_{\mathrm{n}}} = \frac{qD_{\mathrm{p}} p_{\mathrm{n0}}}{L_{\mathrm{p}}} \left[\exp\left(\frac{qV}{k_0 T}\right) - 1 \right] \tag{6.74}$$

同理，在 $x = -x_{\mathrm{p}}$ 处，电子扩散流密度为

$$J_{\mathrm{n}}(-x_{\mathrm{p}}) = qD_{\mathrm{n}} \frac{\mathrm{d}n_{\mathrm{p}}(x)}{\mathrm{d}x}\bigg|_{x=-x_{\mathrm{p}}} = \frac{qD_{\mathrm{n}} n_{\mathrm{p0}}}{L_{\mathrm{n}}} \left[\exp\left(\frac{qV}{k_0 T}\right) - 1 \right] \tag{6.75}$$

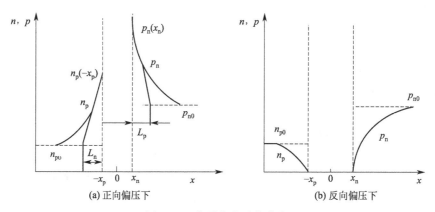

(a) 正向偏压下　　　　　　　(b) 反向偏压下

图 6.17　非平衡少子的分布

根据假设，势垒区内的复合-产生作用可以忽略，因此，通过界面 pp' 的空穴电流密度 $J_{\mathrm{p}}(-x_{\mathrm{p}})$ 等于通过界面 nn' 的空穴电流密度 $J_{\mathrm{p}}(x_{\mathrm{n}})$。所以通过 pn 结的总电流密度 J 为

$$J = J_{\mathrm{n}}(-x_{\mathrm{p}}) + J_{\mathrm{p}}(-x_{\mathrm{p}}) = J_{\mathrm{n}}(-x_{\mathrm{p}}) + J_{\mathrm{p}}(x_{\mathrm{n}}) \tag{6.76}$$

将式（6.74）、式（6.75）代入上式，得

$$J = \left(\frac{qD_{\mathrm{n}} n_{\mathrm{p0}}}{L_{\mathrm{n}}} + \frac{qD_{\mathrm{p}} p_{\mathrm{n0}}}{L_{\mathrm{p}}} \right) \left[\exp\left(\frac{qV}{k_0 T}\right) - 1 \right] \tag{6.77}$$

令饱和电流密度 J_{s} 为

$$J_{\mathrm{s}} = \frac{qD_{\mathrm{n}} n_{\mathrm{p0}}}{L_{\mathrm{n}}} + \frac{qD_{\mathrm{p}} p_{\mathrm{n0}}}{L_{\mathrm{p}}} \approx \frac{qD_{\mathrm{n}} n_{\mathrm{i}}^2}{L_{\mathrm{n}} N_{\mathrm{A}}} + \frac{qD_{\mathrm{p}} n_{\mathrm{i}}^2}{L_{\mathrm{p}} N_{\mathrm{D}}} \tag{6.78}$$

则

$$J = J_{\mathrm{s}} \left[\exp\left(\frac{qV}{k_0 T}\right) - 1 \right] \tag{6.79}$$

式中，J_{s} 称为饱和电流密度。式（6.79）就是理想 pn 结模型的电流电压方程式。

从式(6.79)可以看出：

① pn 结具有单向导电性。

在正向偏压下，正向电流密度随正向偏压呈指数关系迅速增大。在室温下，$k_0 T / q = 0.026\text{V}$，一般外加正向偏压约零点几伏，故 $\exp\left(\dfrac{qV}{k_0 T}\right) \gg 1$，式(6.79)可以表示为

$$J = J_s \exp\left(\frac{qV}{k_0 T}\right) \tag{6.80}$$

在反向偏压下，$V < 0$，当 $q|V| \gg k_0 T$ 时，$\exp\left(\dfrac{qV}{k_0 T}\right) \to 0$，式(6.77)化为

$$J = -J_s = -\left(\frac{qD_n n_{p0}}{L_n} + \frac{qD_p p_{n0}}{L_p}\right) \tag{6.81}$$

式中，负号表示电流密度方向与正向时相反。而且反向电流密度为常量，与外加电压无关，故称 $-J_s$ 为反向饱和电流密度。由式(6.79)作 $J\text{-}V$ 关系曲线，如图 6.18 所示。可见在正向及反向偏压下，曲线是不对称的，表现出 pn 结具有单向导电性或整流效应。

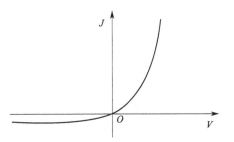

图 6.18　理想 pn 结的 $J\text{-}V$ 曲线

② 温度对电流密度的影响很大。

对于反向电流密度 $-J_s$，因为式中两项的情况相似，所以只需考虑式(6.81)中的第一项即可。因 D_n、L_n、n_{p0} 与温度有关（D_n、L_n 均与 μ_n 及 T 有关），设 D_n / τ_n 与 T^γ 成正比，γ 为一常数，则有

$$J_s \approx \frac{qD_n n_{p0}}{L_n} = q\left(\frac{D_n}{\tau_n}\right)^{1/2} \frac{n_i^2}{N_A} \propto T^{\frac{\gamma}{2}}\left[T^3 \exp\left(-\frac{E_g}{k_0 T}\right)\right] = T^{3+\frac{\gamma}{2}} \exp\left(-\frac{E_g}{k_0 T}\right)$$

$$L_n = \sqrt{D_n \tau_n}$$

式中，$T^{3+\frac{\gamma}{2}}$ 随温度变化较缓慢，故 J_s 随温度的变化主要由 $\exp\left(-\dfrac{E_g}{k_0 T}\right)$ 决定。因此，J_s 随温度升高而迅速增大，并且 E_g 越大的半导体，J_s 变化越快。

因为 $E_g = E_g(0) + \beta T$，设 $E_g(0) = qV_{g0}$，则 $E_g(0)$ 为热力学温度 0K 时的禁带宽度，V_{g0} 为热力学温度 0K 时导带底和价带顶的电势差。将上述关系代入上式中，则加正向偏压 V_F 时，式(6.80)表示的正向电流与温度关系为

$$J \propto T^{3+\frac{\gamma}{2}} \exp\left[\frac{q(V_F - V_{g0})}{k_0 T}\right]$$

所以正向电流密度随温度上升而增加。

6.3.3　影响理想 *I-V* 曲线的各种因子

实验测量表明，理想的电流电压方程式和小注入下锗 pn 结的实验结果符合较好，但与硅 pn 结的实验结果偏离较大。由图 6.19 可以看出，在正向偏压时，理论与实验结果间的偏差表现在：①正向电流小时，理论计算值比实验值小；②正向电流较大时，曲线 *c* 段 $J\text{-}V$ 关系为 $J \propto \exp[qV/(2k_0 T)]$；③在曲线 *d* 段，$J\text{-}V$ 关系不是指数关系，而是线性关系。在

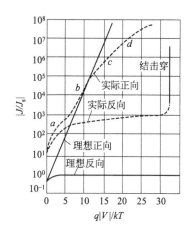

图 6.19 实际硅 pn 结的
电流电压特性

反向偏压时，实际测得的反向电流比理论计算值大得多，而且反向电流是不饱和的，随反向偏压的增大略有增加。砷化镓 pn 结的情况和硅 pn 结相似，这说明理想电流电压方程式没有完全反映外加电压下的 pn 结情况，还必须考虑其他因素的影响，使理论更进一步完善。

引起上述差别的主要原因有：①表面效应；②势垒区中的产生及复合；③大注入条件；④串联电阻效应。这里只讨论②和③两种情况，表面效应暂不做研究，串联电阻效应结合大注入情况讨论。

（1）势垒区的产生电流

pn 结处于热平衡状态时，势垒区内通过复合中心的载流子产生率等于复合率。当 pn 结加反向偏压时，势垒区内的电场加强，所以在势垒区内，由于热激发的作用，通过复合中心产生的电子空穴对来不及复合就被强电场驱走了。也就是说势垒区内通过复合中心的载流子产生率大于复合率，具有净产生率，从而形成另一部分反向电流，称为势垒区的产生电流，以 I_G 表示。若 pn 结面积为 A，势垒区宽度为 X_D，净产生率为 G，I_G 代表单位时间单位体积内势垒区所产生的载流子数，则得

$$I_G = qGX_DA \tag{6.82}$$

因为在势垒区内 $n_i \gg n$，$n_i \gg p$，并设 E_t 与 E_i 重合，$r_n = r_p = r$，由式（5.65）化简得势垒区内的净复合率 U 为

$$U = -\frac{n_i}{2\tau} \tag{6.83}$$

实际上这个负的净复合率就是净产生率 G，即

$$G = -U = \frac{n_i}{2\tau} \tag{6.84}$$

所以

$$I_G = qX_DA\frac{n_i}{2\tau} \tag{6.85}$$

势垒区产生电流密度为

$$J_G = qX_D\frac{n_i}{2\tau} \tag{6.86}$$

现以 p^+n 结为例，比较一下势垒区产生电流与反向扩散电流的大小。由式（6.78）得 p^+n 结反向扩散电流密度为

$$J_{RD} = \frac{qD_pn_i^2}{L_pN_D} \tag{6.87}$$

因为锗的禁带宽度小，n_i^2 大，在室温下从式（6.87）算得的 J_{RD} 比从式（6.86）算得的 J_G 大得多，所以在反向电流中扩散电流起主要作用。对于硅，禁带宽度比较宽，n_i^2 小，所以 J_G 的值比 J_{RD} 值大很多，因此在反向电流中势垒产生电流占主要地位。由于势垒区宽度 X_D 随反向偏压的增加而变宽，所以势垒区产生电流是不饱和的，随反向偏压增加而缓慢地增加。

（2）势垒区的复合电流

在正向偏压下，从 n 区注入 p 区的电子和从 p 区注入 n 区的空穴，在势垒区内复合了一

部分，构成了另一股正向电流，称为势垒区复合电流。下面做一近似计算。

假定复合中心与本征费米能级重合（即陷阱复合情形），为突出主要矛盾，令 $r_n = r_p = r$，则式(5.65)变为

$$U = \frac{N_t r (np - n_i^2)}{n + p + 2n_i} \tag{6.88}$$

在势垒区中，电子浓度和空穴浓度的乘积满足下式

$$np = n_i^2 \exp\left(\frac{qV}{k_0 T}\right)$$

在势垒区中，$n = p$ 时，电子和空穴相遇的机会最大，则 $n = p = n_i \exp[qV/(2k_0 T)]$，将这些关系代入式(6.88)得

$$U = N_t r \frac{n_i \left[\exp\left(\dfrac{qV}{k_0 T}\right) - 1\right]}{2 \left[\exp\left(\dfrac{qV}{2k_0 T}\right) + 1\right]} \tag{6.89}$$

当 $qV \gg k_0 T$ 时

$$U_{max} = \frac{n_i}{2\tau} \exp\left(\frac{qV}{2k_0 T}\right) \tag{6.90}$$

式中，$\tau = 1/N_t r$。由复合而得到的电流密度为 J_r，则

$$J_r = \int_0^{X_D} q U_{max} \mathrm{d}x \approx q X_D \frac{n_i}{2\tau} \exp\left(\frac{qV}{2k_0 T}\right) \tag{6.91}$$

总的正向电流密度应为扩散电流密度及复合电流密度之和，在 $p_{n0} \gg n_{p0}$（p^+n 结）和 $qV \gg k_0 T$ 时，可写成

$$J_F = J_{FD} + J_r = q n_i \left[\sqrt{\frac{D_p}{\tau_p}} \times \frac{n_i}{N_D} \exp\left(\frac{qV}{k_0 T}\right) + \frac{X_D}{2\tau_p} \exp\left(\frac{qV}{2k_0 T}\right)\right] \tag{6.92}$$

由式(6.92)可看出：

① 扩散电流的特点是和 $\exp\left(\dfrac{qV}{k_0 T}\right)$ 成正比，而复合电流则与 $\exp\left(\dfrac{qV}{2k_0 T}\right)$ 成正比。因此，可用下列经验公式表示正向电流密度，即

$$J_F \propto \exp\left(\frac{qV}{m k_0 T}\right) \tag{6.93}$$

当复合电流为主时，$m = 2$；当扩散电流为主时，$m = 1$；当两者大小相近时，m 在 $1 \sim 2$ 之间。

② 扩散电流和复合电流之比为

$$\frac{J_{FD}}{J_r} = \frac{2n_i L_p}{N_D X_D} \exp\left(\frac{qV}{2k_0 T}\right) \tag{6.94}$$

可见，J_{FD}/J_r 和 n_i 及外加电压 V 有关。当 V 减小时，$\exp\left(\dfrac{qV}{2k_0 T}\right)$ 迅速减小，对硅而言，室温下 N_D 远大于 n_i，故在低正向偏压下，$J_r > J_{FD}$，即复合电流占主要地位，这就是图 6.19 中曲线的 a 段。但在较高正向偏压下，$\exp\left(\dfrac{qV}{2k_0 T}\right)$ 迅速增大，使 $J_{FD} > J_r$，复合电流可忽略，这就是图 6.19 中曲线的 b 段。

③ 复合电流减少了 pn 结中的少子注入，这是三极管的电流放大系数在小电流时下降的原因。

（3）大注入情况

通常把正向偏压较大时，注入的非平衡少子浓度接近或超过该区多子浓度的情况，称为大注入情况。下面以 p^+n 结为例进行讨论。

因为 p^+n 结的正向电流主要是从 p^+ 区注入 n 区的空穴电流，由 n 区注入 p^+ 区的电子电流可以忽略，所以只讨论空穴扩散区内的情况。当大注入时，首先，电注入的空穴浓度 $\Delta p_n(x_n)$ 很大，接近或超过 n 区多子浓度 $n_{n0} \approx N_D$，注入的空穴在 n 区边界 x_n 处形成积累。它们向 n 区内部扩散时，在空穴扩散区内形成一定的浓度分布 $\Delta p_n(x)$，为了保持 n 区电中性，n 区的多子（电子的浓度）相应地增加同等数量，也在空穴扩散区形成电子浓度分布 $\Delta n_n(x)$，而且 $\Delta p_n(x) = \Delta n_n(x)$。于是电子浓度梯度应等于空穴浓度梯度（图 6.20），即

$$\frac{\mathrm{d}\Delta p_n(x)}{\mathrm{d}x} = \frac{\mathrm{d}\Delta n_n(x)}{\mathrm{d}x} \tag{6.95}$$

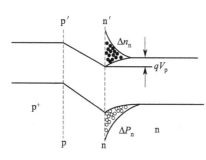

图 6.20 大注入时，p^+n 结能带图及非平衡载流子分布

其次，因为有电子浓度梯度，将使电子在空穴扩散方向上也发生扩散运动。但是电子一旦离开原来位置，就破坏了电中性条件。于是在电子、空穴间的静电引力，就产生了一个内建电场 $\mathscr{E}$。它对电子的漂移作用正好抵消了电子的扩散作用，即电子电流密度 $J_n = 0$；另外这个内建电场却使空穴的运动加速。因为有内建电场，所以正向偏压 V 在空穴扩散区降落了一部分，用 V_p 表示。若势垒区的电压降为 V_J，则

$$V = V_J + V_p \tag{6.96}$$

下面计算大注入时流过 pn 结的电流密度，首先计算通过截面 nn' 处（$x = x_n$）的电流密度，它是由电子电流密度 J_n 和空穴电流密度 J_p 组成的。J_n 和 J_p 中各包括扩散电流密度和由内建电场 $\mathscr{E}$ 引起的漂移电流密度两部分，故

$$J_p = q\mu_p p_n(x_n)\mathscr{E}(x_n) - qD_p \left.\frac{\mathrm{d}\Delta p_n(x)}{\mathrm{d}x}\right|_{x=x_n} \tag{6.97}$$

$$J_n = q\mu_n n_n(x_n)\mathscr{E}(x_n) + qD_n \left.\frac{\mathrm{d}\Delta n_n(x)}{\mathrm{d}x}\right|_{x=x_n} \tag{6.98}$$

因为 $J_n = 0$，$D_n/\mu_n = D_p/\mu_p = k_0T/q$ 以及 $\mathrm{d}\Delta p_n(x)/\mathrm{d}x = \mathrm{d}\Delta n_n(x)/\mathrm{d}x$，所以由式（6.98）得

$$\mathscr{E} = -\frac{D_p}{\mu_p} \times \frac{1}{n_n(x_n)} \times \left.\frac{\mathrm{d}\Delta n_n(x)}{\mathrm{d}x}\right|_{x=x_n} \tag{6.99}$$

将上式代入式（6.97）中得

$$J_p = -qD_p \left[1 + \frac{p_n(x_n)}{n_n(x_n)}\right] \left.\frac{\mathrm{d}\Delta p_n(x)}{\mathrm{d}x}\right|_{x=x_n} \tag{6.100}$$

从式（6.100）中可以看出，在扩散区中有内建电场的情况下，空穴电流密度仍可表示为扩散电流密度的形式，只不过空穴的扩散系数 D_p 必须用 $D_p[1 + p_n(x_n)/n_n(x_n)]$ 代替。

当注入的空穴浓度 $\Delta p_n(=\Delta n_n)$ 远大于平衡多子浓度 n_{n0} 时，则

$$n_{n}(x_{n})=n_{n0}+\Delta n_{n}(x_{n})\approx\Delta n_{n}(x_{n}) \tag{6.101}$$

$$p_{n}(x_{n})=p_{n0}+\Delta p_{n}(x_{n})\approx\Delta p_{n}(x_{n}) \tag{6.102}$$

故 $n_{n}(x_{n})\approx p_{n}(x_{n})$，正向电流密度 J_{F} 为

$$J_{F}=J_{p}\approx-q(2D_{p})\frac{\mathrm{d}\Delta p_{n}(x)}{\mathrm{d}x}\bigg|_{x=x_{n}} \tag{6.103}$$

可见，在上述情况下，空穴的扩散系数增大为 $2D_{p}$。这时在正向电流密度 J_{F} 中，空穴扩散电流密度和空穴漂移电流密度各占一半。

从图 6.20 中可以看出，$p^{+}n$ 结势垒高度为 $q(V_{D}-V_{J})$。在边界 nn′ 处（$x=x_{n}$）的空穴浓度为

$$p_{n}(x_{n})=p_{p0}\exp\left[-\frac{q(V_{D}-V_{J})}{k_{0}T}\right]=p_{p0}\exp\left(-\frac{qV_{D}}{k_{0}T}\right)\exp\left(\frac{qV_{J}}{k_{0}T}\right)=p_{n0}\exp\left(\frac{qV_{J}}{k_{0}T}\right) \tag{6.104}$$

在空穴扩散区有电压降 V_{p}，$x=x_{n}$ 处的能带比空穴扩散区外低 qV_{p}，与式(6.104) 比较，可以得到

$$n_{n}(x_{n})=n_{n0}\exp\left(\frac{qV_{p}}{k_{0}T}\right) \tag{6.105}$$

式(6.104) 与式(6.105) 两式相乘得

$$n_{n}(x_{n})p_{n}(x_{n})=n_{n0}p_{n0}\exp\left[\frac{q(V_{J}+V_{p})}{k_{0}T}\right]=n_{i}^{2}\exp\left(\frac{qV}{k_{0}T}\right) \tag{6.106}$$

因 $n_{n}(x_{n})=p_{n}(x_{n})$，故

$$p_{n}(x_{n})=n_{i}\exp\left(\frac{qV}{2k_{0}T}\right) \tag{6.107}$$

把空穴扩散区内空穴的分布近似看作线性分布，即

$$\frac{\mathrm{d}\Delta p_{n}(x)}{\mathrm{d}x}\bigg|_{x=x_{n}}\approx-\frac{p_{n}(x_{n})-p_{n0}}{L_{p}} \tag{6.108}$$

因 $p_{n}(x_{n})\gg p_{n0}$，并将式(6.107) 代入式(6.108)，得

$$\frac{\mathrm{d}\Delta p_{n}(x)}{\mathrm{d}x}\bigg|_{x=x_{n}}\approx-\frac{n_{i}}{L_{p}}\exp\left(\frac{qV}{2k_{0}T}\right) \tag{6.109}$$

将式(6.109) 代入式(6.103) 得

$$J_{F}\approx\frac{q(2D_{p})n_{i}}{L_{p}}\exp\left(\frac{qV}{2k_{0}T}\right) \tag{6.110}$$

这就是大注入情况下，$p^{+}n$ 结的电流电压关系。它的特点是 $J_{F}\propto\exp[qV/(2k_{0}T)]$，正确地表示了图 6.19 中曲线的 c 段。这是一部分正向电压降落在空穴扩散区的结果。

综上所述，当考虑了势垒区载流子的产生和复合以及大注入情况后，就解释了理想电流电压方程式偏离实际测量结果的原因。再归纳如下：$p^{+}n$ 结加正向偏压时，电流电压关系可表示为

$$J_{F}\propto\exp\left(\frac{qV}{mk_{0}T}\right)$$

式中，m 在 $1\sim2$ 之间变化，随外加正向偏压而定。在很低的正向偏压下，$m=2$，$J_{F}\propto\exp[qV/(2k_{0}T)]$，势垒区的复合电流起主要作用，在图 6.19 中为曲线的 a 段。正向

偏压较大时，$m=1$，$J_F \propto \exp[qV/(k_0 T)]$，扩散电流起主要作用，为曲线的 b 段。大注入时，$m=2$，$J_F \propto \exp[qV/(2k_0 T)]$，为曲线的 c 段。在大电流时，还必须考虑体电阻上的电压降 V_R'，若电极接触良好，则 pn 结两端电极接触上的电压降可忽略不计，于是 $V=V_J + V_p + V_R'$。这时在 pn 结势垒区上的电压降就更小了，正向电流增加更缓慢，这就是图 6.19 中曲线的 d 段。在反向偏压下，计入了势垒区的产生电流，从而正确地解释了实验所得反向电流比理想方程的计算值大及不饱和的原因。

6.4 pn 结电容

6.4.1 pn 结电容的来源

pn 结有整流效应，但是它又包含着破坏整流特性的因素，这个因素就是 pn 结的电容。一个 pn 结在低频电压下，能很好地起整流作用，但是当电压频率增高时，其整流特性变坏，甚至基本上没有整流效应。本节将研究 pn 结电容的问题。

pn 结电容包括势垒电容和扩散电容两部分，分别说明如下。

（1）势垒电容

当 pn 结加正向偏压时，势垒区的电场随正向偏压的增加而减弱，势垒区宽度变窄，空间电荷数量减少，如图 6.21(a)、（b）所示。因为空间电荷是由不能移动的杂质离子组成的，所以空间电荷的减小是由 n 区的电子和 p 区的空穴过来中和了势垒区中一部分电离施主和电离受主，图 6.21(c) 中箭头 A 表示了这种中和作用。这就是说，在外加正向偏压增加时，将有一部分电子和空穴“存入”势垒区。反之，当正向偏压减小时，势垒区的电场增强，势垒区宽度增加，空间电荷数量增多，这就是有一部分电子和空穴从势垒区中“取出”。对于加反向偏压的情况，可作类似分析。总之，pn 结上外加电压的变化，引起了电子和空穴在势垒区的“存入”和“取出”作用，导致势垒区的空间电荷数量随外加电压而变化，这和一个电容器的充放电作用相似。这种 pn 结的电容效应称为势垒电容，以 C_T 表示。

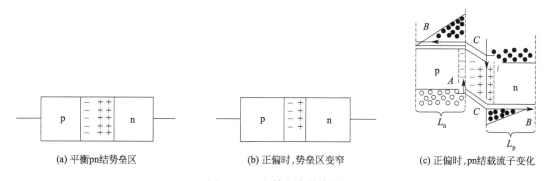

(a) 平衡 pn 结势垒区   (b) 正偏时,势垒区变窄   (c) 正偏时,pn 结载流子变化

图 6.21 pn 结电容的来源

（2）扩散电容

正向偏压时，有空穴从 p 区注入 n 区，于是在势垒区与 n 区边界 n 区一侧一个扩散长度内，便形成了非平衡空穴和电子的积累，同样在 p 区也有非平衡电子和空穴的积累。当正向偏压增加时，由 p 区注入 n 区的空穴增加，注入的空穴一部分扩散走了，如图 6.21(c) 中箭头 B 所示；另一部分则增加了 n 区的空穴积累，增加了浓度梯度，如图 6.21(c) 中箭

头 C 所示。所以外加电压变化时，n区扩散区内积累的非平衡空穴增加，与它保持电中性的电子也相应增加。同样，p区扩散区内积累的非平衡电子和与它保持电中性的空穴也要增加。这种由于扩散区的电荷数量随外加电压的变化产生的电容效应，称为pn结的扩散电容，用符号 C_D 表示。

实验发现，pn结的势垒电容和扩散电容都随外加电压而变化，表明它们是可变电容。因此，引入微分电容的概念来表示pn结的电容。

当pn结在一个固定直流偏压 V 的作用下，叠加一个微小的交流电压 $\mathrm{d}V$ 时，这个微小的电压变化 $\mathrm{d}V$ 引起的电荷变化 $\mathrm{d}Q$，称为这个直流偏压下的微分电容，即

$$C = \frac{\mathrm{d}Q}{\mathrm{d}V} \tag{6.111}$$

pn结的直流偏压不同，微分电容也不相同。

6.4.2 突变结的势垒电容

将式(6.20)代入式(6.19)得到势垒区内单位面积上的总电量为

$$|Q| = \frac{qN_A N_D X_D}{N_A + N_D} \tag{6.112}$$

将式(6.45)代入式(6.112)，在pn结上加外电压时得

$$|Q| = \sqrt{(V_D - V)\frac{2\varepsilon_r \varepsilon_0 q N_A N_D}{N_A + N_D}} \tag{6.113}$$

由微分电容定义得单位面积势垒电容为

$$C'_T = \left| \frac{\mathrm{d}Q}{\mathrm{d}V} \right| = \sqrt{\frac{\varepsilon_r \varepsilon_0 q N_A N_D}{2(N_A + N_D)(V_D - V)}} \tag{6.114}$$

若pn结面积为 A，则pn结的势垒电容 C_T 为

$$C_T = AC'_T = \left| \frac{\mathrm{d}Q}{\mathrm{d}V} \right| = A\sqrt{\frac{q\varepsilon_r \varepsilon_0 N_A N_D}{2(N_A + N_D)(V_D - V)}} \tag{6.115}$$

将式(6.45)与式(6.115)比较，得

$$C_T = A\frac{\varepsilon_r \varepsilon_0}{X_D} \tag{6.116}$$

这一结果与平行板电容器公式在形式上完全一样。因此，pn结势垒电容等效为一个平行板电容器的电容，势垒区宽度对应于两平行极板间的距离。但是pn结势垒电容中的势垒宽度与外加电压有关，因此，pn结势垒电容是随外加电压而变化的非线性电容，而平行板电容器的电容则是一恒量。

对 p^+n 结或 n^+p 结，式(6.115)可简化为

$$C_T = A\sqrt{\frac{\varepsilon_r \varepsilon_0 q N_B}{2(V_D - V)}} \tag{6.117}$$

从式(6.115)和式(6.117)中可以看出：

① 突变结的势垒电容和结的面积以及轻掺杂一边的杂质浓度的平方根成正比，因此减小结面积以及降低轻掺杂一边的杂质浓度是减小结电容的途径；

② 突变结势垒电容和电压 $V_D - V$ 的平方根成反比，反向偏压越大，则势垒电容越小，若外加电压随时间变化，则势垒电容也随时间而变，可利用这一特性制作变容器件。

以上结论在半导体器件的设计和生产中有重要的实际意义。

导出式(6.115)时，利用了耗尽层近似，这对于加反向偏压时是适用的。然而，当 pn 结加正向偏压时，一方面降低了势垒高度，使势垒区变窄，空间电荷数量减少，所以势垒电容比加反向偏压时大；另一方面，使大量载流子流过势垒区，它们对势垒电容也有贡献。但在推导势垒电容的公式时，没有考虑这一因素。因此，这些公式就不适用于加正向偏压的情况。一般采用下列近似计算正向偏压时的势垒电容，即

$$C_T = 4C_T(0) = 4A \sqrt{\frac{\varepsilon_r \varepsilon_0 q N_A N_D}{2(N_A + N_D)V_D}} \tag{6.118}$$

式中，$C_T(0)$ 是外加电压为零时 pn 结的势垒电容。

6.4.3 线性缓变结的势垒电容

下面计算线性缓变结势垒电容。设 pn 结面积为 A，对式(6.48)积分得到势垒区正空间电荷为

$$Q = \int_0^{X_D/2} \rho(x) A \, dx = A \int_0^{X_D/2} q\alpha_j x \, dx = A \frac{q\alpha_j X_D^2}{8} \tag{6.119}$$

将式(6.60)代入式(6.119)得

$$Q = A \frac{q\alpha_j}{8} \sqrt[3]{\left[\frac{12\varepsilon_r \varepsilon_0 (V_D - V)}{q\alpha_j}\right]^2} = A \sqrt[3]{\frac{9q\alpha_j \varepsilon_r^2 \varepsilon_0^2}{32}} \sqrt[3]{(V_D - V)^2} \tag{6.120}$$

故线性缓变结的势垒电容为

$$C_T = \left|\frac{dQ}{dV}\right| = A \sqrt[3]{\frac{q\alpha_j \varepsilon_r^2 \varepsilon_0^2}{12(V_D - V)}} \tag{6.121}$$

由式(6.121)可以看出：

① 线性缓变结的势垒电容和结面积及杂质浓度梯度的立方根成正比，因此减小结面积和降低杂质浓度梯度有利于减小势垒电容；

② 线性缓变结的势垒电容和 $V_D - V$ 的立方根成反比，增大反向电压，电容将减小。

将式(6.60)代入式(6.121)，对于线性缓变结同样得到与平行板电容器一样的公式，即

$$C_T = A \frac{\varepsilon_r \varepsilon_0}{X_D}$$

由此可见，不论杂质分布如何，在耗尽层近似下，pn 结在一定反向电压下的微分电容，都可以等效为一个平行板电容器的电容。

突变结和线性缓变结的势垒电容，都与外加电压有关，这在实际当中很有用处。一方面可以制成变容器件，另一方面可以用来测量结附近的杂质浓度和杂质浓度梯度等。例如：

(1) 测量单边突变结的杂质浓度

对于 p$^+$n 结或 n$^+$p 结，将式(6.117)的平方取倒数，得

$$\frac{1}{C_T^2} = \frac{2(V_D - V)}{A^2 q N_B \varepsilon_r \varepsilon_0} \tag{6.122}$$

则

$$\frac{d\left(\frac{1}{C_T^2}\right)}{dV} = \frac{2}{A^2 q N_B \varepsilon_r \varepsilon_0} \tag{6.123}$$

若用实验做出 $1/C_{\mathrm{T}}^2$-V 的关系曲线，则式(6.123)为该直线的斜率。因此，可由斜率求得轻掺杂一边的杂质浓度 N_{B}。从直线的截距，则可求得 pn 结的接触电势差 V_{D}。

或者利用导数

$$\frac{\mathrm{d}\left(\dfrac{1}{C_{\mathrm{T}}^2}\right)}{\mathrm{d}V}=-\left(\frac{2}{C_{\mathrm{T}}^3}\right)\frac{\mathrm{d}C_{\mathrm{T}}^2}{\mathrm{d}V} \tag{6.124}$$

可以在一定反向偏压下测量 C_{T} 和 $\mathrm{d}C_{\mathrm{T}}/\mathrm{d}V$ 的值，就能求得 $\mathrm{d}(1/C_{\mathrm{T}}^2)/\mathrm{d}V$，由式(6.123) 即可算出 N_{B} 值，再由式(6.122)算出 V_{D} 值，这样就不要做出 $1/C_{\mathrm{T}}^2$-V 的关系曲线了。

（2）测量线性缓变结的杂质浓度梯度

将式(6.121)两边立方取倒数得

$$\frac{1}{C_{\mathrm{T}}^3}=\frac{12(V_{\mathrm{D}}-V)}{A^3 q\alpha_{\mathrm{j}}\varepsilon_{\mathrm{r}}^2\varepsilon_0^2} \tag{6.125}$$

由实验作出 $1/C_{\mathrm{T}}^3$-V 关系曲线是一直线，从该直线的斜率可求得杂质浓度梯度 α_{j}，由直线的截距可求得接触电势差 V_{D}。

以上只考虑了扩散结可以看作突变结或线性缓变结处理的两个极限情况，实际的扩散结是比较复杂的，往往属于这两种极限情况之间，在这方面也曾经进行了很广泛的研究。

6.4.4　扩散电容

前面已经指出，pn 结加正向偏压时，由于少子的注入，在扩散区内，都有一定数量的少子和等量的多子积累，而且它们的浓度随正向偏压的变化而变化，从而形成了扩散电容。

在扩散区中积累的少子是按指数形式分布的。注入 n 区和 p 区的非平衡少子分布由式(6.72) 及式(6.73)决定，将以上两式在扩散区内积分，就得到了单位面积的扩散区内所积累的载流子总电荷量：

$$Q_{\mathrm{p}}=\int_{x_{\mathrm{n}}}^{\infty}\Delta p(x)q\,\mathrm{d}x=qL_{\mathrm{p}}p_{\mathrm{n0}}\left[\exp\left(\frac{qV}{k_0 T}\right)-1\right] \tag{6.126}$$

$$Q_{\mathrm{n}}=\int_{-\infty}^{-x_{\mathrm{p}}}\Delta n(x)q\,\mathrm{d}x=qL_{\mathrm{n}}n_{\mathrm{p0}}\left[\exp\left(\frac{qV}{k_0 T}\right)-1\right] \tag{6.127}$$

式(6.126)中积分上限取正无穷大，式(6.127)中积分下限取负无穷大，这和积分到扩散区边界的效果是一样的。因为在扩散区以外，非平衡少子已经衰减为零了，而且这样做，在数学处理上带来了很大方便。由此，可以算得扩散区单位面积的微分电容为

$$C_{\mathrm{Dp}}=\frac{\mathrm{d}Q_{\mathrm{p}}}{\mathrm{d}V}=\left(\frac{q^2 p_{\mathrm{n0}}L_{\mathrm{p}}}{k_0 T}\right)\exp\left(\frac{qV}{k_0 T}\right) \tag{6.128}$$

$$C_{\mathrm{Dn}}=\frac{\mathrm{d}Q_{\mathrm{n}}}{\mathrm{d}V}=\left(\frac{q^2 n_{\mathrm{p0}}L_{\mathrm{n}}}{k_0 T}\right)\exp\left(\frac{qV}{k_0 T}\right) \tag{6.129}$$

单位面积上总的微分扩散电容为

$$C_{\mathrm{D}}'=C_{\mathrm{Dp}}+C_{\mathrm{Dn}}=q^2\,\frac{(n_{\mathrm{p0}}L_{\mathrm{n}}+p_{\mathrm{n0}}L_{\mathrm{p}})}{k_0 T}\exp\left(\frac{qV}{k_0 T}\right) \tag{6.130}$$

设 A 为 pn 结的面积，则 pn 结加正向偏压时，总的微分扩散电容为

$$C_D = AC_D' = Aq^2 \frac{(n_{p0}L_n + p_{n0}L_p)}{k_0 T} \exp\left(\frac{qV}{k_0 T}\right) \tag{6.131}$$

对于 p^+n 结则为

$$C_D = \left(\frac{Aq^2 p_{n0}L_p}{k_0 T}\right) \exp\left(\frac{qV}{k_0 T}\right) \tag{6.132}$$

因为这里用的浓度分布是稳态公式，所以式(6.131)和式(6.132)只近似应用于低频情况。进一步分析指出，扩散电容随频率的增加而减小。

由于扩散电容随正向偏压按指数关系增加，所以在大的正向偏压时，扩散电容便起主要作用。

6.5 pn 结击穿

实验发现，对 pn 结施加的反向偏压增大到某一数值 V_{BR} 时，反向电流密度突然开始迅速增大，这种现象称为 pn 结击穿。发生击穿时的反向偏压称为 pn 结的击穿电压，如图 6.22 所示。

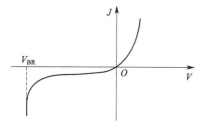

图 6.22 pn 结的击穿

击穿现象中，电流增大的基本原因不是由于迁移率的增大，而是由于载流子数目的增加。到目前为止，pn 结击穿共有三种：雪崩击穿、隧道击穿和热电击穿。本节对这三种击穿的机理给予简单说明。

6.5.1 雪崩击穿

在反向偏压下，流过 pn 结的反向电流，主要是由 p 区扩散到势垒区中的电子电流和由 n 区扩散到势垒区的空穴电流组成的。当反向偏压很大时，势垒区中的电场很强，在势垒区内的电子和空穴由于受到强电场的漂移作用，具有很大的动能，它们与势垒区内的晶格原子发生碰撞时，能把价键上的电子碰撞出来，成为导电电子，同时产生一个空穴。从能带观点来看，就是高能量的电子和空穴把满带中的电子激发到导带，产生了电子-空穴对。如图 6.23 所示，pn 结势垒区中电子1 碰撞出来一个电子 2 和一个空穴 2，于是一个载流子变成了三个载流子。这三个载流子（电子和空穴）

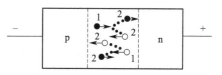

图 6.23 雪崩倍增机构

在强电场作用下，向相反的方向运动，还会继续发生碰撞，产生第三代的电子-空穴对。空穴 1 也如此产生第二代、第三代的载流子。如此继续下去，载流子就大量增加，这种繁殖载流子的方式称为载流子的倍增效应。由于倍增效应，使势垒区单位时间内产生大量载流子，迅速增大了反向电流，从而发生 pn 结击穿。这就是雪崩击穿的机理。

雪崩击穿除了与势垒区中的电场强度有关外，还与势垒区的宽度有关。因为载流子动能的增加，需要一个加速过程，如果势垒区很薄，即使电场很强，载流子在势垒区中加速达不到产生雪崩倍增效应所必需的动能，也不能发生雪崩击穿。

6.5.2 隧道击穿（齐纳击穿）

隧道击穿是在强电场作用下，由于隧道效应，使大量电子从价带穿过禁带而进入导带引起的一种击穿现象。因为最初是由齐纳提出来解释电介质击穿现象的，故叫齐纳击穿。

当 pn 结加反向偏压时，势垒区能带发生倾斜；反向偏压越大，势垒越高，势垒区的内建电场也越强，势垒区能带也越加倾斜，甚至可以使 n 区的导带底比 p 区的价带顶还低，如图 6.24 所示。内建电场 $\mathscr{E}$ 使 p 区的价带电子得到附加势能 $q\mathscr{E}x$；当内建电场 $\mathscr{E}$ 大到某值以后，价带中的部分电子得到的附加势能 $q\mathscr{E}x$ 可以大于禁带宽度 E_g，如果图 6.24 中 p 区价带中的 A 点和 n 区导带的 B 点有相同的能量，则在 A 点的电子可以过渡到 B 点。

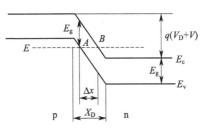

图 6.24　大反向偏压下 pn 结能带图

实际上，这只是说明在由 A 点到 B 点的一段距离中，电场给予电子的能量 $q\mathscr{E}\Delta x$ 等于禁带宽度 E_g。因为 A 和 B 之间隔着水平距离为 Δx 的禁带，所以电子从 A 到 B 的过渡一般不会发生。随着反向偏压的增大，势垒区内的电场增强，能带更加倾斜，Δx 将变得更短。当反向偏压达到一定数值，Δx 短到一定程度时，量子力学证明，p 区价带中的电子将通过隧道效应穿过禁带到达 n 区导带中。隧道概率 P 是

$$P = \exp\left\{-\frac{2}{\hbar}(2m_{dn})^{1/2}\int_{x_1}^{x_2}[E(x)-E]^{1/2}dx\right\} \tag{6.133}$$

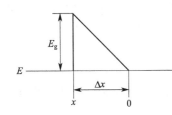

图 6.25　pn 结的三角形势垒

式中，$E(x)$ 为 x 点处的势垒高度；E 为电子能量；x_1 及 x_2 为势垒区的边界。电子隧道穿过的势垒可看成三角形势垒，如图 6.25 所示。为了计算方便起见，令 $E=0$，并假定势垒区内有一恒定电场 $\mathscr{E}$，因而在 x 点处

$$E(x)=q\mathscr{E}x$$

将其代入式(6.133)的积分中，并取积分上、下限为 Δx 及 0，则

$$P = \exp\left[-\frac{2}{\hbar}(2m_{dn})^{1/2}\int_0^{\Delta x}(q\mathscr{E})^{1/2}x^{1/2}dx\right]$$

经计算并利用 $\Delta x = E_g/q\mathscr{E}$ 的关系可得

$$P = \exp\left[-\frac{4}{3\hbar}(2m_{dn})^{1/2}(E_g)^{3/2}\left(\frac{1}{q\mathscr{E}}\right)\right] \tag{6.134}$$

$$P = \exp\left[-\frac{4}{3\hbar}(2m_{dn})^{1/2}(E_g)^{1/2}\Delta x\right] \tag{6.135}$$

由式(6.134)和式(6.135)可以看出，对于一定的半导体材料，势垒区的电场 $\mathscr{E}$ 越大，或隧道长度 Δx 越短，则电子穿过隧道的概率 P 越大。当电场 $\mathscr{E}$ 大到一定程度，或 Δx 短到一定程度时，将使 p 区价带中大量的电子隧道穿过势垒到达 n 区导带中去，使反向电流急剧增大，于是 pn 结就发生隧道击穿。这时外加的反向偏压即为隧道击穿电压（或齐纳击穿电压）。

可以利用式(6.135)估算一定隧道概率 P 时所对应的隧道长度 Δx。例如，对于 $P=10^{-10}$，$E_g=1.12eV$，$m_n^*=1.08m_0$，则 $\Delta x=3.1nm$。当然，也可以由式(6.133)估算一定隧道概率 P 时所对应的电场强度 $\mathscr{E}$。

从图 6.25 中可以得到隧道长度 Δx 与势垒高度 $q(V_D-V)$ 间的关系。因势垒区内导带底的斜率是 $q(V_D-V)/X_D$，同时此斜率也是 $E_g/\Delta x$，故得到

$$\Delta x = \left(\frac{E_g}{q}\right)\left[\frac{X_D}{(V_D - V)}\right] \qquad (6.136)$$

式中，V 是反向偏压；X_D 是势垒区宽度。将式（6.46）的 X_D 代入上式得

$$\Delta x = \left(\frac{E_g}{q}\right)\left(\frac{2\varepsilon_r\varepsilon_0}{qNV_A}\right)^{1/2} \qquad (6.137)$$

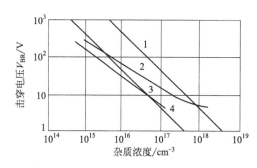

图 6.26　硅、锗 pn 结中雪崩和齐纳击穿电压

式中，$N = N_D N_A/(N_D + N_A)$，$V_A = V_D - V$。从式（6.137）可见 NV_A 越大，Δx 越小，因而隧道概率 P 就越大，也就越容易发生隧道击穿。故隧道击穿时要求一定的 NV_A 值，它既可以是 N 小 V_A 大，也可以是 N 大 V_A 小。前者即杂质浓度较低时，必须加大的反向偏压才能发生隧道击穿。但是在杂质浓度较低，反向偏压大时，势垒宽度增大，隧道长度会变长，不利于隧道击穿，却有利于雪崩倍增效应。所以在一般杂质浓度下，雪崩击穿机构是主要的。而后者即杂质浓度高时，反向偏压不高的情况下就能发生隧道击穿。因为势垒区宽度小，不利于雪崩倍增效应，所以在重掺杂的情况下，隧道击穿机构变为主要的。实验表明，对于重掺杂的硅 pn 结，当击穿电压 $V_{BR} < 4E_g/q$ 时，一般为隧道击穿；当击穿电压 $V_{BR} > 6E_g/q$ 时，一般为雪崩击穿；当 $4E_g/q < V_{BR} < 6E_g/q$ 时，两种击穿机构都存在。

图 6.26 表示了硅、锗 pn 结中齐纳击穿和雪崩击穿电压与杂质浓度的关系。图中 1 为硅的齐纳击穿电压，2 为硅的雪崩击穿电压，3 为锗的齐纳击穿电压，4 为锗的雪崩击穿电压。

6.5.3　热电击穿

当 pn 结上施加反向电压时，流过 pn 结的反向电流要引起热损耗。反向电压逐渐增大时，对应于一定的反向电流所损耗的功率也增大，这将产生大量热能。如果没有良好的散热条件使这些热能及时传递出去，将引起结温上升。

考虑式（6.81）表示的反向饱和电流密度 $-J_s$ 中的一项 $J_s = qD_n n_{p0}/L_n$。因为 $n_{p0} = n_i^2/p_{p0} = n_i^2/N_A$，所以反向饱和电流密度 $J_s \propto n_i^2$。又由第 4 章知道，$n_i^2 \propto T^3 \exp[-E_g/(k_0 T)]$，可见，反向饱和电流密度随温度按指数规律上升，其上升速度很快。因此随着结温的上升，反向饱和电流密度也迅速增大，产生的热能也迅速增大，进而又导致结温上升，反向饱和电流密度增大。如此反复循环下去，最后使 J_s 无限增大而发生击穿。这种由于热不稳定性引起的击穿，称为热电击穿。对于禁带宽度比较小的半导体如锗 pn 结，由于反向饱和电流密度较大，在室温下这种击穿很重要。

　习　题

6.1　若 $N_D = 5 \times 10^{15} cm^{-3}$，$N_A = 10^{17} cm^{-3}$，求室温下 Ge 突变 pn 结的 V_D。

6.2　试分析小注入时，电子（空穴）在五个区域中的运动情况（分析漂移与扩散方向及相对大小）。

	中性区	扩散区	势垒区	扩散区	中性区	
p 区						n 区

6.3 证明反向饱和电流公式(6.78) 可改写为

$$J_s = \frac{b\sigma_i^2}{(1+b)^2} \times \frac{k_0 T}{q} \left(\frac{1}{\sigma_n L_p} + \frac{1}{\sigma_p L_n} \right)$$

式中，$b = \mu_n/\mu_p$；σ_n 和 σ_p 分别为 n 型和 p 型半导体电导率；σ_i 为本征半导体电导率。

6.4 一硅突变 pn 结，n 区的 $\rho_n = 5\Omega \cdot cm$，$\tau_p = 1\mu s$；p 区的 $\rho_p = 0.1\Omega \cdot cm$，$\tau_n = 5\mu s$。计算室温下空穴电流与电子电流之比、饱和电流密度以及在正向电压 0.3V 时流过 pn 结的电流密度。

6.5 已知突变结两边的杂质浓度为 $N_A = 10^{16} cm^{-3}$，$N_D = 10^{20} cm^{-3}$。①求势垒高度和势垒宽度；②画出 $\mathscr{E}(x)$、$V(x)$ 图。

参 考 文 献

[1] 刘恩科，朱秉升，罗晋生. 半导体物理学 [M]. 北京：电子工业出版社，2011.

[2] Jenny Nelson. 光伏电池物理 [M]. 高扬，译. 上海：上海交通大学出版社，2011.

[3] Martin A Green. 光伏电池工作原理、技术和系统应用 [M]. 狄大卫，等译. 上海：上海交通大学出版社，2011.

[4] 周世勋. 量子力学 [M]. 上海：上海科学技术出版社，1961.

[5] 谢希德，方俊鑫. 固体物理学：上册 [M]. 上海：上海科学技术出版社，1961.

第7章

光伏电池特性与效率

7.1 光伏电池的光照特性

第 6 章中推导出了无光照情况下的二极管特性（暗特性，即方程中产生率 $G=0$），现在不妨来探讨有光照时的二极管特性。为了简化，假设所考虑的是理想情况，即假定光照时电子-空穴对的产生率在整个器件中都相同，这相当于电池受能量接近于半导体禁带宽度的光子所组成的长波长的光照射的特殊物理情况。这样的光只能被弱吸收，因而在整个与特性有关的距离内，电子-空穴对的体产生率基本不变。应当强调，这种均匀产生率的情况与实际情况并不相符。比较实际的情况将在后面用不同的方法进行研究。

本节将推导当光照所引起的电子-空穴对的体产生率 G 在整个器件中都相同时，pn 结二极管受光照时的理想电流-电压特性。

这种分析非常类似于无光照二极管的分析。光照情况下，第 6 章的近似条件仍然成立，由它们推导得到的结果同样有效。既然如此，式(6.68)仍然有效，只是此时 G 不等于零而是常数。因此，在 n 型一侧，有

$$D_p \frac{\mathrm{d}^2 \Delta p_n}{\mathrm{d}x^2} = \frac{\Delta p_n}{\tau_p} - G$$

即

$$\frac{\mathrm{d}^2 \Delta p_n}{\mathrm{d}x^2} = \frac{\Delta p_n}{L_p^2} - \frac{G}{D_p} \tag{7.1}$$

由于 G/D_p 是常数，上式的通解为（求解方程时，注意将上式处理为二阶常系数齐次线性微分方程后用特征方程得到通解，提示：构建新函数 $\Delta p_n - G\tau_p$）

$$\Delta p_n(x) = p_n(x) - p_{n0} = G\tau_p + A\exp\left(-\frac{x}{L_p}\right) + B\exp\left(\frac{x}{L_p}\right) \tag{7.2}$$

边界条件与无光照二极管分析中的保持一致，于是得到特解为

$$p_n(x) - p_{n0} = G\tau_p + \left\{ p_{n0}\left[\exp\left(\frac{qV}{k_0 T}\right) - 1\right] - G\tau_p \right\} \exp\left(\frac{x_n - x}{L_p}\right), \ x > x_n \tag{7.3}$$

如图 7.1 所示，对于 $n_p(x)$ 也有类似表达式

$$n_p(x) - n_{p0} = G\tau_n + \left\{ n_{p0}\left[\exp\left(\frac{qV}{k_0 T}\right) - 1\right] - G\tau_n \right\} \exp\left(\frac{x_p + x}{L_n}\right), \ x < -x_p \tag{7.4}$$

相应的电流密度为

$$J_p(x_n) = -qD_p \frac{\mathrm{d}p_n(x)}{\mathrm{d}x}\bigg|_{x=x_n} = \frac{qD_p}{L_p}\left\{ p_{n0}\left[\exp\left(\frac{qV}{k_0 T}\right) - 1\right] - G\tau_p \right\} \tag{7.5}$$

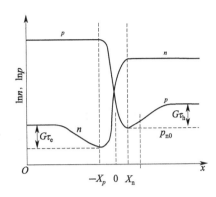

图 7.1　在红外光照射下短路时 pn 结载流子分布

$$J_n(-x_p) = qD_n \frac{dn_p(x)}{dx}\bigg|_{x=-x_p} = \frac{qD_n}{L_n}\left\{ n_{p0}\left[\exp\left(\frac{qV}{k_0 T}\right)-1\right] - G\tau_n \right\} \tag{7.6}$$

忽略势垒区的复合效应（$U=0$），仅考虑势垒区的产生效应，这种情况下由连续性方程可得到

$$\frac{1}{q}\times\frac{dJ_n}{dx} = U - G = -\frac{1}{q}\times\frac{dJ_p}{dx} \tag{7.7}$$

因此，通过势垒区的空穴电流密度变化量为

$$|\delta J_p| = q\int_0^{X_D}(|U-G|)dx = qGX_D \tag{7.8}$$

通过 pn 结的总电流密度 J 为

$$J = J_n(-x_p) + J_p(-x_p) = J_n(-x_p) + J_p(x_n) - |\delta J_p| \tag{7.9}$$

电流电压方程式为

$$J = J_s\left[\exp\left(\frac{qV}{k_0 T}\right)-1\right] - J_L \tag{7.10}$$

式中，$J_s = \dfrac{qD_n n_{p0}}{L_n} + \dfrac{qD_p p_{n0}}{L_p}$ 称为饱和电流密度；$J_L = qG(L_n + X_D + L_p)$ 称为光生电流密度。

这个结果如图 7.2 所示。请注意，光照下的特性曲线仅仅是将暗特性曲线下移了 J_L。因此，就在该图的第四象限形成一个可以从二极管获取电力的区域。

请注意，光生电流密度的形式提出了一个在稍后将要证实的结论。光生电流密度 I_L 的预期值等于在二极管势垒区及其两边一个少数载流子扩散长度内全部光生载流子的贡献。势垒区和势垒区两边一个扩散长度范围之内的区域确实是 pn 结光伏电池的"有效"收集区。

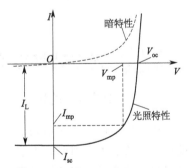

图 7.2　无光照和有光照时 pn 结二极管的输出特性

7.2　光伏电池的输出参数

通常用来描述光伏电池输出特性的有三个参数。

第一个参数是短路电流 I_{sc}（$I_{sc}=AJ_{sc}$），理想情况下，它等于光生电流 I_L（$I_L=AJ_L$）。第二个参数是开路电压 V_{oc}。令式（7.10）中的 $J=0$，则得到理想值

$$V_{oc}=\frac{k_0 T}{q}\ln\left(\frac{I_L}{I_s}+1\right) \tag{7.11}$$

式中，$I_s=AJ_s$ 为饱和电流。

V_{oc} 由于与 I_s 有关，因此其取决于半导体的性质。第四象限中任一工作点的输出功率（$P=VI$）都等于图 7.2 所示的矩形面积，某个特定的工作点（V_{mp}，I_{mp}）会使输出功率最大。

第三个参数即填充因子 FF，定义为

$$FF=\frac{V_{mp}I_{mp}}{V_{oc}I_{sc}} \tag{7.12}$$

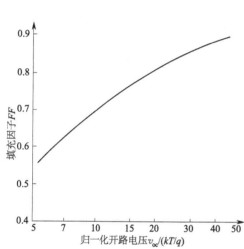

图 7.3 填充因子的理想值与归一化
开路电压的关系

它是输出特性曲线"方形"程度的量度，对具有适当效率的电池来说，其值在 $0.7\sim0.85$ 范围内。理想情况下，它只是开路电压 V_{oc} 的函数。如图 7.3 所示为 FF 的理想（最大）值与归一化开路电压 v_{oc} 的关系。v_{oc} 的定义为 $V_{oc}/(nk_0 T/q)$（n 为理想因子）。当 $v_{oc}>10$ 时，描述这个关系（精确到四位有效数字）的经验公式为（可参考 7.4.4 节）

$$FF=\frac{v_{oc}-\ln(v_{oc}+0.72)}{v_{oc}+1} \tag{7.13}$$

于是，光电（能量）转换效率 η 为

$$\eta=\frac{V_{mp}I_{mp}}{P_{in}}=\frac{V_{oc}I_{sc}FF}{P_{in}} \tag{7.14}$$

式中，P_{in} 是入射光的总功率。晶硅商用光伏电池的能量转换效率现阶段已经超过 20%。

7.3 光电转换效率的影响因子

7.3.1 影响 I_{sc} 的因子

在理想条件下，入射到电池表面能量大于材料禁带宽度的每一个光子，都会产生一个流过外电路的电子。因此，为了计算 I_{sc} 的最大值，必须知道阳光的光子通量。这个数值可以根据阳光的能量分布计算得到。将已知波长的能量值除以该波长单个光子的能量 hf 即为光子通量（对于多色光，光子通量 $\Phi=\int_{\lambda_{min}}^{\lambda_{max}}\frac{E_\lambda}{hf}d\lambda$）。如图 7.4（a）所示为 AM0 辐射和标准 AM1.5 地面辐射的计算结果。

I_{sc} 的最大值可以通过求光子能量分布的积分得出，积分从短波长进行到刚能在给定半导体中产生电子-空穴对的最长波长。短路电流密度的上限如图 7.4（b）所示。

光子能量（以 eV 为单位）与其波长（以 μm 为单位）的关系是 $E(eV)=1.24/\lambda(\mu m)$。硅的禁带宽度约为 1.12eV，因此，相应的波长 λ 是 $1.13\mu m$。

当禁带宽度减小时，短路电流密度将会增加。这并不足为奇，因为禁带宽度减小使得具有足以产生电子-空穴对能量的光子数变多了。

7.3.2 V_{oc} 与 η 的关系

限制光伏电池开路电压的基本因素尚未像短路电流般被清楚地定义。在 7.2 节中已经证明，对理想的 pn 结电池，V_{oc} 可表示为

$$V_{oc} = \frac{k_0 T}{q} \ln \left(\frac{I_L}{I_s} + 1 \right)$$

式中，I_L 是光生电流；I_s 是二极管的饱和电流，可由式（6.78）知

$$I_s = A \left(\frac{qD_n n_i^2}{L_n N_A} + \frac{qD_p n_i^2}{L_p N_D} \right) \quad (7.15)$$

为了得到最大的 V_{oc}，I_s 必须尽可能小。计算 V_{oc} 上限（因而也就得到最高效率）的一种方法是为式（7.15）中半导体的每个参数赋予合适的值，而这些值仍必须保持在生产高品质光伏电池所要求的取值范围

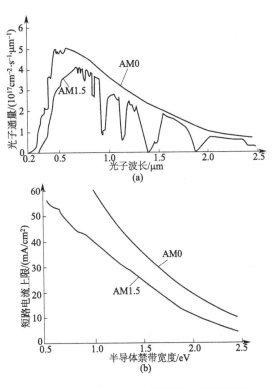

图 7.4　AM0 和 AM1.5 能量分布的阳光中的光子通量以及相应 J_{sc} 上限与 E_g 的关系

内。对于硅而言，所得到的最大 V_{oc} 约为 700mV，相应的最高填充因子 FF 为 0.84。将此结果和前一节 I_{sc} 的结果结合起来，就可得到最高能量转换效率。

式（7.15）中与半导体材料的选择关系最大的参数是本征载流子浓度。由第 4 章得知

$$n_i^2 = N_c N_v \exp \left(-\frac{E_g}{k_0 T} \right) \qquad (7.16)$$

由式（7.15）得到最小饱和电流密度与禁带宽度之间关系的经验公式

$$J_s = 1.5 \times 10^5 \exp \left(-\frac{E_g}{k_0 T} \right) \qquad (7.17)$$

由这一关系式，看出随禁带宽度的减小，J_s 增加，导致 V_{oc} 减小。这一趋势与 I_{sc} 的变化趋势相反。由此得出，存在一个最佳的半导体禁带宽度，可使光电转换效率达到最高。

这一点从图 7.5 中可以看出。图 7.5 显示了按上述方法算得的最高效率与禁带宽度之间的关系。在禁带宽度为 1.4~1.6eV 的范围内，出现了峰值效率；而当大气光学质量从 0 增加到 1.5 时，峰值效率从 26% 增加到 29%。硅的禁带宽度低于最佳值，但最大效率仍然比较高。GaAs 具有接近最佳值的禁带宽度（1.4eV）。

这些最高效率在数值上较低的主要原因是因为电池所吸收的每一个光子，无论它的能量多么大，最多都只能产生一个电子-空穴对。多余的能量使电子和空穴迅速弛豫回到带隙边缘，同时放出声子（如图 7.6 所示，高能光子跃迁产生电子-空穴对后迅速"热化"或弛豫回到各自的能带边缘，放出的能量以热的形式耗散掉）。即使光子能量比禁带宽度大很多，实际上产生一对电子和空穴对也只需一个禁带宽度的能量，多余能量产生热量。仅这一效应

就将可能获得的最高效率大约限制在只有 44％。另一个主要原因是，即使所产生的载流子被相当于禁带宽度的电势差分离，pn 结电池所能得到的输出电压也仅是这一电势差的一部分。以硅为例，这个部分的最大值是 $0.7/1.1 \approx 60\%$。

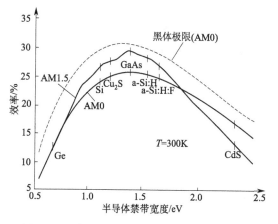

图 7.5　光伏电池极限效率与禁带宽度的关系

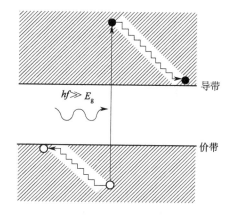

图 7.6　光子跃迁与弛豫

以上讨论仅限于单个电池直接暴露在阳光下的情况。以 GaAs 为基础的一类器件，实验中得到的效率已超过 30％。后面提到的一些新技术有可能进一步提高组件的效率。据乔治华盛顿大学（George Washington University）2017 年 7 月 12 日提供的消息，该大学的研究人员设计出了几乎可以捕获所有太阳光的锑化镓（GaSb）基光伏电池，光电转化效率达到44.5％。随着理论研究的深入和工艺技术的不断改进，光伏电池在当下和未来都会是最有效的一种太阳能利用途径。

7.3.3　温度的影响

由于光伏电池所处的环境温度可能变化很大，因此有必要了解温度对光伏电池性能的影响。

光伏电池的短路电流与温度之间的关联性并不是很大，短路电流随着温度上升而略有增加。这是由于半导体禁带宽度通常随温度的上升而减小，使得光生载流子随着增加。电池的其他参数，即开路电压和填充因子两者都随温度上升而减小。短路电流和开路电压之间的关系：

$$I_{sc} = I_s \left[\exp\left(\frac{qV_{oc}}{k_0 T}\right) - 1 \right] \tag{7.18}$$

正向偏压时，可忽略方括号中的第 2 项，于是式（7.18）可写为

$$I_{sc} = A T^{\gamma} \exp\left(-\frac{E_{g0}}{k_0 T}\right) \exp\left(\frac{qV_{oc}}{k_0 T}\right) \tag{7.19}$$

式中，A 与温度无关；E_{g0} 是用线性外推法得到的热力学温度 0K 时的禁带宽度；γ 包含了用于确定 I_s 的其余参数中与温度有关的因素，其数值通常在 1~4 范围内。对式（7.19）求导数，并考虑到 $V_{g0} = E_{g0}/q$，得到

$$\frac{dI_{sc}}{dT} = A\gamma T^{\gamma-1} \exp\left[\frac{q(V_{oc} - V_{g0})}{k_0 T}\right] + A T^{\gamma} \frac{q}{k_0 T}\left(\frac{dV_{oc}}{dT} - \frac{V_{oc} - V_{g0}}{T}\right) \exp\left[\frac{q(V_{oc} - V_{g0})}{k_0 T}\right]$$

$$\tag{7.20}$$

与其他主要项相比，$\mathrm{d}I_{sc}/\mathrm{d}T$ 项变化很小，可以忽略。于是得到下述表达式：

$$\frac{\mathrm{d}V_{oc}}{\mathrm{d}T}=-\frac{V_{g0}-V_{oc}+\gamma(k_0 T/q)}{T} \tag{7.21}$$

这意味着，随温度升高 V_{oc} 近似线性地减小。代入硅光伏电池有关数值（$V_{g0}=1.2\mathrm{V}$，$V_{oc}=0.6\mathrm{V}$，$\gamma=3$，$T=300\mathrm{K}$），得到

$$\frac{\mathrm{d}V_{oc}}{\mathrm{d}T}=-\frac{1.2-0.6+0.078}{300}=-2.3(\mathrm{mV/\mathbb{C}}) \tag{7.22}$$

这与实验结果非常一致。因而，温度每升高 $1\mathbb{C}$，硅光伏电池的 V_{oc} 将下降 0.4%。理想的填充因子取决于用 $nk_0 T/q$ 归一化的 V_{oc} 值，所以填充因子［见式(7-13)］也随温度的上升而下降。

V_{oc} 的显著变化导致输出功率和效率随着温度的升高而下降。硅光伏电池的温度每升高 $1\mathbb{C}$，输出功率将减少 $0.4\%\sim0.5\%$。对禁带宽度较宽的材料来说，这种温度依存性会降低。例如 GaAs 光伏电池输出功率对温度变化的灵敏度仅为硅光伏电池的一半。

7.4　有限尺寸光伏电池的光电转换效率

7.4.1　有限尺寸对饱和电流 I_s 的影响

正如式(7.11)指出的那样，二极管饱和电流 I_s 决定了 V_{oc}。式(6.78)隐含有二极管在结的两边延伸无限远距离的假定（边界条件里有 $x\to\infty$ 的假设）。实际的器件并非如此。一个有限大小的光伏电池其结构尺寸如图 7.7 所示。

这就要对饱和电流 I_s 的值进行修正。修正值取决于外露表面的表面复合速度。本书考虑的两种极端情况是：①复合速度很高，接近于无限大；②复合速度很低，接近于零。在前一种情况下，表面过剩少数载流子浓度为零；在后一种情况下，流入表面的少数载流子电流为零。用这些作为边界条件，就可求出修正的 I_s 表达式。其形式如下［建议自主推导，提示：复合速度高的边界条件为 $\Delta n_p(X_p)$ 或 Δp_n

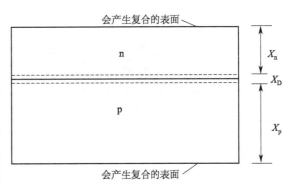

图 7.7　基本光伏电池结构尺寸示意图
（图中标明了重要的尺寸）

$(X_n)=0$，复合速度低的边界条件为 $\dfrac{\mathrm{d}p_n(x)}{\mathrm{d}x}\Big|_{x-X_n}=0$ 或者 $\dfrac{\mathrm{d}n_p(x)}{\mathrm{d}x}\Big|_{x=X_p}=0$］

$$I_s=A\left(\frac{qD_n n_i^2}{L_n N_A}F_p+\frac{qD_p n_i^2}{L_p N_D}F_n\right) \tag{7.23}$$

如果器件 p 型侧的表面具有高复合速度，则 F_p 有如下形式：

$$F_p=\coth\left(\frac{X_p}{L_n}\right) \tag{7.24}$$

式中，X_p 的定义由图 7.7 给出。如果 n 型一侧的表面也是高复合速度表面，则相应的公式也适用于 F_n。

如果器件 n 型侧的表面是低复合速度表面，那么 F_n 由下式确定：

$$F_n = \tanh\left(\frac{X_n}{L_p}\right) \tag{7.25}$$

如果 p 型区的表面也是低复合速度表面，那么类似的公式也适用于 F_p。

请注意：如果两个表面都具有低的复合速度，I_s 就会达到最小值，因此 V_{oc} 将达到最大值。

7.4.2 短路电流的损失

在光伏电池中有三种情形可以称为"光学"性质的损失。

① 裸露的硅表面反射相当大。图 7.8 所示的减反射膜使这种反射损失由 33% 减少到约 10%。

② 需要在光伏电池的 p 型侧和 n 型侧制造电极引出电流，通常在电池受光照的一侧制造金属栅线，这会遮掉 5%～15% 的入射光。

③ 最后，如果电池不够厚，进入电池的一部分具有合适能量的光线将从电池背面直接穿出去。这就确定了半导体材料所需的最小厚度。如图 7.9 中硅和砷化镓的计算结果显示，间接带隙材料比直接带隙材料需要更大的厚度。

I_{sc} 损失的另一个原因是半导体体内及表面的复合。在前面的章节中曾指出，只有在 pn 结附近产生的电子-空穴对才会对 I_{sc} 做出贡献。在距离结太远处产生的载流子，在它们从产生点移动到器件的电极之前，很有可能已经复合了。

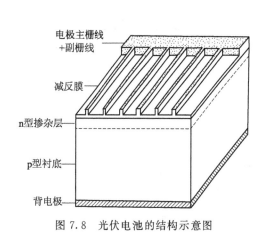

图 7.8 光伏电池的结构示意图

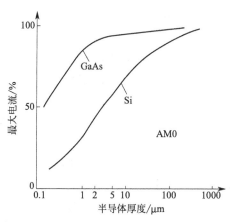

图 7.9 电池厚度对理想光伏电池最大 I_{sc} 百分比的影响

7.4.3 开路电压的损失

决定 V_{oc} 的主要过程是复合，这一点在计算 V_{oc} 的极限时已经看出。半导体中的复合率越低，V_{oc} 越高。体内复合和表面复合都是重要的。

可能限制 V_{oc} 的一个重要因素是通过势垒区中陷阱能级的复合，这种复合机制在势垒区中特别有效。参考过去描述这个机制的关系式，可以得到

$$U = \frac{np - n_i^2}{\tau_p(n + n_1) + \tau_n(p + p_1)} \tag{7.26}$$

当 n_1 和 p_1 很小且 n 和 p 也很小时，此复合率有最大值。当势垒区内陷阱杂质的能级位于带隙中央附近时，这两种条件便可同时成立。由于势垒区的宽度 X_D 非常小，因此在第 6 章分析 pn 结二极管暗特性时，势垒区的复合可以忽略。但是，在某些情况下，这一区域的复合率将增大，因而变得相当重要。

将势垒区的复合这一因素加进 pn 结暗电流电压特性中去，则得到

$$I=I_s\left[\exp\left(\frac{qV}{k_0 T}\right)-1\right]+I_w\left[\exp\left(\frac{qV}{2k_0 T}\right)-1\right] \tag{7.27}$$

式中，I_s 的值同前；I_w 为

$$I_w=\frac{qAn_i X_D}{2\tau_p} \tag{7.28}$$

式中，X_D 是 pn 结耗尽区的势垒宽度，对于两侧均匀掺杂的 pn 结来说，其值由下式决定。

$$X_D=\sqrt{V_D\frac{2\varepsilon_r\varepsilon_0}{q}\times\frac{N_A+N_D}{N_A N_D}} \tag{7.29}$$

这些特性以半对数坐标描绘在图 6.19 中。在低电流情况下，式（7.27）的第二项影响较大，而在高电流情况下，则第一项的影响较大。

式（7.27）也可写成下列形式：

$$I=I_s'\left[\exp\left(\frac{qV}{nk_0 T}\right)-1\right] \tag{7.30}$$

式中，n 通常称为理想因子。由式（7.27）可见，n 值将从低电流时的 2 减小到高电流时的 1。由于光照下的光伏电池 I-V 特性是将图 6.19 中的曲线向下移至第四象限，可见，这个额外的势垒区复合电流的存在将会导致 V_{oc} 的降低。

7.4.4 填充因子的损失

势垒区的复合也会降低填充因子。如前一节所述的二极管理想因子 n 大于 1，则填充因子等于电压为 V_{oc}/n 时，用理想情况（图 7.3）的公式算得的值。此值低于当 n 等于 1 时算得的值。

通常情况下定义归一化电压为 $V_{oc}/(nk_0 T/q)$，则先前给出的如下填充因子的经验公式仍然有效（当 $V_{oc}>10$ 时，大约精确到四位有效数字）。

$$FF_0=\frac{V_{oc}-\ln(V_{oc}+0.72)}{V_{oc}+1} \tag{7.31}$$

通常，光伏电池都存在寄生的串联电阻和分流电阻，如图 7.10 所示。图 7.10 常用来表示光伏电池的等效电路。这些电阻是由几个物理机制决定的。串联电阻 R_S（越小越好）的主要来源是：制造电池的半导体材料的体电阻、电极和互联金属的电阻以及电极和半导体之间的接触电阻。分流电阻 R_{SH}（越大越好）则是由于 pn 结漏电引起的，其中包括绕过电池边缘的内部漏电。如图 7.11 所示，这两种寄生电阻

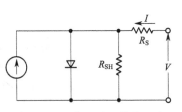

图 7.10 光伏电池的等效电路

都会起到减小填充因子的作用，很高的 R_S 值还会分别导致 I_{sc} 和 V_{oc} 的降低。

R_S 和 R_{SH} 对填充因子影响的大小可以通过将它们的数值与由下式定义的光伏电池特征

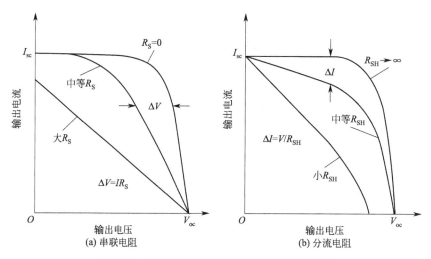

图 7.11　寄生电阻对光伏电池输出特性的影响

电阻 R_{CH} 进行比较而估算。定义 R_{CH} 如下：

$$R_{CH}=\frac{V_{oc}}{I_{sc}} \tag{7.32}$$

　　与这个参量相比，如果 R_S 很小，或者 R_{SH} 很大，那么它们对填充因子就几乎没有影响。如果定义归一化电阻 r_s 为 R_S/R_{CH}，当有串联电阻存在时，填充因子的近似表达式可写为（精确数值在图 7.12 中提供）

$$FF=FF_0(1-r_s) \tag{7.33}$$

　　式中，FF_0 是无寄生电阻时的理想填充因子，它可由式（7.31）相当精确地描述。当 $v_{oc}>10$，$r_s<0.4$ 时，这个表达式精确到接近两位有效数字。如果定义归一化分流电阻 r_{sh} 为 R_{SH}/R_{CH}，同样也采用归一化开路电压 $v_{oc}=V_{oc}/(nk_0T/q)$，则有关分流电阻影响的相应表达式可写成如下形式（精确数值也在图 7.12 中提供）：

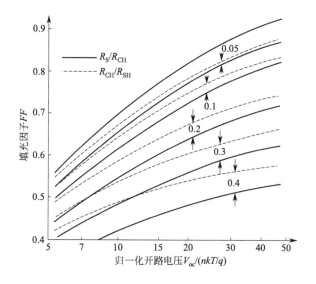

图 7.12　光伏电池填充因子与归一化开路电压的关系曲线

$$FF = FF_0 \left(1 - \frac{v_{oc} + 0.7}{v_{oc}} \times \frac{FF_0}{r_{sh}} \right) \tag{7.34}$$

当 $v_{oc} > 10$ 和 $r_{sh} > 2.5$ 时，这个表达式大约可以精确到三位有效数字。当串联电阻和分流电阻都重要时，在更有限的参数范围内填充因子的近似表达式是式(7.34)，只是式中的 FF_0 由式(7.33)计算得到的 FF 代替，即

$$FF = FF_0 (1 - r_s) \left(1 - \frac{v_{oc} + 0.7}{v_{oc}} \times \frac{FF_0 (1 - r_s)}{r_{sh}} \right)$$

7.5 光伏电池特性的测量

通过用辐射强度计测定入射阳光的功率和测量电池在最大功率点产生的电功率的办法来测量光伏电池的效率，似乎是比较简单的事情。使用这种方法存在的困难是：被测电池的性能在很大程度上取决于阳光的确切光谱成分，而阳光的光谱成分随大气光学质量、水蒸气含量、浑浊度等而变化。由于存在这一困难，加上辐射计刻度的误差（一般约为 $\pm 5\%$），使得这种办法很难将不是同一时间、同一地点测得的电池性能做比较。

另一种方法是采用标定过的参考电池为基准。某测试管理中心在标准光照条件下标定参考电池，然后以这一参考电池为基准，测量待测电池的性能。为了使这个测试方法能够得到准确的结果，必须满足下面两个条件：

① 在特定的范围内，参考电池和被测电池对不同波长光的响应（光谱响应）必须一致。

② 在规定的限制范围内，用来做比较测试的光源光谱成分必须接近标准光源的光谱成分。

第一个条件通常要求参考电池和被测电池是由同种半导体材料并用相似的生产工艺制成。在这两个条件都得到满足时，便可以在与标定中心相同的标准条件下进行所有的测量。

与上述相类似的方法已用于美国能源部的光伏计划中。在这个方法中，测试所参考的标准阳光光谱分布是 AM1.5 分布，所建议的测试光源是自然阳光（对云层、大气光学质量和日光强度变化率有一定限制）、配备适当的滤光片的氙灯或 ELH 灯。后者是一种廉价的投影仪钨丝灯，这种灯具有一个对波长灵敏的反射器，它可以让红外光从灯的背面透过，这就增加了输出光束中可见光的比例，因此，输出光束的光谱成分相当接近阳光的光谱成分。光源必须能在测试平面上射出一条强度均匀的平行光束，而且，在测试过程中光束必须稳定并符合限制规定。

测量光伏电池特性的典型实验装置如图 7.13(a) 所示。四点接触法（四探针测试法）使测试电池电压和电流的导线保持相互分离，这就排除了测试导线本身的串联电阻及有关接触电阻的影响。电池放置在温控底座上，测试光伏电池的标准温度是 25℃ 和 28℃ 两种。利用参考电池，将灯光强度调整到所需的数值，通过改变负载电阻，就可以测得电池的特性。

被测电池的光谱响应也可以通过将电池输出与已标定过光谱响应的电池输出直接比较而测得。最简单的方法是使用稳态单色光源，它可以从单色仪或者如图 7.13(b) 所示那样让白光通过窄带光学滤波器获得。由于电池对光强增加的响应并非总是线性的，较好的方法是使用接近于阳光的白光源来偏置被测的电池，在此基础上叠加一个小量的单色光成分（通过斩光器形成交变光强），并测量增加的响应。

现阶段国外对我国进行技术封锁，禁止对中国提供标准电池标定工作及提供一级 AM0

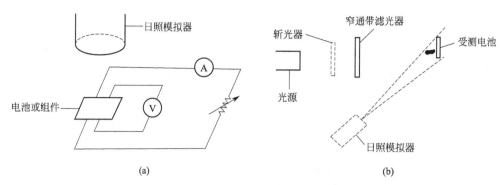

图 7.13　测试光伏电池和组件的实验装置与可用来测量光谱响应的装置

图 7.14　高空气球搭载
光伏电池标定
系统发放成功

标准电池片，而且国内尚没有相关权威单位能够提供一级标准电池的空间标定服务，之前国内只能通过特殊渠道购买国外 AM0 二级标准电池片或者将自己的电池片拿到国外进行标定，这对国内空间用光伏电池行业发展非常不利。

2018 年 8 月 8 日，中国科学院光电研究院成功使用了高空科学气球进行空间用光伏电池的高空标定试验（图 7.14），解决了气球平台动态变化中自动对日跟踪机构的稳定性和可靠性难题，实现了小型化多通道能够对光伏电池全参数的高精度测量，国内首次完成了包括开路电压、短路电流、最大功率点电压、最大功率点电流和温度等详细参数的测量，首次获得了几十片不同类型光伏电池完整的 I-V 曲线，对全面和准确评价空间光谱条件下光伏电池的性能具有重要意义，对于我国新型空间用光伏电池的研制和应用起到推进和促进作用。

该高空气球平台试验的成功，标志着中国科学院成为继美国航空航天局（NASA）和法国空间研究中心（CNES）之后，全世界第三个能够独立进行 35km 以上光伏电池高空标定的科研机构，打破了国外对我国空间用光伏电池标定技术的长期封锁。

 习　题

7.1　一个光伏电池受到光强为 20 mW/cm^2、波长为 700nm 的单色光均匀照射。①如果电池材料的禁带宽度是 1.4eV，问相应的入射光的光子通量及电池所输出的短路电流上限是多少？②如果禁带宽度是 2.0eV，那么相应的短路电流上限是多少？

7.2　当电池受到表 1.1 的 AM1.5 入射光照射时，某电池可得到的最大短路电流密度为 40mA/cm^2。如果 300K 时电池的最大开路电压为 0.5V，问在此温度下电池效率的上限是多少？

7.3　一电池受到光强为 100mW/cm^2 的单色光均匀照射，300K 时电池的最小饱和电流密度是 10^{-21}A/cm^2。如果单色光的波长为 450nm、900nm，试分别计算在此温度下电池将光转换为电能的效率上限。假设在每一种情况下电（光）子能量都大于材料禁带宽度，解释所计算得出的效率之间的差别。

7.4　计算并画出硅光伏电池光谱灵敏度（短路电流/入射单色光的功率）上限与波长的关系。

7.5　硅光伏电池的典型开路电压为 0.6V，而 GaAs 光伏电池约为 1.0V。试比较两种电池在 300K 时开路电压与温度的理论关系（热力学温度 0K 时 Si 和 GaAs 的禁带宽度分别为 1.2eV 和 1.57eV）。

7.6　试比较 Si 和 GaAs 电池要求得到 AM0 光照下最大电流输出的 75% 所需要的厚度。

7.7　一个光伏电池具有接近理想的特性，其理想因子等于 1。另一个电池的特性主要受耗尽区复合的影响，其理想因子为 2。在 300K 时，如果这两个电池的开路电压均为 0.6V，试比较它们的理想填充因子。

7.8　某光伏电池，300K 时的开路电压为 500mV，短路电流为 2A，理想因子为 1.3。求下列各种情况下的填充因子：①串联电阻为 0.08Ω，分流电阻很大；②串联电阻可以忽略，分流电阻为 1Ω；③串联电阻为 0.08Ω，分流电阻为 2Ω；④串联电阻为 0.02Ω，分流电阻为 1Ω。

7.9　一个光伏电池的开路电压为 0.55V，短路电流为 1.3A；另一个电池的开路电压为 0.6V，短路电流为 0.1A。假设两个电池均服从理想二极管定律，当这两个电池以并联方式、串联方式连接时，试计算总的开路电压和短路电流。

参 考 文 献

[1]　Jenny Nelson. 光伏电池物理［M］. 高扬，译 . 上海：上海交通大学出版社，2011.

[2]　Martin A Green. 光伏电池工作原理、技术和系统应用［M］. 狄大卫，等译 . 上海：上海交通大学出版社，2011.

第8章

硅光伏电池的设计

在前几章中叙述了光伏电池光变电这个微妙的能量转换过程所涉及的基本物理现象与规律，本章将讨论晶硅光伏电池的设计细节。例如，在结两边的最佳掺杂浓度多大为好？结的最佳位置在什么地方电池的性能最佳？电池上电极的最好形状是什么？怎样才能使电池的光学损失最小？对于这些问题，在本章都可以获得解答。虽然这些问题的答案是专门为晶硅电池提出来的，但是这些探讨与结论同样适用于由其他材料制成的光伏电池。

8.1 光生载流子的收集概率

收集概率是一个与空间有关的参数，它可以定义为一个光生少数载流子对光伏电池短路电流做出贡献的概率。此概率是电池内产生载流子位置的函数。下面将看出，这个参数是决定光伏电池物理设计的关键。

为了求出收集概率，我们将分析在图 8.1(a) 中表示的理想化情况。假定在整个电池中，光生电子-空穴对只产生在某一点，在对称性允许进行"一维"分析的情况下，光生电子-空穴对产生率与通过电池的距离之间的关系是一个脉冲函数，如图 8.1(b) 所示。

分析的目的是求出在 x_1 点产生的电子中对电池短路电流有贡献部分的比例。分析过程中不会出现非线性，而且根据叠加原理，此结论也适用于更接近实际情况的载流子产生过程。这个分析与 6.3.2 节的分析非常相似。

在图 8.1(b) 的区域 1 中，除了正好在区域边缘的 x_1 点外，各处的产生率均为零。因此，剩余载流子 Δn 必须满足类似于方程式(6.69)的微分方程。

$$D_n \frac{\mathrm{d}^2 \Delta n_p}{\mathrm{d}x^2} - \frac{\Delta n_p}{\tau_n} = 0$$

$$\frac{\mathrm{d}^2 \Delta n_p}{\mathrm{d}x^2} = \frac{\Delta n_p}{L_n^2} \tag{8.1}$$

式中，L_n 是扩散长度。如前所述，通解为

$$\Delta n_p(x) = n_p(x) - n_{p0} = A\exp\left(\frac{x}{L_n}\right) + B\exp\left(-\frac{x}{L_n}\right) \tag{8.2}$$

式中，常数 A 和 B 由边界条件确定。与第 6 章推导时坐标轴原点的选取不同，为了简单起见，本节的推导将原点选在图 8.1(b) 所示的位置。在短路情况下，结电压为零，因为过剩电子浓度由结电压决定，所以 $x=0$ 处的过剩电子浓度为零。因此 $A=-B$，于是

$$\Delta n_p(x) = A\left[\exp\left(\frac{x}{L_n}\right) - \exp\left(-\frac{x}{L_n}\right)\right] = 2A\sinh\left(\frac{x}{L_n}\right) \qquad (0 \leqslant x \leqslant x_1) \tag{8.3}$$

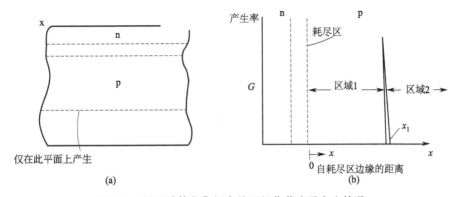

图 8.1　用于计算收集概率的理想化载流子产生情况

同样在图 8.1(b) 的区域 2 中，有

$$\Delta n_{\mathrm{p}}(x) = C \exp\left(\frac{x-x_1}{L_{\mathrm{n}}}\right) + D \exp\left(-\frac{x-x_1}{L_{\mathrm{n}}}\right) \qquad (x \geqslant x_1) \qquad (8.4)$$

在区域 2 中当 x 增大时，过剩少数载流子的浓度必须是有限值。因此，$C=0$，于是

$$\Delta n_{\mathrm{p}}(x) = D \exp\left(-\frac{x-x_1}{L_{\mathrm{n}}}\right) \qquad (x \geqslant x_1) \qquad (8.5)$$

在 x_1 处，因为电子的浓度是连续的，所以由方程式(8.3) 和式(8.4) 得出的两个解必然完全相等。因此，得到

$$D = 2A \sinh\frac{x_1}{L_{\mathrm{n}}} \qquad (8.6)$$

因为只有在 x_1 处才产生光生载流子，所以在器件的 p 型区其他位置，载流子产生率处处为零。同样地，当电池短路时在 n 型区，耗尽区边缘的剩余空穴浓度 Δp 也是零，由此得出在整个 n 型区 Δp 都为零，所得到的电子和空穴的分布见图 8.2(a)。因为在均匀掺杂的准中性区中，少数载流子的流动以扩散方式为主（4.5 节），所以只要对上述分布求导数，便可以很容易地计算出少数载流子的流量。其结果见图 8.2(b)。

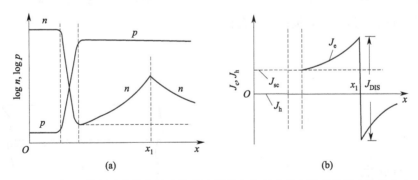

图 8.2　图8.1情况下光伏电池中的载流子分布与相应的少数载流子电流的分布

在 x_1 点电子电流密度的不连续性是由于载流子是在这点产生的。电流密度突变（J_{DIS}）的大小等于电子的电荷乘以这点的产生率。假定耗尽区两侧载流子电流的变化极小（如前面所述），则器件的总载流子电流密度等于在 $x=0$ 处电子电流的密度。因此收集概率（f_{c}）为

$$f_c = \frac{J_{sc}}{J_{DIS}} \tag{8.7}$$

然而，在 p 型区

$$J_n = qD_n \frac{dn}{dx} \tag{8.8}$$

因此，在区域 1

$$J_n = \frac{2qD_n A}{L_n} \cosh \frac{x}{L_n} \tag{8.9}$$

从而得出在 $x=0$ 处

$$J_{sc} = \frac{2qD_n A}{L_n} (=J_n \mid_{x=0}) \tag{8.10}$$

J_{DIS} 能够通过突变点两边的两个电流（J_n^- 和 J_n^+）表达式求出：

$$J_n^- = \frac{2qD_n A}{L_n} \cosh \frac{x_1}{L_n} \tag{8.11}$$

$$J_n^+ = \frac{-qD_n D}{L_n} = \frac{-2qD_n A}{L_n} \sinh \frac{x_1}{L_n} \tag{8.12}$$

其中式(8.12) 可由式(8.6) 和式(8.8) 导出。因此

$$J_{DIS} = J_n^- - J_n^+ = \frac{2qD_n A}{L_n} \exp\left(\frac{x_1}{L_n}\right) \tag{8.13}$$

由此得出

$$f_c = \exp\left(-\frac{x_1}{L_n}\right) \tag{8.14}$$

收集概率随着载流子产生点离结的耗尽区边缘的距离增加而指数减小。特征衰减长度正好等于少数载流子的扩散长度。因为上述的分析是线性的，所以无论整个器件的载流子产生率的分布如何，这个结论都是正确的。收集概率与深入光伏电池的距离的关系曲线见图 8.3。如前面所假设的，电池的耗尽区和位于其附近的一个少数载流子扩散长度之内的区域，是所产生的载流子对电流做出贡献（即被收集）的概率最高的区域。在这些区域以外产生的少数载流子在到达结区之前有极高的复合概率。

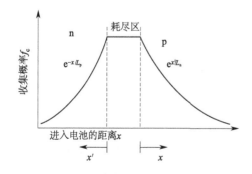

图 8.3 计算得出的光生少数载流子的收集概率
与光伏电池中载流子产生点的关系图

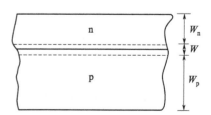

图 8.4 有限大小的电池
之重要尺寸参数

上述分析包含有如下假定，即 n 型区和 p 型区的厚度要远大于扩散长度。因此，对于如

图 8.4 所示尺寸有限的实际电池，其收集概率则需要进行修正。例如，如果器件的 p 型一侧表面具有高复合速度，那么对应于式 (8.14) 的表达式为

$$f_c = \frac{\sinh\left[(W_p - x)/L_n\right]}{\sinh(W_p/L_n)} \tag{8.15}$$

如果具有低复合速度，则

$$f_c = \frac{\cosh\left[(W_p - x)/L_n\right]}{\cosh(W_p/L_n)} \tag{8.16}$$

以上二式在 $W_p \gg L_n$ 的情况下近似于式(8.14)。

8.2　p 型衬底掺杂浓度的确定

在通过熔融材料制备衬底（substrate）的过程中，材料会被均匀地掺杂。掺杂浓度的大小与衬底的寿命存在密切关联。

结深一旦确定，要获得最大的 I_{sc}，关键的参数是衬底材料的扩散长度。扩散长度主要由这一区域的少数载流子的寿命（$L_n = \sqrt{D_n \tau_n}$）确定。在之前已探讨了三种不同的复合机制，这些机制决定了少数载流子的寿命。在所有这三种情况下，一般趋势是寿命随着掺杂浓度的增加而缩短，这一点在图 8.5 中可以看出。图中表示出它们的依赖关系和由三种不同复合过程决定的寿命值。关于由陷阱引起的复合，寿命随掺杂而变化的理想表达式为

$$\tau_{nT} = \tau_{n0}\left(1 + \frac{m_1}{N_A}\right) \tag{8.17}$$

式中，m_1 近似于参数 p_1 和 $\tau_{p0} n_1/\tau_{n0}$ 中的较大者。它的值由能量决定，或许还与在复合过程中占主导作用的陷阱捕获截面有关。对于俄歇复合，在高掺杂浓度时，其近似表达式是

$$\tau_{nA} = \frac{1}{D N_A^2} \tag{8.18}$$

而对于辐射复合，则是

$$\tau_{nR} = \frac{1}{2B N_A} \tag{8.19}$$

净复合率（与之有关的载流子寿命）可由下式得到：

$$\frac{1}{\tau_n} = \frac{1}{\tau_{nT}} + \frac{1}{\tau_{nA}} + \frac{1}{\tau_{nR}} \tag{8.20}$$

根据以上讨论可以得出这样的结论，即增加 N_A 往往会使 I_{sc} 减小。关于开路电压，二极管饱和电流密度的简单表达式由方程式(7.15)给出：

$$I_s = qA\left(\frac{D_n n_i^2}{L_n N_A} + \frac{D_p n_i^2}{L_p N_D}\right) \tag{8.21}$$

I_s 越小则 V_{oc} 越大，因此为了获得最大的开路电压而使 N_A 和 N_D 尽可能大似乎是合理的。对于 p 型衬底，为了减小薄层电阻，应使 n 型扩散区中的掺杂（N_D）尽可能高。因此，方程式(8.21)中的第二个分式变得相当小。这就可以得出以下结论，即 V_{oc} 往往随 N_A 的增加而增加。

因为 I_{sc} 和 V_{oc} 二者对于 N_A 的依赖关系方向相反，因此为了得到最大的能量转换效

率，存在一个最佳的衬底掺杂浓度。这与在图 8.6(a) 中显示出的实验结果是一致的。图 8.6 中所示的结果，显现出在不同掺杂浓度的衬底上制作的高性能实验电池的关键特性。

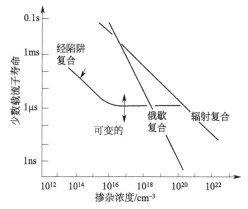

图 8.5 在硅衬底材料中，由三种不同复合过程决定的少数载流子的寿命与掺杂浓度的依赖关系及相应的寿命值

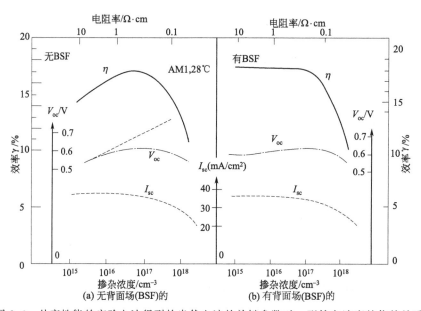

图 8.6 从高性能的实验电池得到的光伏电池的关键参数对 p 型掺杂浓度的依赖关系

8.3 n 型扩散吸收层的考量

8.3.1 pn 结结深的影响

暴露的表面，通常具有高复合速度。欧姆接触的金属电极和半导体之间的界面一般也是高复合速度区。产生低复合速度界面的一种有效方法就是利用背面场（back surface field，BSF）的作用。实际上，用 p 型硅衬底制备的 n^+p 光伏电池，其铝背电极中的铝在电极制

备过程中加入掺 B 的 p 型硅中，会形成一个掺杂浓度不一样的 p^+p 高低结。

考虑上述情况与式(8.15) 和式(8.16)，光生载流子的收集概率与距 pn 结光伏电池表面的距离关系曲线如图 8.7 所示。该曲线具有两个重要的特征。其一是背面场提高了靠近背电极处的光生载流子的收集概率，因此增大了电池的短路电流。其二是在靠近光伏电池上表面处的光生载流子的收集概率一般是低的。

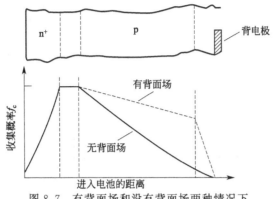

图 8.7 有背面场和没有背面场两种情况下
尺寸有限的电池的收集概率

当考虑阳光照射下半导体中载流子的实际产生率时，可以发现，最高的产生率恰好发生在半导体表面。对于单色光，产生率可由下式求出：

$$G = (1-R)\alpha N e^{-\alpha x} \tag{8.22}$$

式中，x 是离开表面的距离；α 是吸收系数；N 是入射光通量；R 是反射率。在阳光下，多色光产生率为

$$G(x) = \int_0^{\lambda_{max}} [1 - R(\lambda)] \alpha(\lambda) N'(\lambda) e^{-\alpha(\lambda)x} d\lambda \tag{8.23}$$

式中，$N'(\lambda)$ 为每单位波长的入射通量。上述加权指数的近似形状见图 8.8。产生率在靠近表面处达到最大值，而这里的收集概率却恰好很低。显然，如果结尽可能靠近表面，则这个不利因素可被减至最小。

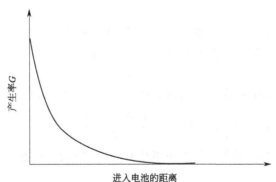

图 8.8 在阳光照射下电子-空穴对的
产生率与进入电池的距离关系曲线

8.3.2 扩散 n^+ 层横向电阻的影响

在光伏电池体内，电流的方向一般是垂直于电池表面的，如图 8.9(a) 所示。为了由光

伏电池表面的副栅电极引出电流,电流就必须横向流过电池材料的扩散 n^+ 层。对于均匀掺杂的 n^+ 型层,其电阻率可由下式得出:

$$\rho = \frac{1}{q\mu_n N_D} \tag{8.24}$$

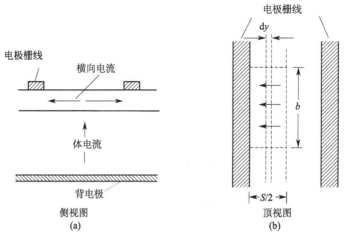

图 8.9   在 p-n 结光伏电池的不同区域中电流流动的方向与
计算由顶层横向电阻引起的功率损耗所采用的图

更适合于描述这一层电阻的量称为"薄层电阻" ρ_s(又称"方块电阻")。它等于电阻率除以该层的厚度 t,即

$$\rho_s = \frac{1}{q\mu_n N_D t} \tag{8.25}$$

对于非均匀掺杂层,乘积 $q\mu_n N_D t$ 由积分式 $\int_0^t \mu_n(x) N_D(x) \mathrm{d}x$ 代替。薄层电阻的量纲为欧姆,但通常表示为 $\Omega/\square$。

薄层电阻确定了上电极副栅线之间的间隔。参照图 8.9(b),由横向电流引起的电阻性功率损耗是很容易计算的。在 $\mathrm{d}y$ 这一小段中的功率损耗由下式求出:

$$\mathrm{d}P = I^2 \mathrm{d}R \tag{8.26}$$

式中,$\mathrm{d}R$ 等于 $\rho_s \mathrm{d}y/b$;I 为横向电流,在均匀光照下,两条栅线正中间的电流值为零,并且向两侧线性地增加,在栅线处达到最大值。因此

$$I = Jby \tag{8.27}$$

式中,J 为器件中的电流密度。总功率损耗等于小段功率损耗的积分:

$$P_{\text{loss}} = \int I^2 \mathrm{d}R = \int_0^{S/2} \frac{J^2 b^2 y^2 \rho_s \mathrm{d}y}{b} = \frac{J^2 b \rho_s S^3}{24} \tag{8.28}$$

在上述区域中,最大功率点产生的功率是 $V_{\text{mp}} J_{\text{mp}} bS/2$。因此,在这点的相对功率损耗(功率损耗百分比)为

$$p = \frac{P_{\text{loss}}}{P_{\text{mp}}} = \frac{\rho_s S^2 J_{\text{mp}}}{12 V_{\text{mp}}} \tag{8.29}$$

对于给定的一组电池参数,可以计算间隔 S 的最小值。例如,对于一个典型的市售硅电池,$\rho_s = 40\Omega/\square$,$J_{\text{mp}} = 30\text{mA/cm}^2$,$V_{\text{mp}} = 450\text{mV}$。当要求横向电阻影响而引起的功率损耗小于 4% 时,有

$$S^2 < \frac{12pV_{mp}}{\rho_s J_{mp}}$$

即

$$S < \left(\frac{12 \times 0.04 \times 0.45}{40 \times 0.03}\right)^{1/2} \text{cm} < 4\text{mm} \tag{8.30}$$

这与市售硅电池的栅线间隔是一致的。薄层电阻较小的电池，栅线间隔较大；而薄层电阻较大的电池，栅线间隔较小。根据式(8.25)，实际上决定薄层电阻的主要因素是结深和掺杂浓度。事实上，用于制造栅线图案的技术分辨率决定了电池表面以下结深的下限。为了使该层的薄层电阻最小，应根据实际情况，尽可能地提高掺杂浓度。

8.3.3　磷硅玻璃层问题

可以看出，在光伏电池扩散吸收层的设计中，应使电池上部 n^+ 扩散层的厚度在能获得适当的薄层电阻的前提下尽可能地薄。在 20 世纪 60 年代为空间应用而研制的光伏电池中，在表面下的典型结深大约是 $0.5\mu m$。为了保持低的薄层电阻，必须使尽可能多的磷掺杂剂扩散进这个厚度里。如此一来，便产生了一些不希望出现的副作用：在长时间的高温扩散过程中，会在硅表面形成不导电的磷硅玻璃薄层。

根据简单的理论分析可以预测：对无限磷源情形，通过高温扩散作用进入硅体内的磷分布为高斯分布。图 8.10 是在固定的扩散温度下，经过不同的扩散时间后，测得的电活性磷的典型分布图。图中清楚地显示了电活性磷的数量上限。这个上限等于在此扩散温度下，磷在硅内的固溶度。超过这个界限的磷将会结合到富磷的析出物中去。在磷过量的表层区域里，形成了无定型的磷硅玻璃结构，导电性极差，少数载流子的寿命显著地减少。

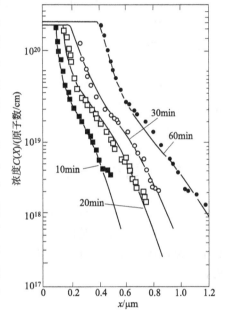

图 8.10　在固定的扩散温度下，经过不同的扩散时间引进的电活性磷的分布图

在扩散制备的光伏电池中，磷过量的区域总是在接近电池表面的地方，这就会在靠近表面处产生一个"死层"（dead layer）。在这个区域由于少数载流子的寿命非常短，因此光生载流子收集的机会非常少。对应于这种情况的收集概率见图 8.11。当研究人员清楚地认识到这个问题时，为了制造一种叫作"紫电池"的高性能光伏电池，在电池设计上做出了重大的改进。发现制备很浅的 n^+p 结（$\leqslant 0.2\mu m$），同时将表面磷的掺杂浓度保持在固溶度之下成为一种新技术追求的目标。这就增加了扩散层的薄层电阻，同时也导致必须

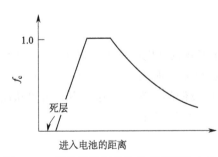

图 8.11　用扩散法制得的具有死层的电池，其收集概率与进入电池的距离的关系曲线

使用密集得多的上电极副栅线。

8.3.4　重掺杂效应

由于各种复合，一般认为在电池表层的扩散重掺杂区，少数载流子的寿命较低。此外，高温扩散过程可能在晶格结构中产生析出物和缺陷，这将增加通过陷阱能级进行复合的复合中心数量。P 原子掺杂浓度高，俄歇复合起重要作用，是少数载流子寿命减小的重要原因。这样，样品的寿命会减小到俄歇极限以下。

重掺杂区的另一个重要影响是有效地使半导体的禁带宽度变窄。这将主要影响本征载流子浓度 n_i 的增加。

8.3.5　对饱和电流密度的影响

重掺杂的表层对饱和电流有很大的影响。例如，在 n 型吸收层区域及其表面的复合必须保持最小。然而，由于在重掺杂 n 区里不得不考虑的多重影响，从理论上计算如何将这一点以最佳的方式予以实现并非易事。实验证明，对于用扩散法制作的硅光伏电池，吸收层对饱和电流密度的最小贡献在$(1\sim3)\times10^{-12}\text{A/cm}^2$ 范围内。通过离子注入技术制作的吸收层似乎能获得稍低的值。

无论怎样选择 p 型衬底，目的都是使它对饱和电流密度的影响最小，扩散 n 型吸收层的影响都会对前述的硅电池所能得到的最大开路电压造成一个上限。在标准测试条件下，晶硅光伏电池其最大开路电压在 $600\sim700\text{mV}$ 之间。这个限制的影响可从图 8.6(a)、(b) 看出，它导致衬底材料的光伏潜力不能得到充分利用。

8.4　背面场的影响

前面已经提到，靠近背面电极的高掺杂区会增加短路电流和开路电压。如图 8.7 中所指出的，短路电流的增加是由于提高了背电极附近的收集效率。由于减少了饱和电流，因此提高了开路电压。存在这种背面场（BSF）的情况下，由 p 型衬底贡献的饱和电流具有如下形式：

$$I_{sp}=A\,\frac{qD_n n_i^2}{L_n N_A}\tanh\left(\frac{W_p}{L_n}\right) \tag{8.31}$$

当 p 型层的厚度比其扩散长度小得多时（即 $W_p \ll L_n$），这个式子简化为

$$I_{sp}=A\,\frac{qW_p n_i^2}{\tau_n N_A} \tag{8.32}$$

从图 8.5 中可看出，随着 N_A 减小 τ_n 增加，这意味着在较高电阻率的情况下，I_{sp} 变化很小，V_{oc} 的大小将与掺杂浓度（电阻率）无关。这一点与无背面场的情况不同。假若衬底的串联电阻不成问题的话，则最大效率将发生在杂质浓度较低的情况下。这一点，可以从图 8.6（b）中看出，此图表示出有背面场时与图 8.6(a) 相对应的结果。

8.5　光照正面栅电极的设计

电池设计的一个重要方面是入光面电极（又称上电极）金属栅线的设计。当单体电池的尺寸增加时，这方面就变得更加重要了。图 8.12 显示了几种在地面用的光伏电池中，已采

用的上电极设计方法。

与上电极有关的功率损失机制共有以下几种：由电池顶部吸收层的横向电流引起的损耗（8.3.2 节已经讨论过）；金属电极层的串联电阻以及这些金属线与半导体之间的接触电阻引起的损耗；最后，还有由于电池被这些金属栅线遮蔽引起的损失。

本节将考虑正方形或长方形电池的电极设计。并联的方法可以用于一般形状的电池。对于普通的电极设计，如图 8.12(a) 所示，金属电极由两部分构成：主栅线（busbar）是直接连接到电池外部导线的较粗部分；副栅线（fingers）则是为了收集电流并向主栅线传送的较细部分。在某些光伏电池设计中可能有不止一级的栅线。副栅线和主栅线既有等宽度的，也有线性地逐渐变细（锥形）的和宽度呈阶梯形变化的（图 8.12）。

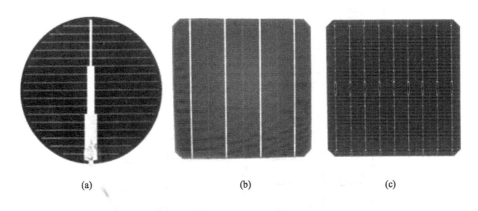

(a)　　　　　　　　　　(b)　　　　　　　　　　(c)

图 8.12　几种硅电池的上电极设计

图 8.13(a) 所示的对称布置的上电极可以分解成许多个图 8.13(b) 所示的单元电池（unit cell）。这种单元电池的最大功率输出可由 $ABJ_{mp}V_{mp}$ 得到，式中 AB 为单元电池的面积，J_{mp} 和 V_{mp} 分别为最大功率点的电流密度和电压。副栅线和主栅线电阻的功率损失可以用 8.3.2 节中计算电池吸收层功率损失的积分方法计算。通过本单元电池的最大功率输出进行归一化，得到副栅线和主栅线的电阻功率损失比例分别为

$$p_{rf} = \frac{1}{m} B^2 \rho_{smf} \frac{J_{mp}}{V_{mp}} \times \frac{S}{W_F} \tag{8.33}$$

$$p_{rb} = \frac{1}{m} A^2 B \rho_{smb} \frac{J_{mp}}{V_{mp}} \times \frac{1}{W_B} \tag{8.34}$$

式中，ρ_{smf} 和 ρ_{smb} 分别是电极的副栅线和主栅线的金属层薄层电阻。在某些情况下，这两种电阻是相等的；而在另外一些情况下，如浸过锡的电池，在较宽的主栅线上又覆盖了一层较厚的锡，ρ_{smb} 就比较小。如果电极各部分是线性地逐渐变细的，则 m 值为 4；如果宽度是均匀的，则 m 值为 3。W_F 和 W_B 是单元电池上副栅线和主栅线的平均宽度。S 是副栅线的线距，如图 8.13(b) 所示。

由于副栅线和主栅线的遮光而引起的功率损失比例是

$$p_{sf} = \frac{W_F}{S} \tag{8.35}$$

$$p_{sb} = \frac{W_B}{B} \tag{8.36}$$

忽略直接由半导体到主栅线的电流，接触电阻损耗仅仅是由于副栅线引起的。由这个效应引起的功率损失比例一般可以近似为

$$p_{cf} = \rho_c \frac{J_{mp}}{V_{mp}} \times \frac{S}{W_F} \tag{8.37}$$

式中，ρ_c 是接触电阻率，定义为 $\rho_c = \lim_{\Delta s \to 0} R_c \Delta s$，单位为 $\Omega \cdot m^2$。对于硅电池来说，接触电阻造成的损失一般不是主要问题。剩下的损失是在电池吸收层横向电流引起的损失。其归一化形式由方程式(8.29)给出：

$$p_{tl} = \frac{\rho_s}{12} \times \frac{J_{mp}}{V_{mp}} S^2 \tag{8.38}$$

式中，ρ_s 是这一层的薄层电阻。

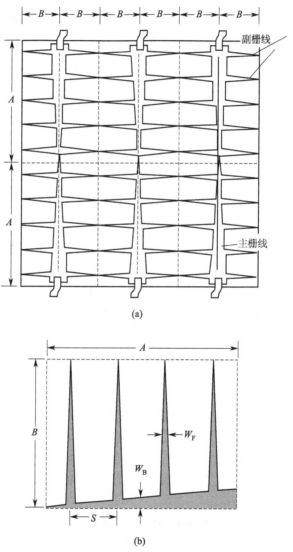

图 8.13　主栅线和副栅线的上电极设计示意图
（有 12 个相同的单元电池）与典型单元电池的重要尺寸

主栅线的最佳尺寸可以通过将式(8.34)和式(8.36)相加，然后对 W_B 求导得出。结果是当主栅线的电阻损耗等于其遮蔽损失时，其尺寸为最佳值。此时

$$W_B = AB \sqrt{\frac{\rho_{smb}}{m} \times \frac{J_{mp}}{V_{mp}}} \tag{8.39}$$

同时，这部分功率损失比例的最小值由下式得出：

$$(p_{rb} + p_{sb})_{min} = 2A \sqrt{\frac{\rho_{smb}}{m} \times \frac{J_{mp}}{V_{mp}}} \tag{8.40}$$

这表明用逐渐变细（锥形）的主栅线（$m=4$）代替等宽度的主栅线（$m=3$）时，功率损失大约降低 13%。

最低一级金属副栅线的设计更为复杂，因为这个设计也决定了电池吸收层横向电流的损耗和电池中接触电阻的损耗。从数学角度而言，当栅线的间距变得非常小以致横向电流损耗可以忽略不计时，出现最佳值。于是，最佳值由下面的条件给出，即

$$S \rightarrow 0 \tag{8.41}$$

$$\frac{W_F}{S} = B \sqrt{\frac{\rho_{smf} + \rho_c m/B^2}{m} \times \frac{J_{mp}}{V_{mp}}} \tag{8.42}$$

$$(p_{rf} + p_{cf} + p_{sf} + p_{tl})_{min} = 2B \sqrt{\frac{\rho_{smf} + \rho_c m/B^2}{m} \times \frac{J_{mp}}{V_{mp}}} \tag{8.43}$$

然而，在实践中很难得到这个最佳性能。若要实现如此小的 W_F 以及 S，在实际生产环境中则难以保持较高的成品率。

在这种情况下，可通过简单的迭代法实现最佳副栅线的设计。若把副栅线宽 W_F 取作某一由工艺水平限制的最小值，则对应于这个最小值 S，其最佳值能够用渐近法求出。对某个试验值 S'，可计算出相应的各部分功率损失 p_{rf}、p_{cf}、p_{sf} 和 p_{tl}。然后可由下式求出一个更接近最佳值的 S''：

$$S'' = \frac{S'(3p_{sf} - p_{rf} - p_{cf})}{2(p_{sf} + p_{tl})} \tag{8.44}$$

这个式子可以由功率损失表达式 $p_{rf} + p_{cf} + p_{sf} + p_{tl}$ 对 S 求导得出。对于最佳的 S 值，其导数必须等于零。于是，最佳的 S 值可利用牛顿迭代法求非线性方程的根得出。这个过程将很快收敛到对应于副栅线间距 S 的最佳值。为了求出最佳值的初试值，首先应注意到由式(8.42)计算得到的 S 值是一个过高的估计值，一般用此值的一半作初试值就会得出一个稳定的迭代结果。

某个特定电极设计的总特征一旦确定，用上述方法就可以确定主栅线和副栅线的最佳尺寸。除了考虑最佳化的上电极设计外，还要考虑到诸如电极间的互联是否容易实现自动化生产等要求。根据经验，单元电池越小，上电极损失越小。多主栅结构（或称冗余接触，redundant contacts）方案不仅改善了组件的可靠性，而且由于减少了单元电池的尺寸而减少了上电极的损失。如果主栅线的薄层电阻小于副栅线的薄层电阻，只要接触电阻影响不大，就最好采用较长主栅线和较短副栅线的设计方案。在这种情况下，主栅线的电流承载部分是金属互连条，它延伸到电池的整个长度。在矩形电池的情况下，除了上面讨论过的由正交直线组成的电极以外，其他的电极方案也值得考虑。例如，图 8.14 所示的辐射状电极方案也能令矩形电池产生非常低的总损失。

顺便应该提到，这一节所叙述的关系式是建立在一些近似的基础上的。这些近似涉及以下几点：归一化的功率损失大小；欧姆电压降；电流的方向（特别是在副栅线和主栅线相交处附近）。还应该注意到，对不同形状的电池，线性变细（锥形）的主栅线或副栅线未必是最佳形状。这些次要的影响在某些场合，例如在对电极设计要求尤为严格的聚光电池中，也可能成为非常值得检验关注的地方。

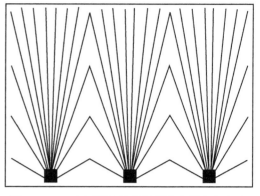

图 8.14　一个矩形电池的辐射状金属电极方案

例： 设计一个 166mm × 166mm（面积为 274.15cm²）的单晶硅半片 PERC 电池的上电极。在这个电池的最大功率点电压为 580mV，电流密度大约为 43mA/cm²。其发射（扩散）层的电阻是 150Ω/□。

假设电池正电极采用多次印刷工艺制备，等线宽结构，有 9 根主栅；副栅线宽定为 45μm，主栅和副栅厚度均为 30μm，副栅线和半导体之间的接触电阻率是 500μΩ·cm²；银电极的体电阻率是 $7×10^{-7}$ Ω·cm。

解： 以本节所用的符号表示，已知条件为

$$J_{mp} = 0.043 \text{A/cm}^2, V_{mp} = 0.58 \text{V}$$

$$\rho_s = 150 \text{Ω/□}, \rho_c = 500 μΩ·\text{cm}^2$$

银电极的体电阻率为 $7×10^{-7}$ Ω·cm，因此

$$\rho_{smf} = \rho_{smb} = 7×10^{-7} ÷ (30×10^{-4}) = 0.00023(\text{Ω})$$

考虑到 9BB 半片电池，可以分成 36 个对称的单元电池，每个单元电池的 $A = 16.6/2 = 8.3$(cm)，$B = 16.6/18 = 0.92$(cm)。

其主栅线的最佳尺寸可以由式(8.39) 计算出，采用等宽的主栅线（$m=3$），每个单元电池的主栅线最佳宽度是

$$W_B = AB\sqrt{\frac{\rho_{smb}}{m} × \frac{J_{mp}}{V_{mp}}} = 0.018(\text{cm})$$

因为实际的主栅线位于两个单元电池里，所以主栅线的平均宽度是这个值的两倍。因此，主栅线平均宽度为 0.036cm。由式(8.40) 可得出栅线对应的功率损失（$p_{rb} + p_{sh}$）为 0.0396。

副栅线宽度选定为 45μm（$W_F = 0.0045$cm），假定这是由工艺水平所限，使副栅线不能制作得更细。由于这个限制，等宽度的副栅线（$m=3$）不会低于最佳情况太多。最佳的副栅线间距 S 必须用迭代法求出。由式(8.42) 得出的值除以 2，得初始值 $S = 0.3477$，经第一次迭代后得：

$$S = 0.6954\text{cm}[代入公式(8.42)后, S = 0.6954/2 = 0.3477], p_{rf} = 0.000372, p_{cf} = 0.002862,$$
$$p_{sf} = 0.012942, p_{tl} = 0.11204$$

将这些值代入式(8.44)，得到修正后的试验解

$$S = 0.04951\text{cm}, p_{rf} = 0.000053, p_{cf} = 0.000408, p_{sf} = 0.09089, p_{tl} = 0.002304$$

继续这一迭代过程，最终得出

$$S = 0.1321\text{cm}, p_{rf} = 0.000141, p_{cf} = 0.001089, p_{sf} = 0.03406, p_{tl} = 0.01641$$

进一步的迭代将不再改变 S 的值，这表明已得到了一个最佳值。由于副栅线和顶层电

阻引起的功率损失比例为 0.0517（将以上四项功率损失比例相加可得 0.0517），于是在这个电池里因为这样的电极设计而引起的总功率损失是电池固有输出的 9.13%（将 0.0517 与主栅线的功率损失 0.0396 相加可得）。

　　上述计算和目前产业化高效 PERC 电池的设计基本吻合，完整的电极设计方案在图 8.15 中详细说明。

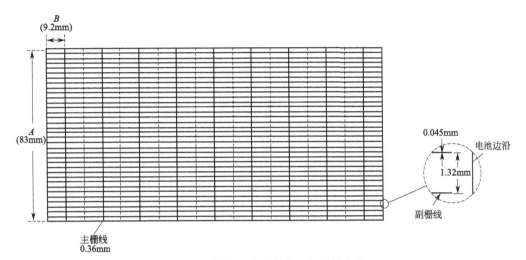

图 8.15　例题中所选择的电极设计方案

8.6　减反射膜与绒面的作用

8.6.1　减反射膜

　　在图 8.16 中示出了四分之一波长减反射膜原理（减反射膜亦可简称减反膜）。被第二个界面反射的光在返回第一个界面时，与被第一个界面反射的光之间的相位相差 $180°$，所以前者在一定程度上抵消了后者。

　　在垂直入射光束中，从覆盖了一层厚度为 d_1 的透明层的材料表面反射的能量所占比例的表达式是

$$R = \frac{r_1^2 + r_2^2 + 2r_1 r_2 \cos 2\theta}{1 + r_1^2 r_2^2 + 2r_1 r_2 \cos 2\theta} \quad (8.45)$$

式中，r_1 和 r_2 由下式得出：

$$r_1 = \frac{n_0 - n_1}{n_0 + n_1} \quad r_2 = \frac{n_1 - n_2}{n_1 + n_2} \quad (8.46)$$

式中，n_0、n_1、n_2 代表不同层的折射率。θ 由下式给出（λ_0 是真空中某一光波的波长）：

$$\theta = \frac{2\pi n_1 d_1}{\lambda_0} \quad (8.47)$$

当 $n_1 d_1 = \dfrac{\lambda_0}{4}$ 时，反射率有最小值：

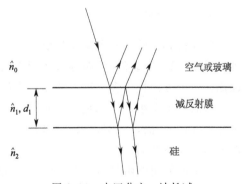

图 8.16　由四分之一波长减反射膜产生的干涉效应

$$R_{\min} = \left(\frac{n_1^2 - n_0 n_2}{n_1^2 + n_0 n_2}\right)^2 \tag{8.48}$$

如果减反射膜的折射率是其两侧材料折射率的几何平均值（$n_1^2 = n_0 n_2$），则反射率为零（仅对波长 λ_0 而言）。对于在空气中的硅电池（$n_{si} \approx 3.8$），减反射膜的最佳折射率是硅的折射率的平方根（即 $n_{opt} \approx 1.9$）。图 8.17 的曲线表示出在硅表面覆盖有最佳折射率减反射膜的情况下，从硅表面反射的入射光的百分比与波长的关系。该减反射膜使得在波长为 600nm 处产生最小的反射。被覆有减反膜的硅表面反射的可用阳光的比例，其加权平均值可保持在约 10%。相反地，裸露的硅表面对可用阳光的反射率则可能超过 30%。

表 8.1 制作单层或多层减反射膜所用材料的折射系数

材料	折射系数	材料	折射系数
MgF_2	1.3~1.4	Si_3N_4	约 1.9
SiO_2	1.4~1.5	TiO_2	约 2.3
Al_2O_3	1.8~1.9	Ta_2O_5	2.1~2.3
SiO	1.8~1.9	ZnS	2.3~2.4

电池通常封装在玻璃之下或嵌在折射率（$n_0 \approx 1.5$）与玻璃相类似的材料之中。这使减反射膜的折射率最佳值增加到大约 2.3。覆盖有折射率为 2.3 的减反射膜的电池在封装前和封装后对光的反射情况也表示在图 8.17 中。市售的光伏电池中使用的一些减反射膜材料的折射率见表 8.1。除了有合适的折射率外，减反射膜材料还必须是透明的。减反射膜常沉积为非晶薄层，以防止在晶界处的光散射问题。用真空蒸发方法形成的减反射层一般会在紫外波长区产生吸收。然而，对所沉积的金属薄层采用氧化或阳极化之类工艺制作的减反射膜或用化学沉积工艺制作的减反射膜往往有"玻璃"（vitreous）结构（小范围有序的非晶结构），会减少紫外吸收。

利用不同减反射材料制作的多层膜能够改善性能。这种多层膜的设计更为复杂，但能够在较宽的波段上减少反射。当下，相当多的晶硅电池制造厂在高效电池上沉积了两层减反射膜，结果使可用太阳光的反射率降至 4%。

8.6.2 绒面

以前提到过的另一个减少反射的方法是采用绒面（textured surface）。这种绒面是对硅表面采用一种有选择性的腐蚀方法制作而成。这种腐蚀方法使硅晶格结构在某一个方向的腐蚀比另一个方向快得多，这就使晶格中的某些平面暴露出来。在图 8.18 中，那些外貌类似金字塔的一个个小锥体就是由这些相交晶面形成的。根据密勒指数，绒面电池的硅表面通常平行于（100）面，金字塔由（111）面相交而成。通常采用稀释的氢氧化钠（NaOH）溶液作为选择性腐蚀剂。

金字塔的角度由晶面的取向确定。这些尖塔使入射光至少有两次机会进入电池。如果像垂直照射到裸露硅表面的情况一样，在每个入射点都有 33% 被反射，则总的反射是 0.33×0.33，约为 11%。如果使用减反射膜，则太阳光的反射可以保持在 3% 以下。即使没有减反射膜，当嵌镶在折射率类似于玻璃的材料里时，反射也只有约 4%。另一个合乎理想的特点是入射光与硅表面存在的角度，使得光线能够在更接近电池的表面处被吸收。这将增加电池的收集概率，特别是对于吸收较弱的长波部分。

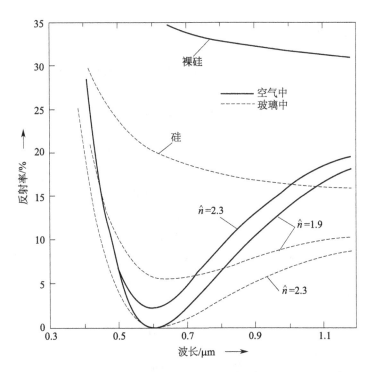

图 8.17　从裸露的硅表面和覆盖有折射率为 1.9 和 2.3 的减反射膜的硅表面反射的垂直入射光的百分比与波长的关系（选取减反射膜的厚度，使得在波长 600nm 处产生最小的反射。虚线表示将硅封装在玻璃或有类似折射率的材料之下的结果）

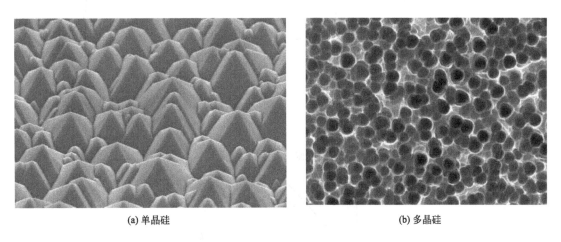

(a) 单晶硅　　　　　　　　　　　　　(b) 多晶硅

图 8.18　单晶硅与多晶硅绒面照片

　　绒面也存在一些缺点。一是在操作时需要更加小心；二是这样的表面会更有效地吸收所有波长的光，包括不希望吸收的那些光子能量不足以产生电子-空穴对的红外辐射，因而往往使电池温度升高。还有，金属上电极必须沿着金字塔的侧面上下延伸，如果金属层的厚度小于或相当于金字塔的高度（约 10μm），为了维持与在平坦表面上相同的欧姆损耗，必须使用 2～3 倍的金属材料。

8.7 光谱响应

前面已经提到过电池的光谱响应，它是指单位入射单色光功率的短路输出电流与波长的函数关系。测量光谱响应能提供各种光伏电池设计参数的详细资料。

单色光在半导体内产生的电子-空穴对的空间分布由下式得出：

$$G=(1-R)\alpha N e^{-\alpha x} \tag{8.49}$$

式中，N 是入射光子通量；R 是反射率；α 是吸收系数。对于短波长（紫外光），α 较大，光一进入半导体就被迅速吸收，如图 8.19(a) 所示。普通光伏电池不能很有效地收集在表面附近产生的载流子（f_c 很小）。如果量子收集效率（也称"量子效率"）η_Q 定义为每个入射单色光光子在外部短接电路上产生的流动电子数，那么，对于紫外光而言，η_Q 十分低，如图 8.19(b) 所示。在中波长范围，虽然 α 值较小，而大部分光生载流子是在收集概率高的区域里产生的，因此 η_Q 增加。电池对长波光的吸收是非常微弱的，因而在电池的活性区（active region）就只有小部分光被吸收，因此 η_Q 减小，并且一旦光子的能量不足以产生电子-空穴对时，η_Q 就降为零。

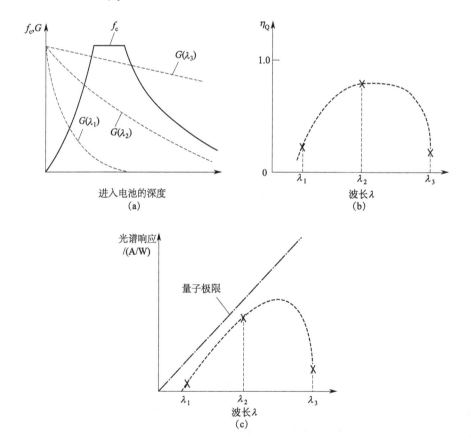

图 8.19　典型的光伏电池收集概率（三条虚线分别表示在三个不同波长的光的照射下载流子产生的分布图）与相应的量子效率 η_Q 和波长的关系及相应的光谱灵敏度（光谱响应度）(A/W) 与波长的关系

除了如图 8.19(b) 的量子效率曲线外，表示光谱响应的另一种方法，是如图 8.19(c)

所示的灵敏度（也称"光谱响应度"，以 A/W 为单位）与波长的关系曲线。图 8.19(c) 也已给出了其量子极限。在短波长范围，即使是在理想状态下工作，电池也不可能利用所有的光子能量，因此灵敏度是低的。

对于"传统"电池（在此指为空间应用而研制的电池）而言，由于采用较大的结深，加之减反射膜的吸收，因此短波响应较差。在长波段，光谱响应由电池材料的扩散长度决定。"紫电池"是在 20 世纪 70 年代初研制的一种浅结电池。这种电池的设计重点是，通过采用浅结和经过改进的、吸收较少的减反射膜而获得良好的紫外波段的收集效率。绒面电池由于反射的减少而改善了对所有波长光的灵敏度。

背面场（BSF）提高了对背电极附近产生的载流子的收集概率，因而提高了长波段的灵敏度。为了给予较长波长的光以第二次吸收的机会，可以将背电极设计成反射型的，这样的背面反射器（BSR）不仅使薄电池的性能获得相当的提高，而且有助于维持较低的工作温度。PERC 结构光伏电池是一种典型应用。

8.8　小结

硅 pn 结光伏电池的设计在逐步演化。为了使电池有最大的电流输出，pn 结必须靠近电池表面，也就是要制备浅 pn 结。如此一来，这一层的横向电阻会提高，除非能掺杂到足够高的杂质浓度，否则这可能会带来一些问题。然而，过高的掺杂又将导致此薄层的电子学特性低于最佳值。

对于晶硅光伏电池来说，最佳的衬底电阻率取决于是否存在背面场。如果没有背场，掺杂浓度在 $10^{16} \sim 10^{17} \mathrm{cm}^{-3}$ 范围时最佳；如果有背面场，则电池最佳性能受电阻率的影响较小，因而最佳性能发生在掺杂浓度较低的情况下。

光伏电池光照正面电极（上电极）的设计中决定功率损失的关键参数是电极的布局、金属电极的薄层电阻和经扩散形成的电池吸收层的薄层电阻，以及确定电极几何形状的工艺所允许的最小线宽。四分之一波长的减反射膜能使光伏电池的输出电流增加 35%～45%。电池的表面绒化虽然存在某些缺点，但通常有助于电池输出功率的提升。

习　题

8.1　有一个以 p 型硅作为衬底材料的光伏电池，其顶部的 n 型层很薄且掺杂均匀。该 n 型层的表面复合速度非常大。假设在 n 型层的少数载流子扩散长度与 n 型区的厚度相比是很大的，试推导少数载流子的收集概率与距 n 型层表面距离的关系式（注意：因为扩散长度比 n 型区厚度大得多，所以这个区域的体复合很小，与表面复合速率相比可以忽略不计）。

8.2　在习题 8.1 中已知 n 型层的掺杂浓度是 $10^{18} \mathrm{cm}^{-3}$，厚度是 $0.5 \mu \mathrm{m}$。计算 n 型层的薄层电阻。

8.3　在 $150 \mu \mathrm{m}$ 厚的 p 型硅片上制造传统结构的硅光伏电池。电池的背面为具有高复合速度的金属接触，电池的短路电流为 2.1 A，开路电压为 560mV。类似的电池，在具有背面场时，其短路电流为 2.2 A。已知在加工后，两种情况下的少子扩散长度都是 $500 \mu \mathrm{m}$。请问有背面场的电池，其理想开路电压值应是多少？

8.4　设计一个 $10 \mathrm{cm} \times 10 \mathrm{cm}$ 晶硅光伏电池的上电极。在这个电池的最大功率点，电压为450mV，电流密度大约为$30mA/cm^2$。其扩散层的电阻是$40\Omega/\square$。

规定每个电池必须有两个互联点。金属电极的制备方法是先电镀后浸锡，副栅线宽定为$150\mu m$。金属化层的薄层电阻主要由锡层决定，锡的体电阻率是$1.5\times10^{-5}\Omega\cdot cm$。锡在副栅线上的平均厚度为$42\mu m$，在较宽的主栅线上是$80\mu m$。副栅线和半导体之间的接触电阻率是$3.7\times10^{-4}\Omega\cdot cm^2$。

8.5　设计一个尺寸为15.875cm×15.875cm的正方形五主栅硅光伏电池的上电极，并计算所设计电池的总功率损失。该电池的扩散层薄层电阻是$150\Omega/\square$。在晴朗天气的阳光照射下，这个光伏电池在574 mV电压和38.3 mA/cm^2电流密度下产生最大功率。电池栅电极采用印制电极制备技术，副栅电极的线宽定为$45\mu m$，高度$30\mu m$。这种电极与硅的接触电阻率是$500\mu\Omega\cdot cm^2$。

参 考 文 献

[1] M A Green. 太阳能电池工作原理、技术与系统应用 [M]. 上海：上海交通大学出版社，2011.

[2] J C Fossum, et al. Physics Underlying the Performance of Back-Surface-Field Solar Cells. IEEE Transactions on Electron Devices, 1980, 27：785-791.

[3] A S Grove. Physics and Technology of Semiconductor Devices [M] New York：Wiley, 1967.

[4] J Lindmayer, J F Allison. Conference Record. Comsat Technical Review, 1972, 31.

[5] J G Fossum, F A Lindholm, M A Shibib. The Importance of Surface Recombination and Energy-Bandgap Narrowing in p-n Junction Silicon Solar Cells. IEEE Transactions on Electron Devices, 1976, 26：1294-1298.

[6] J A Minnucci, et al, Silicon Solar Cells with High Open-Circuit Voltage. IEEE Transactions on Electron Devices, 1980, 27：802-806.

[7] H R Serreze. Optimizing Solar Cell Performance by Simiultaneous Consideration of Gird Pattern Design and Interconnect Configurations. Conference Record, 13th IEEE Photovoltaic Specialists Conference, Washington D C, 1978：609-614.

[8] C E Froberg. Introduction to Numerical Analysis. Reading, Mass：Addison-Wesley, 1965.

[9] A Flat, A G Milnes. Optimization of Multi-layer Front-Contact Gird Patterns for Solar Cells. Solar Energy, 1979, 23：289-299.

[10] G A Landis. Optimization of Tapered Busses for Solar Cell Contacts. Solar Energy, 1979, 22：401-402.

[11] R S Scharlack. The Optimal Design of Solar Cell Gird Lines. Solar Energy, 1979, 23：199-201.

[12] E S Heavens. Optical Properties of Thin Solid Films. London：Butterworths, 1955.

[13] E Y Wang, et al. Optimum Design of Antireflection Coatings for Silicon Solar Cells. Conference Record, 10th IEEE Photovoltaic Specialists Conference, Palo Alto, 1973：168.

[14] M C Coleman, et al. Processing Ramifications of Textured Surface. Conference Record, 12th IEEE Photovoltaic Specialists Conference, Baton Rouge, 1976：313-316.

附　录

附录 1　常用物理常数表

名称	数值	名称	数值
电子电量 q	1.602×10^{-19} C	阿伏伽德罗常数 N	6.025×10^{23} mol^{-1}
电子静止质量 m_0	9.108×10^{-31} kg	玻尔半径 $a_0=\hbar^2/(m_0q)$	0.529×10^{-10} m
真空中光速 c	2.998×10^8 m/s	真空介电常数 ε_0	8.854×10^{-12} F/m
普朗克常数 h	6.625×10^{-34} J·s	真空磁导率 μ_0	$4\pi\times10^{-7}$ H/m
$\hbar=h/(2\pi)$	1.054×10^{-34} J·s	热力学温度 0K	-273.16℃
玻尔兹曼常数 k_0	1.380×10^{-23} J/K	室温 300K 的 k_0T 值	0.026eV

附录 2　1eV 能量对应的变换表等价量

名称	数值
相应的电磁波波长 $\lambda(hc/\lambda=E)$	1.24μm
相应的电磁波频率 $\nu(h\nu=E)$	2.42×10^{14} Hz
相应的电子速度 $v(m_0v^2/2=E)$	5.93×10^3 m/s
相应的电磁波数 $k=2\pi/\lambda(\hbar^2kc=E)$	5.07×10^6 m^{-1}
相应的温度 $T(k_0T=E)$	1.16×10^4 K

附录 3　几种半导体材料的特征参数

参量		Si 单晶	Ge 单晶	SiC 晶体	
密度/10^{-3}(kg/cm³)		2.329	5.3234	3.166	3.211
晶体结构		金刚石	金刚石	闪锌矿	纤锌矿
晶格常数/nm		0.543102	0.565791	0.43596	a 0.308065 c 1.511738
熔点/K		1685	1210.4	3103	
热导率/[W/(cm·K)]		1.56	0.65	0.2	4.9
热膨胀系数/10^{-6}K^{-1}		2.59	5.5	2.9	
折射率		3.42(5.0μm)	4.02(4.87μm)	2.48(0.6μm)	2.65(0.5895μm)
介电常数		11.9	16.2	9.72	10.3
本征载流子浓度/cm^{-3}		1.50×10^{10}	2.33×10^{13}		
迁移率/ [cm²/(V·s)]	电子	1350	3800	510	480
	空穴	500	1800	15-21	50
态密度有效 质量	电子	$1.062m_0$	$0.55m_0$		
	空穴	$0.591m_0$	$0.29m_0$		
禁带宽度(300K)eV		1.12	0.664	2.20	2.86

附录 4 工程计算中的辐射量问题

一、太阳高度角、方位角以及日照时间

（一）太阳高度角

太阳高度角是决定地球表面获得太阳热能数量的最重要的因素。对于地球上的某个地点，太阳高度角是指太阳光的入射方向和地平面之间的夹角。专业上讲，太阳高度角是指某地太阳光线与该地作垂直于地心的地表切线的夹角。我们用 h 来表示这个角度，它在数值上等于太阳在天球地平坐标系中的地平高度。

太阳高度角随着地方时和太阳赤纬的变化而变化。太阳赤纬以 δ 表示，观测地地理纬度用 φ 表示，太阳时角以 ω 表示，则太阳高度角的计算公式为

$$\sin h = \sin\varphi\sin\delta + \cos\varphi\cos\delta\cos\omega \qquad (附录 4.1)$$

正午时，由于 $\cos\omega = 1$，上式可以简化为

$$\sin h = \cos(\varphi - \delta) = \sin[90° \pm (\varphi - \delta)] \qquad (附录 4.2)$$

所以，对于北半球而言，$h = 90° - (\varphi - \delta)$；对于南半球而方，$h = 90° + (\varphi - \delta)$。事实上，计算"正午太阳高度角"，只要用 90°减去观测点与太阳直射点的纬度差，得出的就是正午太阳高度，即

$$正午太阳高度角 = 90° - 该地与太阳直射点的纬度差 \qquad (附录 4.3)$$

设太阳直射点纬度为 θ，观测点纬度 φ，如果 θ 与 φ 在同一半球，则"纬度差"为 $|\theta - \varphi|$（θ 减 φ 差的绝对值）；如果 θ 与 φ 在异半球，则"纬度差"为 $\theta + \varphi$。

（二）太阳方位角

太阳方位角即太阳所在的方位，指太阳光线在地平面上的投影与当地子午线的夹角，可近似地看作是竖立在地面上的直线在阳光下的阴影与正南方的夹角。方位角以正南方向为零，由南向东向北为负，由南向西向北为正，如太阳在正东方，方位角为负 90°，在正东北方时，方位为负 135°，在正西方时方位角为 90°，在正北方时为 180°。根据地理纬度 φ、太阳赤纬角 δ 及观测时间，在任何地方和任何季节下，某一时刻的太阳方位角都可以用下式计算：

$$\cos\gamma = \frac{\sin h \sin\varphi - \sin\delta}{\cos h \cos\varphi} \qquad (附录 4.4)$$

（三）日照时间

不考虑天空折射、天气等复杂因素，太阳在日出日落时，太阳高度角 h 为零。根据式（附录 4.1），可确定日出日落时角为

$$\omega_s = \arccos(-\tan\delta\tan\varphi) \qquad (附录 4.5)$$

由上式可以得到日落时角为 ω_s，则日出时角为 $-\omega_s$。所以日出日落时间为 $12 \pm \omega_s/15°$，从而可知每天的日照时间为

$$T = \frac{2}{15}\arccos(-\tan\delta\tan\varphi) \qquad (附录 4.6)$$

以计算北京地区 2 月 6 日太阳升降时间为例，北京的地理纬度为 $39°54'0''$，可知 2 月 6

日的太阳赤纬为 $16°06'44''$，代入式（附录4.5）得

$$\omega_s = \arccos(-\tan16°06'44''\tan39°54'0'') = 103°58'37''（或256°01'23''）$$

由于当地时间12时的太阳时角 ω 为零，每过1h太阳时角转过15°，可推出北京地区太阳时角 $\omega = 103°58'37''$ 时对应的北京时间为（12+6）时55分54秒，即18时55分54秒，北京地区太阳时角 $\omega = 256°01'23''$ 时对应的北京时间为（12-6）时55分54秒，即05时04分06秒。可知这天的日照时间为13h 51min 48s。同样也可以由式（附录4.6）直接得到结果。

二、辐射量计算

所谓太阳辐射模型，是指用来计算太阳辐射的公式，由于对散射辐射的估算方法不同，出现了不同的计算模型。关于太阳能辐射模型其实直射和反射模型都是一样的，区别在于散射模型的处理上。关于散射，目前考虑的模型包括如下部分：各向同性的天空、环日光圈、地平线光圈。此外，对于环日光圈和地平线光圈还考虑到了亮度衰减系数。这是目前比较全面的模型，具体可以参考 TRNSYS 程序包的使用手册。各向同性天空模型较为简单，使用也较多，但是计算结果偏小。各向异性模型中的 HDKR 模型计算较简单，结果也较为准确，一般推荐使用该模型。而 Perez R 模型的结果虽然较为准确，但计算复杂，用得不是很多。

（一）地外水平面辐射量

相对地外水平面来说，不宜直接使用太阳常数，需要通过具体日期和入射角度来订正。对于给定某一日期，太阳以一个入射角 h 射到某一地外水平表面上，从太阳获得的辐照度为

$$R_{nc} = R_{sc}\left(\frac{r_0}{r}\right)^2 R_{sc}\sin h = R_{sc}\left(\frac{r_0}{r}\right)^2(\sin\varphi\sin\delta + \cos\varphi\cos\delta\cos\omega) \quad （附录4.7）$$

设某一小时内的中间时间的太阳角为 ω_i，那么在该小时内接收的太阳辐射量为

$$H_n = \int R_{nc}dt = \int R_{nc}\frac{12}{\pi}d\omega = \frac{12}{\pi}\int_{\omega_i-\frac{\pi}{24}}^{\omega_i+\frac{\pi}{24}} R_{nc}d\omega$$

$$= R_{sc}\left(\frac{r_0}{r}\right)^2\left[\sin\varphi\sin\delta + \frac{24}{\pi}\sin\left(\frac{\pi}{24}\right)\cos\varphi\cos\delta\cos\omega_i\right] \quad （附录4.8）$$

上式还可以根据日出日落时角变换得到

$$H_n = R_{sc}\left(\frac{r_0}{r}\right)^2\cos\varphi\cos\delta(\cos\omega_i - \cos\omega_s) \quad （附录4.9）$$

因此，地外水平面在一天时间内接收的太阳辐射量为

$$H_{0,d} = 2\int_0^{\omega_s} R_{nc}dt = \frac{24}{\pi}\int_0^{\omega_s} R_{sc}\left(\frac{r_0}{r}\right)^2(\sin\varphi\sin\delta + \cos\varphi\cos\delta\cos\omega)d\omega$$

$$= \frac{24}{\pi}R_{sc}\left(\frac{r_0}{r}\right)^2\left(\frac{\pi}{180}\omega_s\sin\varphi\sin\delta + \cos\varphi\cos\delta\sin\omega_s\right) \quad （附录4.10）$$

（二）地外倾斜面辐射量

在太阳能利用中，对于北半球，为了多获得能量，一般将太阳能装置朝南倾斜放置，因此这里讨论的地外斜面主要是指朝向赤道（正南方向）的斜面。如附图4.1所示，太阳光线 S 与斜面法线成 θ 角，与水平地表面成 θ_i，也即有 $\theta+\theta_i=90°$。太阳光线与天顶 Z 形成的夹角为 θ_z，称为天顶角度。该斜面与地外水平面成 β 角，α 为斜面法线在水平面上的投影与正

南方向的夹角。从附图 4.1 可以推出：

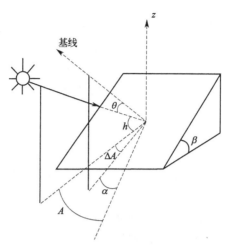

附图 4.1　朝向赤道斜面辐照示意图

$$\cos\theta = (\cos\varphi\cos\beta + \sin\varphi\sin\beta\cos\alpha)\cos\delta\cos\omega$$
$$+ \sin\beta(\sin\varphi\cos\beta - \cos\varphi\sin\beta\cos\alpha) + \cos\delta\sin\omega\sin\beta\sin\alpha \qquad (\text{附录 4.11})$$

当 $\alpha=0$ 时，上式则可以可化为

$$\cos\theta = \sin\delta\sin(\varphi-\beta) + \cos\delta\cos(\varphi-\beta)\cos\omega \qquad (\text{附录 4.12})$$

式（附录 4.12）表明，在纬度为 φ 的某地，倾角为 β 且朝向赤道方向的太阳能装置接收的太阳辐射状况与纬度为 $\varphi-\beta$ 地区水平放置的装置的入射状况相当。

根据式（附录 4.12），还引出斜面上的日出时角的定义：每日清晨，当太阳光线第一次能入射到朝南的倾斜面上的时角，称为该斜面的日出时角 τ。由 $\cos\theta=0$ 可得

$$\tau = \arccos[-\tan\delta\tan(\varphi-\beta)] \qquad (\text{附录 4.13})$$

式（附录 4.13）在计算中要注意有三种情况：①春秋分时，$\delta=0$，此时 $\tau=90°$。②夏季前后时段，$\delta>0$，此时 $\omega>\tau$，即水平面上的日出时角大于倾斜面。③冬季前后时段，$\delta<0$，此时 $\omega<\tau$，此计算结果与事实不吻合，所以我们改成为下述表达式：

$$\tau = \min\{\omega_s, \arccos[-\tan\delta\tan(\varphi-\beta)]\} \qquad (\text{附录 4.14})$$

式中，ω_s 为水平面上的日出时角。

类似式（附录 4.14），则照在该斜面上的太阳辐射度为

$$R_{o\beta} = R_{sc}\left(\frac{r_0}{r}\right)^2 \sin(90°-\theta) = R_{sc}\left(\frac{r_0}{r}\right)^2 \cos\theta \qquad (\text{附录 4.15})$$

那么在某一小时内接收的太阳能辐射能为

$$H_{o\beta} = R_{sc}\left(\frac{r_0}{r}\right)^2 \left[\sin\delta\sin(\varphi-\beta) + \frac{24}{\pi}\sin\left(\frac{\pi}{24}\right)\cos\delta\cos(\varphi-\beta)\cos\omega_i\right] \qquad (\text{附录 4.16})$$

若某一时间段 $t_1 \sim t_2$ 都在该斜面日出日落时间段内，则接收的太阳辐射能为

$$H_{o\beta} = \int_{t_1}^{t_2} R_{o\beta}\mathrm{d}t = \frac{12}{\pi}R_{sc}\left(\frac{r_0}{r}\right)^2 \int_{\omega_1}^{\omega_2} [\sin\delta\sin(\varphi-\beta) + \cos\delta\cos(\varphi-\beta)\cos\omega]\mathrm{d}\omega$$

$$= R_{sc}\left(\frac{r_0}{r}\right)^2 \left\{\sin\delta\sin(\varphi-\beta)(t_2-t_1) + \frac{12}{\pi}\cos\delta\cos(\varphi-\beta)[\sin(15t_2) - \sin(15t_1)]\right\}$$

（附录 4.17）

若式(附录 4.17)中的积分时限改为该斜面的日出日落时角,则可以得到某一天的太阳辐射能为

$$H_{o\beta,d} = \frac{24}{\pi} R_{sc} \left(\frac{r_0}{r}\right)^2 \int_0^\tau \left[\sin\delta\sin(\varphi-\beta) + \cos\delta\cos(\varphi-\beta)\cos\omega\right]d\omega$$

$$= \frac{24}{\pi} R_{sc} \left(\frac{r_0}{r}\right)^2 \left[\frac{\pi}{180}\tau\sin\delta\sin(\varphi-\beta) + \cos\delta\cos(\varphi-\beta)\sin\tau\right] \qquad (附录 4.18)$$

(三)地表倾斜面辐射量

对于地面上朝向赤道方向的倾向太阳能装置,其接收的太阳辐射能总量 H_t 分三部分:直接太阳辐射量 H_{bt}、天空散射辐射量 H_{dt} 和地面反射辐射量 H_{rt}。

$$H_t = H_{bt} + H_{dt} + H_{rt} \qquad (附录 4.19)$$

对于确定的地点,我们可以知道该地每一天的太阳辐射量,这样我们可以算出不同倾角的斜面上全年总的太阳辐射能,然后便可以确定不同地方上太阳能应用系统的最佳倾角。下面我们介绍相关计算公式。

在正文 1.3 节我们已经讨论了直射到达地表的太阳辐射量,必须要考虑到大气层对太阳能辐射的影响,这给工程上的计算带来了很大的困难。为此,在计算太阳直接辐射量 H_{bt} 时,引入一个参数 R_b,其值为地外倾斜面上太阳辐射量与地外水平面上太阳辐射量之比。即

$$R_b = \frac{\frac{\pi}{180}\tau\sin\delta\sin(\varphi-\beta) + \cos\delta\cos(\varphi-\beta)\sin\tau}{\frac{\pi}{180}\omega_s\sin\varphi\sin\delta + \cos\varphi\cos\delta\sin\omega_s} \qquad (附录 4.20)$$

显然,从上式可以看出影响 R_b 大小的只是入射角,而与是否经过大气衰减无关,因此上式也适用地表面。

所以地表面的直射辐射量

$$H_{bt} = H_b R_b \qquad (附录 4.21)$$

对于地表水平面上的直接辐射量 H_b 计算方式主要有两种:一般情况下,气象站可以提供当地水平面上的总太阳辐射量 H 和散射辐射量 H_d,从而可以得 $H_b = H - H_d$。根据观测数据,查出当地修正到某一大气质量 m 下的大气透明系数,便可以求出 H_b 为

$$H_b = \frac{24}{\pi} a_m^m R_{sc} \left(\frac{r_0}{r}\right)^2 \left(\frac{\pi}{180}\omega_s\sin\varphi\sin\delta + \cos\varphi\cos\delta\sin\omega_s\right) \qquad (附录 4.22)$$

对于天空散射辐射量和地面反射量,为简化问题,可以近似地假设散射和反射是各向同性的。则有

$$H_{dt} = H_d \frac{1+\cos\beta}{2} \qquad (附录 4.23)$$

$$H_{rt} = \rho(H_b + H_d)\frac{1-\cos\beta}{2} = \frac{1}{2}\rho H(1-\cos\beta) \qquad (附录 4.24)$$

式中,ρ 为地面的平均反射率。

实际上,式(附录 4.24)的计算结果与实际结果相差很大。目前,对于计算天空散射辐射量的模型很多,且计算结果与实际情况相差不大。在国内,大部分教材普遍采用 Hay J E 和 Davies J A 提出的模型,认为倾斜面上的天空散射辐射量由两部分组成:太阳光盘的辐

射量和天空穹顶均匀分布的散射辐射量。可表示为

$$H_{dt} = H_d \left[\frac{H_b}{H_{0,d}} R_b + \frac{1}{2} \left(1 - \frac{H_b}{H_{0,d}} \right) (1 + \cos\beta) \right] \qquad (附录 4.25)$$

该模型实际上是在 Klucher T M 模型上改进而来的。在各向同性模型基础之上，1979年 Klucher T M 就提出一个适合阴暗天气的模型，表示为

$$H_{dt} = H_d \left\{ 1 + \left[1 - \left(\frac{H_d}{H} \right)^2 \right] \cos^2\theta_i \sin^3\theta_z \right\} \left\{ 1 + \left[1 - \left(\frac{H_d}{H} \right)^2 \right] \sin^3 \left(\frac{\beta}{2} \right) \right\} \frac{(1 + \cos\beta)}{2}$$

$$(附录 4.26)$$

后来，Reindl D T 考虑到水平面亮度散射，在 Hay-Davies 模型中引入了一个修正因子 $f = H_b/H$，上式变为

$$H_{dt} = H_d \left\{ \frac{H_b}{H_{0,d}} R_b + \frac{1}{2} \left(1 - \frac{H_b}{H_{0,d}} \right) \left[1 + \left(\frac{H_b}{H} \right)^{\frac{1}{2}} \sin^3 \left(\frac{\beta}{2} \right) \right] (1 + \cos\beta) \right\}$$

$$(附录 4.27)$$

式(附录 4.27) 也是在国外常用的模型，通常也称为 HDKR 模型。